浙东南突发性地质灾害防治丛书
浙江省地质灾害"整体智治"三年行动成果

浙东南突发性地质灾害典型案例分析

ZHE DONGNAN TUFAXING DIZHI ZAIHAI DIANXING ANLI FENXI

秦海燕　吴　义　史俊龙　等编著
郭子正　张育志　刘　冬

中国地质大学出版社
ZHONGGUO DIZHI DAXUE CHUBANSHE

图书在版编目(CIP)数据

浙东南突发性地质灾害典型案例分析/秦海燕等编著．—武汉:中国地质大学出版社,2023.12
(浙东南突发性地质灾害防治丛书)
ISBN 978-7-5625-5767-8

Ⅰ．①浙… Ⅱ．①秦… Ⅲ．①地质灾害-灾害防治-案例-浙江 Ⅳ．①P694

中国国家版本馆 CIP 数据核字(2024)第 021013 号

浙东南突发性地质灾害典型案例分析	秦海燕 吴 义 史俊龙	等编著
	郭子正 张育志 刘 冬	

责任编辑:谢媛华	选题策划:谢媛华	责任校对:徐蕾蕾
出版发行:中国地质大学出版社(武汉市洪山区鲁磨路388号)		邮政编码:430074
电 话:(027)67883511	传 真:(027)67883580	E-mail:cbb@cug.edu.cn
经 销:全国新华书店		http://cugp.cug.edu.cn
开本:787毫米×1092毫米 1/16	字数:384千字	印张:15
版次:2023年12月第1版		印次:2023年12月第1次印刷
印刷:武汉中远印务有限公司		
ISBN 978-7-5625-5767-8		定价:108.00元

如有印装质量问题请与印刷厂联系调换

《浙东南突发性地质灾害典型案例分析》编撰委员会

指导委员会

主　任：吴　义
副主任：叶泽富　夏克升　朱长进　池朝敏　秦海燕
委　员：叶康生　傅正园　史俊龙　叶文荣　刘　冬
　　　　　张育志　许鹏飞

执行委员会

吴　义　叶泽富　秦海燕　叶康生　傅正园　史俊龙
郭子正　叶文荣　刘　冬　张育志　许鹏飞　郑东华
赵红新　林忠信　吴曼云　吴国华　黄　冀

序

浙东南是我国经济最为发达的地区之一，城镇化水平高且人口稠密。区域内山高林密，沟谷纵横，加上每年4—7月的梅汛期和夏季的台风暴雨侵袭，使得该地区成为地质灾害易发区和多发区。区内地质灾害以滑坡、崩塌、泥石流等突发性地质灾害为主，发生数量多且范围广，虽然规模通常较小但是极具威胁，严重影响当地居民的生命财产安全和社会生产建设安全。

浙江省第十一地质大队作为一家驻扎温州、服务温州长达40余年的事业单位，在浙江省地质院的领导下，积极响应党和政府号召，举全队之力投身于浙江省地质灾害防治工作，出色完成了大批地质灾害调查和勘查设计项目，在取得显著经济与社会效益的同时，积累了大量浙东南地质灾害防治的宝贵经验，形成了"人防＋技防＋机防"相结合、精细化监测预警、完善风险管控体系、深化群专结合、聚焦科技创新、提升数字化水平等一系列地质灾害防治工作新思路与新理念，不仅为浙江省开展的地质灾害"除险安居""整体智治""智控提能"行动计划聚力赋能，更为保障当地人民安居乐业、服务政府决策、提升浙江省应急安全管理水平提供了良好的技术支撑与服务。

本书是浙江省第十一地质大队过往数十年在浙东南开展地质灾害勘查设计与防治工作的总结。在详细介绍浙东南突发性地质灾害防治历程的基础上，阐述了该地区孕育地质灾害的地质环境概况；从诱发因素入手，将全区突发性地质灾害总结概括为台风暴雨、连续降雨和非降雨诱发地质灾害，系统分析并揭示了各类地质灾害的发育规律和时空分布特征；列举了每类地质灾害中的典型案例，阐明了各自的孕灾地质条件与发育特征，分析并厘清了浙东南突发性地质灾害的成因机制，并从每个案例中总结了相关经验教训。

书中成果对读者了解浙东南地区突发性地质灾害的诱发因素、发育规律、典型特征、成因机制以及开展地质灾害防治均极具参考和借鉴价值，对建立健全浙东南地质灾害风险管控理论体系、提升浙江省地质灾害防治能力与应急管理水平也具有重要的理论与现实意义。

2023年6月

前　言

本书所指浙东南主要为温州地区，位于我国东南沿海，地势西南高、东北低，丘陵山地地形十分发育，地层岩性以火山岩为主，地质环境条件总体较为脆弱，加上经济发达，人口稠密，工程活动频繁，降水丰沛且集中，每年雨季汛期突发性地质灾害成为该地区的主要自然灾害类型之一。这些灾害通常具有分布广、规模小、频率高、群发性、危害大等特点，不仅会恶化当地的生态环境，而且严重制约了社会经济的可持续发展，同时每年都会造成相当大的人员伤亡和财产损失，威胁我国东南丘陵山地地区的国土安全和公众安全，已然成为地方政府应急管理和防灾减灾工作的重点防范对象。

浙江省于2017年开始部署并开展了浙江省地质灾害"除险安居"（2017—2019年）、"整体智治"（2020—2022年）和"智控提能"（2023—2025年）3个三年行动计划。在此期间，浙江省第十一地质大队积极响应党和政府号召，深入贯彻落实习近平总书记关于防灾减灾工作系列重要论述精神，先后开展了地质灾害搬迁避让全面调查、小流域泥石流地质灾害调查评价、县级农村山区地质灾害调查评价、温州市地质灾害防治管理信息系统建设、县级地质灾害风险普查、乡镇地质灾害风险调查、温州市地质灾害动态预警综合平台建设等工作，在上述大量地质灾害调查评价与勘查设计实践中形成了独具浙东南地方特色的地质灾害防治工作体系与方法，推动了浙东南地质灾害防治工作从被动到主动、从粗放到精细、从"人防"到"人防＋技防＋机防"相结合、从"灾害点防控"到"隐患点＋风险防范区"双控的重大转变。在科学认识地质灾害致灾机理、健全地质灾害风险管控机制、全面提升防灾减灾救灾能力等方面取得了显著成效，体现了"人民至上，生命至上"的根本宗旨和"以人为本，地质安全"的核心理念。

本专著以浙东南突发性地质灾害为研究对象，在详细分析本领域国内外研究现状、区域地质环境条件的基础上，总结了浙东南地质灾害的发育规律和时空分布特征，根据诱发因素将全区突发性地质灾害总结概括为台风暴雨诱发地质灾害、连续降雨诱发地质灾害和非降雨诱发地质灾害，对每种类型灾害均选取了典型案例来系统说明其发育特征、成因机制、防治措施以及带来的启示与经验教训。本书囊括了浙江省第十一地质大队过往数十年间在浙东南突发性地质灾害调查分析、勘查设计与防治工作中的理论与实践成果，旨在同地质灾害一线工作人员分享相关研究经验与心得，为后续开展浙东南地质灾害成因机理、预测预报、加强风险"点面双控"理念等方面的研究提供宝贵素材与科学参考。

全书共分7章，第一章"绪论"由秦海燕、吴义编写；第二章"浙东南地质环境概况"由史俊龙、傅正园编写；第三章"浙东南地质灾害发育规律与时空分布特征"由郭子正、叶泽富、叶康生、刘冬编写；第四章"台风暴雨诱发地质灾害典型案例"由张育志、许鹏飞编写；第五章"连续降雨诱发地质灾害典型案例"由叶文荣、赵红新、林忠信编写；第六章"非降雨诱发地质灾害典型案例"由郑东华、吴曼云、吴国华、黄冀编写；第七章"结论与展望"由秦海燕编写。全书由秦海燕、郭子正、史俊龙、张育志、刘冬和林忠信统稿。

本书在编写过程中得到了许多领导、专家和勘查、设计、施工单位的大力支持。中国科学院金振民院士亲临指导，中国地质大学（武汉）殷坤龙教授欣然为本书作序。浙江省自然资源厅党组成员、浙江省地质院党委书记、院长邵向荣，浙江省地质学会秘书长孙乐玲，温州市及各县、市、区自然资源和规划局，专家徐光黎、龚新法、蒋建良、尚岳全、赵建康、吕永进等给予了指导和帮助。这些都给予了编著者莫大的鼓励和鞭策。浙江省第三地质大队和浙江省第七地质大队热情地提供了部分案例的资料数据，给我们的工作带来了极大帮助。在本书成稿过程中，研究生杨玉飞、周新勇、郭展旭、王豪杰、刘元博参与了资料整理和数据分析等工作。此外，本专著的研究成果离不开浙江省第十一地质大队每一位工作人员的辛勤付出，他们不畏艰险、勇于奉献的奋斗精神都凝聚在本书每一个文字与每一张图片之中。也正是因为有众多像他们一样的地质灾害防治工作者，我国的地质灾害防治事业才能在过往几十年中取得瞩目成就。在此，对上述所有付出辛勤劳动并给予关心、指导和帮助的同志，致以衷心的感谢！

浙东南地质灾害成因机制复杂，编著者在撰写专著过程中时常感叹地质灾害防治工作任重而道远。鉴于编著者水平有限，在此恳请各位读者提出宝贵意见，以期共同交流进步，为祖国地质灾害防治事业添砖加瓦。

编著者

2023年5月

目 录

第一章 绪 论	(1)
第一节 研究背景与意义	(1)
第二节 国内外研究现状	(2)
第三节 浙东南突发性地质灾害防治历程	(8)
第二章 浙东南地质环境概况	(11)
第一节 交通位置	(11)
第二节 气象水文	(12)
第三节 地形地貌	(13)
第四节 地层岩性	(15)
第五节 地质构造与区域稳定性	(18)
第六节 土地利用类型	(22)
第七节 水文地质条件	(23)
第八节 工程地质特征	(25)
第九节 人类工程活动	(27)
第三章 浙东南地质灾害发育规律与时空分布特征	(28)
第一节 降雨特征及规律	(28)
第二节 地质灾害类型与不同降雨条件致灾规律	(36)
第三节 地质灾害特征及时空分布	(43)
第四章 台风暴雨诱发地质灾害典型案例	(59)
第一节 乐清市龙西乡仙人坦泥石流	(59)
第二节 泰顺县凤垟乡下湾泥石流	(70)
第三节 泰顺县泗溪镇汪山头泥石流	(78)
第四节 永嘉县岩坦镇山早滑坡	(88)

第五节　遂昌县苏村滑坡 …………………………………………………… (101)

　　第六节　瓯海区泽雅水库公路崩塌 ………………………………………… (120)

第五章　连续降雨诱发地质灾害典型案例 ………………………………………… (130)

　　第一节　莲都区雅溪镇里东滑坡 …………………………………………… (130)

　　第二节　平阳县鳌江镇山外滑坡 …………………………………………… (142)

　　第三节　青田县北山镇泉山滑坡 …………………………………………… (153)

　　第四节　永嘉县黄田街道千石崩塌 ………………………………………… (163)

　　第五节　永嘉县瓯北街道屿塘山滑坡 ……………………………………… (170)

第六章　非降雨诱发地质灾害典型案例 …………………………………………… (184)

　　第一节　平阳县晓坑乡石城泥石流 ………………………………………… (184)

　　第二节　泰顺县泗溪镇词坦坑滑坡 ………………………………………… (197)

　　第三节　文成县珊溪镇西山滑坡 …………………………………………… (205)

　　第四节　瓯海区鹅湖村华升学校后山崩塌 ………………………………… (210)

　　第五节　文成-泰顺地震诱发地质灾害 …………………………………… (214)

第七章　结论与展望 ………………………………………………………………… (222)

主要参考文献 ………………………………………………………………………… (223)

第一章

绪　论

第一节　研究背景与意义

地质灾害按变形/运动速度的快慢可划分为突发性和渐进性地质灾害两类（黄润秋，2007；Hungr et al.，2014），前者主要包括火山、地震、崩塌、滑坡、泥石流、岩溶塌陷等，后者主要包括地面沉降、地裂缝、水土流失等（张磊等，2014）。渐进性地质灾害通常具有明显的前兆信息，对其防治有较从容的时间，并能够有预见性地进行，成灾后果一般只造成经济损失，很少出现人员伤亡。相比之下，突发性地质灾害发生突然，可预见性差，其防治工作常是被动式的应急处置，通常造成较大的经济损失和人员伤亡，故已经成为我国地质灾害防治的重点对象（刘传正和陈春利，2020；吴义等，2021）。

我国有着漫长的海岸线，是世界上遭受台风侵袭最频繁的国家之一。据中国台风网资料统计，1949—2019 年期间，平均每年有 9 次台风登陆我国，其中大部分台风会袭击东部沿海地区（宿海良等，2021）。这些台风常伴有 500mm 及以上的大暴雨以及不同程度的风暴潮，具强大的破坏力，常导致滑坡、泥石流等突发性地质灾害，给人民生命和财产安全带来巨大威胁（邓睿和黄敬峰，2011；袁康，2021）。这类地质灾害具有低频与群发等特殊活动特性，在台风暴雨期间经常集聚发生并造成人员伤亡和财产损失，是浙东南山区主要的地质灾害类型（张战胜等，2008；王铁生和吴雪琴，2013）。如 2004 年 8 月 13 日，受第 14 号台风"云娜"强降雨影响，浙东南乐清市龙西乡上山村、仙人坦村发生泥石流，造成 18 人死亡。2005 年 9 月 1 日，受第 13 号台风"泰利"的影响，文成县石垟乡枫龙村山体发生坡面泥石流，造成 11 人死亡，9 人受伤，另外有 6 人被成功解救（刘明军和王邦贤，2017；王一鸣，2018）。2008 年第 14 号台风"黑格比"造成广东、广西和海南 3 省（区）1100 余万人受灾，13 人死亡，3 人失踪，倒塌房屋上万间，因灾直接经济损失达 134 亿元。2016 年受第 14 号台风"莫兰蒂"和第 17 号台风"鲇鱼"影响，浙东南泰顺县 3 座国宝级廊桥被冲毁，中部泗溪镇、柳峰乡、雅阳镇群发坡面泥石流，上百间民房倒塌或受损，经济损失达上亿元；文成县双桂乡宝丰村三条碓后山发生泥石流，造成沟口 6 间 4 层砖混结构房屋被毁，屋内 6 人死亡（韩俊，2012；张泰丽等 2016；马晓峰等，2021）。

近年来浙江省政府加大了对地质灾害的防治力度，通过灾害专业监测和巡查、汛期预警预报、重要灾害隐患点治理、建立群测群防体系等措施，不同程度减缓了地质灾害带来的损失(苟颉龙等,2018)。特别是从2017年开始开展地质灾害"除险安居"(2017—2019年)、"整体智治"(2020—2022年)、"智控提能"(2023—2025年)3个三年行动计划以来,突发性地质灾害造成的人员伤亡和财产损失已经明显降低,地质灾害防治工作卓有成效。

但是,近年来气候变化带来的降雨条件变化(极端降雨的幅度和频率增加)以及日益增加的人类工程活动(如新农村建设、基础设施建设过程中的切坡等),为突发性地质灾害的防治工作提出了新挑战(赵晓东等,2018;祝杨菲等,2019;张磊等,2020;裴振伟等,2021)。想要更加精准有效地开展防灾减灾工作,将地质灾害造成的损失减少到最低限度,就必须弄清地质灾害的分布规律、发育特征、形成机理及其稳定性状况。此外,需要从以往的地质灾害典型案例中提炼规律,从生产实践中查明关键科学问题,提高对区域内地质灾害的系统认识,才能改善过往地质灾害防治工作中的不足。

第二节 国内外研究现状

一、突发性地质灾害成因机制研究

地质灾害的形成是内外动力共同作用的结果,影响因素众多。研究台风暴雨诱发的突发性地质灾害影响因素是此类滑坡防治的关键,也是成因机制分析的主体(张泰丽等,2017;沈佳等,2020;林若昂等,2022)。国内外学者通过综合分析、监测及灰色联度等方法,分析了此类地质灾害的主要影响因子包括台风暴雨、大风、植被、地形地貌、地层岩性、构造、斜坡结构、人类工程活动等(俞建强等,2001;唐小明等,2009;卢琰萍等,2021;孙强等,2022;陶雪文等,2022;胡鹏等,2024)。相关研究结果表明,台风伴随暴雨为滑坡重要的激发因素之一(何元才等,2016;李潇濛,2018)。此外,大量地质灾害和气象资料的研究表明,夏秋季汛期易发生滑坡、崩塌、泥石流等地质灾害,降雨是一个关键性的诱因(冯杭建,2016;闫金凯等,2020)。如2004年14号台风"云娜"、2005年05号台风"海棠"和2005年09号台风"麦莎"导致各类地质灾害发生表明,地质灾害受到台风降雨的明显影响,大范围的强降雨极有可能会诱发地质灾害(鲍其云等,2016;郭山峰和何伟民,2020)。此外,降雨对不同地质灾害的影响程度不同,越容易产生地质灾害的区域前期降雨对地质灾害潜在影响越大,雨水下渗形成地下水后,从力学平衡上降低了不良地质体的稳定性,从而导致灾害的发生(张泰丽,2016;杜怡韩等,2022;Zhuang et al.,2023)。

诱发浅层滑坡启动的降雨条件作用时间段不同,一般包括前期降雨和极端降雨(Medina et al. 2021)。前期降雨条件一般指的是在诱发滑坡最终发生的降雨事件之前的降雨量。当前期降雨发生时,降雨持续渗入土壤,表层土体逐渐饱和,土壤基质吸力减小且孔隙水压力增大,削减土体的抗剪强度(Chen et al.;2018;向小龙等,2020)。后续高强度的极端事件降雨会诱发浅层滑坡失稳破坏(崔鹏等,2003;李光明等,2016)。前期降雨对应地下水的"横向流",而诱发事件降雨对应地下水的"垂直流"。Iverson(2000)比较了这两种不同时间尺度的地下水运动方式,并明确了"垂直流"在短时间内增大土壤孔隙水压力并诱发边坡破坏的过程。关于降雨入渗诱发浅层滑坡的机制,目前常见的模型包括 Pradel-Raad 模型(Cho and Lee,2002)、Green-Ampt 模型(Chen and Young,2006)、Kostiakov 入渗模型(简文星等,2013)、Mein-Larson 模型(唐扬等,2017)等。浙东南突发性地质灾害的诱发雨型大致包括局部地区暴雨、局部地区持续强降雨和大范围台风降雨3种类型(刘艳辉等,2009)。暴雨以上强降雨是山洪、滑坡、泥石流的主要诱因,连续阴雨是崩塌的主要诱因,同时对滑坡、泥石流有重要影响。

台风暴雨与岩土体的耦合主要通过地表径流冲刷、渗流作用等方式改变岩土体结构及力学性质,导致滑移面剪应力增大,抗剪强度降低(周创兵和李典庆,2009;陈光平等,2011)。台风携带暴雨一部分以坡面径流的方式对坡面进行侵蚀冲刷,以水动力条件引发斜坡土体颗粒结构解体,导致水土流失;另一部分从坡面裂隙及孔隙渗入坡体内,一方面导致地下水水位上升,形成地下径流,产生动水压力,对坡体进行淘蚀,甚至出现沿软弱面淘空的现象,降低其强度(陈光平等,2011),另一方面导致岩土体含水量增加,使岩土体抗剪能力降低(贺可强等,2005;夏敏等,2014)。但在台风暴雨期内降雨如何与地表径流、地下水径流和含水量三者转换,不同降雨阶段在非饱和岩土体中渗流场动态演变特征与斜坡结构稳定性的相关性,不同降雨阶段斜坡失稳的动力学机制等研究尚没有较好的定论(Li et al.,2011;Wang et al.,2022)。

地质力学机制是岩土体变形破坏内在规律的描述。通过分析岩土体的各类影响因素及变形破坏的力学机制,斜坡变形可概括为蠕滑(滑移)-拉裂、滑移-压制拉裂、弯曲-拉裂、塑流-拉裂和滑移弯曲5种地质力学模式(王一鸣和殷坤龙,2018)。崔星等(2010)从地质构造、强降雨、微地貌、岩性、人类工程活动等方面对台风诱发滑坡的机制进行了浅析。陶妍等(2023)通过物理模型模拟概括了台风暴雨诱发的滑坡地质力学模式为蠕滑(滑移)-拉裂式,这种模式常见于浅表层滑坡。

通过模拟降雨入渗与岩土体入渗、侵蚀、饱和软化等过程,探究降雨量致灾的起始值、阈值及门槛值等临界数据的探索,能够及时地监测和预报不同种类、不同强度的地质灾害。许多省市都通过研究得出了本地区降雨诱发地质灾害的临界值数据,如江西省、云南省、重庆市以及湖北省等地区,也以此为基础开展了地质灾害预报工作(谢剑明等,2003;张桂荣等,2005;闫家康等,2023;马煜等,2023;谢洋义等,2023)。刘艳辉等(2011)通过统计分析方法,系统分析了地质灾害与年降雨量、月降雨量、月暴雨日数、典型降雨过程之间的时空分布关系。赵彬如等(2022)将四川省都江堰地区作为试验区域进行地质灾害与降雨量相关性分析,确定了突发性地质灾害发生的临界降雨量和前期有效降雨量。严亮轩等(2024)以斜坡单元为评价单元,考虑了多种地质环境因子,采用基准阈值和阈值调整方案构建了浙江省平阳县斜坡尺度降雨诱发滑坡的气象预警模型,为精细化滑坡风险管理的开展提供了全新思路。

此外,也有研究人员通过统计大量地质灾害发生时的降雨数据,包括单个或者多个降雨事件,将地质灾害启动与降雨联系起来,并基于此观点提出了大量的降雨阈值模型(杨宗佶等,2020;刘海知等,2021;黄森等,2021)。这些降雨阈值通常是发生地质灾害与否的分割线,最简单的降雨阈值模型是下边界降雨条件,也可以称为最小降雨阈值,也即当实际降雨量大于最小降雨阈值时即发生地质灾害。目前比较常见的降雨阈值模型包括降雨历时-强度模型(I-D阈值曲线)、累计前期降雨量模型、最大小时降雨强度模型(雷鸣,2021;夏梦想等,2021;周剑等,2022;陈立华等,2023),所利用的降雨参数主要有前期降雨量、前期有效降雨量、降雨历时、降雨强度、累计降雨量、最大小时降雨强度等。这些模型在全球不同地区如美国、意大利阿尔卑斯山区、中国台湾等得到了应用,并取得了良好的预测效果(Ma et al.,2015)。其中,基于降雨强度和降雨历时的经验降雨阈值使用频率最高。

应该注意到,上述阈值模型只是关注降雨条件与灾害发生结果之间的关系,但地质灾害的发生除了受降雨条件影响外还受很多其他因素的影响,如松散堆积物的分布情况、堆积物的粒径分布、形成区的坡度及地形条件等。这也是现行研究中很多降雨阈值模型不能准确判断地质灾害发生的原因。尤其对于沟谷型泥石流等小流域地质灾害来说,沟谷径流量大小往往是决定性因素,因此确定沟谷临界流量大小比确定降雨阈值更加重要。

对于一个固定流域,在短时间内地质、地貌、地形情况往往不会发生较大变化,因此不同的降雨条件是控制沟谷径流量变化的主要因素。小流域由于具有汇水面积小、径流量易于观测的特点,很多学者都对小流域开展实际的降雨径流量监测。但目前的研究主要关注通过统计实测的降雨径流数据,以月、季、年为尺度研究长时间序列下降雨对径流的影响(Li et al.,2019;Zhou et al.,2022),或通过同位素标定研究季节变化对小流域水循环过程的影响,研究的重点主要在于降雨特征对小流域水文循环过程的影响。小流域由于汇水面积小,沟道长度短,汇流时间短(魏振磊,2017),在暴雨条件下,大量降水形成地表径流汇集到沟道内,在较短时间内即可形成超强洪水,强烈冲刷沟谷内的松散堆积物,从而诱发泥石流。但降雨与径流产生关系复杂,径流产生受到降雨特征和流域形态及地质结构的综合影响,但对于一个面积较小的固定流域,在一定时期内影响小流域降雨径流关系的主要因素为降雨特征。对于小流域来说,由于径流对于短历时暴雨十分敏感,因此泥石流降雨阈值确定的影响因素也应该包括30min以及10min降雨强度。但目前大部分的泥石流降雨阈值模型适用时间多大于1h,只有很少的模型关注短历时(小于1h)降雨的特征变化对径流量的影响,并且多用平均降雨强度或者小时降雨强度代表整个降雨事件的强度,这样统计的数据会远小于实际降雨强度,从而忽略降雨过程中峰值降雨强度对径流量的影响。而对于小流域,短历时高强度降雨往往会造成沟谷径流量的激增,因此很有必要开展小流域短历时、高强度的降雨阈值研究。

二、突发性地质灾害发育规律研究

随着全球气候的变化,东南沿海地区的台风频率和强度逐渐增强,在过去10年,登陆台风中半数以上达到或超过12级,较20世纪90年代增加了46%。随着区域内台风及暴雨频率强度的增加,每年台风暴雨诱发滑坡数量将呈增加趋势。台风期伴随的暴雨具有降雨强度大、历时短等特点(曾欣欣等,2010;Qin et al.,2022),形成的滑坡通常发生在松散堆积物及风化壳中,与一般降雨期形成的滑坡存在一定差异。一般降雨主要通过前期有效降雨量激发滑坡并存在一定的滞后性,对岩土体的影响以渗流作用为主。与一般暴雨相比,台风暴雨与斜坡的耦合效应明显增强,在斜坡位移发生位置、强度、孔隙水压力特征、含水量及稳定性等方面存在严重区别。因而台风暴雨诱发滑坡的降雨无滞后性,雨水对岩土体起冲刷和渗流耦合效应,降雨作用强度大,地表径流及地下径流破坏岩土体结构效应明显(冯杭建等,2016;栗倩倩等,2023)。

刘艳辉等(2016)分析了雨型和滑坡的相关性,并深入探究了3种雨型引发滑坡的过程:①台风降雨型。从空间分布看,地质灾害的发生规律随台风过境方位变化;从时间上分析,两者前后对应性很强。该类地质灾害特点通常为群发式,以小型崩塌和浅层滑坡为主。②持续强降雨型。地质灾害与降雨同步性强,在持续小雨作用下,地质灾害发生存在滞后的可能性;一旦大型地质灾害暴发,后期新的降雨作用阈值将提升。③局部地区暴雨型。地质灾害通常在当日发生。通过对温州市2004—2009年11次台风诱发的195处地质灾害进行对比分析发现,地质灾害分布与暴雨范围密切相关,基本上分布于过程雨量在200mm以上的区域,并且与暴雨过程大致同步,多处于强降雨高峰时段内,无明显的滞后现象。

国内外学者使用数量统计及相关性分析等方法对日本及中国浙江、福建、香港等地台风诱发的滑坡特征与分布规律进行了分析(颜新春和罗友生,2010),研究结果表明,滑坡为台风暴雨诱发地质灾害中数量最多、危害最严重的类型,数量达地质灾害总数的70%~80%(孔维伟等,2013;鹿世瑾等,2010)。此类滑坡基本上为未固结的第四系残坡积层和基岩全风化的浅层土质滑坡,滑体厚度一般小于5m(林宝亭等,2009),滑坡的规模整体较小,一般小于10 000m^3,平面形态多呈长条形,滑面多为第四系覆盖层与下伏基岩接触界面和土层内部软弱面。调查发现,台风期诱发的滑坡60%~70%为此类浅表层滑坡;其余为发生在风化壳中的切层滑坡,该类滑坡为厚度大于5m及规模大于10 000m^3的蠕动型滑坡,滑移速度较慢,但危害严重。

台风降雨的特殊性导致地质灾害体在其作用下具有不同的水文响应,因此由台风降雨诱发的地质灾害在时间与空间分布上具有显著特征。徐毅青和陈华(2016)对浙江省台风暴雨型泥石流灾害进行分形理论分析,结果表明24h雨强的分维值大于1h雨强的分维值,认为在台风暴雨型泥石流的暴发中起到激发性作用的是1h雨强。2013年8月,台风"尤特"在广东省登陆,在其带来的强降雨作用下广乐高速沿线北段暴发17处泥石流。通过分析泥石流的形成机制与危害特征,可以总结出此类台风暴雨型泥石流具有群发性、低频性等特点。台风"尤特"造成广东兴宁市铁山嶂矿区泥石流灾害暴发,赵丽娅等(2018)对台风暴雨型泥石流的形成条件与启动模式进行了深入研究,总结出滑塌-堵塞-溃决型启动模式。刘艳辉等(2016)以台风"苏迪罗"诱发的600余处地质灾害为研究对象,深入分析了灾害的时空分布特征,认为台风降雨诱发的地质灾害具有强降雨当日即发性、空间集中群发性的特征,在灾害预警效果的分析中发现地质灾害空报率偏高的主要原因是极端降雨预报不够准确。

浙东南突发性地质灾害的分布除了受极端降雨的影响之外，其发育与分布规律还与地质体所处的环境有关（陈光平等，2011；胡荣荣等，2013；Ouyang et al.，2019）。在地貌上，此类浙东南降雨诱发的滑坡主要分布于高程 250～650m 的中低山区，失稳的斜坡坡度在 20°～40°之间，其中 30°左右最为发育。在地层岩性及斜坡结构上，此类滑坡与土层厚度、母岩风化特性密切相关，火山岩区灾点密度是沉积岩区灾点密度的 1.5 倍（余丰华和姜云，2007；唐新华，2011；胡荣荣等，2013），并且斜坡具有明显的二元结构，即存在较明显的差异性固结程度。对浙江省台风诱发的滑坡与构造因素进行耦合分析，发现大部分群发性滑坡的区域分布与构造带展布基本一致，在区域构造断裂带附近、构造和断裂带的枢纽部位，破碎岩体形成的厚层全风化、强风化堆积物为滑体的重要物质来源。由于浙江省丘陵山区人口密集，山高坡陡，房前屋后均存在不同程度的切坡（崔星等，2010），切坡改变了斜坡应力状态，成为诱发滑坡的主要因素之一，同时，张泰丽等（2015）对浙江省台风诱发的滑坡进行统计并发现，斜坡坡脚均存在不同程度的切坡，削坡高度一般小于 5m。

三、突发性地质灾害防治措施研究

堆积体实际上是指按照形成原因以及岩土体自身形态形成的地质体，其结构通常较为松散。在人类工程建设及降雨等外力因素作用下，斜坡的稳定性会显著降低。因此，为保障人类生命财产的安全，一系列工程措施被应用于地质灾害体的预防和稳定性控制（刘传正和陈春利，2020；铁永波等，2022；王高峰等，2023）。这些控制方法主要包括削方减载、前缘反压、抗滑支挡、坡面护坡、滑带土改良及地表和地下排水等，随着研究的不断深入，位移控制方法、强度控制方法、应变控制方法、拓扑控制方法及过程控制理论方法也相继被提出（李思德等，2022；张治国等，2023）。泥石流防治的原则主要包括：从源头上减小其发生的可能性或阻止其发生，使运移的泥石流停止或减速；将泥石流转变为含砂水流；在没有危害的情况下促使泥石流进入沟口的河道中（周健等，2013；胡荣荣等，2015；陈宁生等，2021）。崩塌灾害防治则可从以下几个方面进行：排水、锚固、拦截支挡等（刘汉林和龙胜清，2014；魏正发等，2022）。

按照上述原则，地质灾害防治结构化措施主要可分为抗滑桩（杨校辉等，2023）、拦挡坝（贾世涛等，2011）、拦挡网（严秋荣，2016）、加筋土挡墙（唐礼义，2022）、生态修复（徐飞等，2023）。具体工程措施的选取需因地制宜，根据相应的地形、用途以及地质灾害的类型和规模而设定。

1. 抗滑桩

抗滑桩分为预埋段和嵌固段。预埋段承受滑坡推力并将滑坡推力传递给嵌固段。嵌固段稳定岩土层提供的阻力，抵消滑坡推力，提高边坡稳定性，达到支护边坡的目的（侯小强等，2023）。作为一种非常有效的滑坡加固措施，与其他抗滑工程措施相比，抗滑桩具有抗滑效果显著、工程操作安全方便、可加强地质条件等优点。

2. 拦挡坝

拦挡坝是一种最常用的地质灾害防治结构,它可直接降低泥石流的运移速度,消减泥石流的有效体积,从而降低泥石流峰值流量。拦挡坝库区内的沉积物逐渐淤积,一方面降低上游沟谷的纵坡率,增加沟谷的稳定性;另一方面沟谷基床抬升会降低沟谷两岸的横向坡度,减小两岸坡积物的启动体积。拦挡坝的顶部存在一定间隔的开口便于泥浆的溢出,其尺寸从上游向下游依次减小。此外,拦挡坝通过消减泥石流的有效体积减少泥石流的外溢或绕行(贾世涛等,2011),常被使用于人口稠密地区。

3. 拦挡网

拦挡网是一种柔性防治结构,既可阻拦大的碎石,又可渗出浆体。该结构也用于防治雪崩、崩塌和碎屑流等(石振明等,2022)。对于发生在坡面或沿坡面运移的大量碎屑流,如坡面型泥石流,拦挡网通常单个布置,对于泥石流沟谷,拦挡网通常集群排列。地质灾害崩滑体中的大块石对拦挡网构成严重的危害,拦挡网能部分拦挡大型泥石流或滑坡体,但有部分碎屑流会从顶部越过。

4. 加筋土挡墙

土壤有抗压强度和抗剪强度,但抗拉强度很弱。如果考虑将"骨架"添加到土壤中,也就是说,将原始土壤转化为加筋土,将大大提高土壤的相关性质。加筋土的应力分布合理,减小了土体的变形,在一定程度上抑制了土体的水平运动,整体上提高了结构的安全系数。世界上第一座加筋土挡墙于1965年在法国建成。此后,加筋土挡墙在世界范围内得到了迅速推广,被广泛应用于边坡加固、地下建筑加固、桥台港口加固等领域。

5. 生态修复

传统的工程防护技术如混凝土塑封等可起到稳定边坡的作用,但容易切断后期生态恢复技术中基材与坡面之间的生态联系而造成生态隔离、生态破坏和环境破坏(杨麒麟和李柏,2017)。植被不仅能保护水土、维持边坡稳定、提高生态效益,而且对边坡具有一定的锚固力。因此,生态修复能够解决浅层边坡不稳定的问题,但对深层以及特殊要求的边坡稳定性问题目前尚无很好的效果(田青怀等,2015)。

6. 被动防护措施

鉴于突发性地质灾害主动治理难以实施,被动减灾已成为现实可行的手段,主要包括在崩塌运动路径上拦挡消能(余志祥等,2020)和建筑设施冲击防护技术(何思明等,2014)。多级被动防护网可高效防护中小型落石灾害,每通过一层防护网,落石运动速度为碰撞前速度的9.3%~16.8%,冲击力降幅达99%(Castanon et al.,2017)。阵列式消能-拦挡桩的形状及排列方式对减灾效果影响较大,弧形消能拦挡桩系统的减灾效果相对较好,且桩行距与落石平均直径之比为3.5时,系统具有良好的消能减灾性能(Wang et al.,2020)。缓冲层耗能结构是建筑设施崩塌冲击防护较为常见的技术手段,如砂袋耗能缓冲层。因此,滑坡、泥石流和崩塌落石的被动防护已引起了广泛关注。

第三节　浙东南突发性地质灾害防治历程

浙东南地质灾害防治发展大致可划分为3个阶段(图1-1),历经从被动到主动、从粗放到精细、从"人防"到"人防+技防+机防"相结合、从"灾害点防控"到"点面双控智防"的重大转变,是科学认识致灾机理、逐步健全风险管控机制、全面提升防灾减灾救灾能力的过程,体现了"人民至上,生命至上"的根本宗旨和"以人为本,地质安全"的核心理念。

图1-1　浙东南地质灾害风险管控发展阶段示意图

一、起步发展阶段(2003年以前)

20世纪90年代之前,受经济发展水平限制,普遍缺乏对地质灾害认识,我国地质灾害防治主要依靠人民自防自治,没有形成有组织的防灾减灾体系。1990年鳌江镇山外村滑坡导致民房损坏1073间、100多人伤亡,浙江省第十一地质大队由此开启了浙东南首次地质灾害的系统调查,标志着浙东南地质灾害防治进入了起步发展阶段。

在此阶段,地质灾害调查沿袭了地质队传统的"就矿找矿"思想,以"就点找点"的方式开展,主要依靠居民在生产生活过程中发现、受灾人员上报后才开展地质灾害调查工作。地质灾害风险管控仍以人防为主,尚未形成地质灾害调查评价、勘查设计、风险管理体系,治理方法通常也较简单,一般采取清除堆积体或隐患岩土体、干砌石挡墙支挡等措施,尚未开发出专业的设计软件。

二、快速发展阶段(2003—2017年)

2003年11月,国务院颁布实施了《地质灾害防治条例》,标志着我国地质灾害防治工作正式步入法治轨道,极大地推动了浙东南地质灾害防治步入快速发展阶段。

2004年以来,浙东南地区开展了地质灾害搬迁避让的全面调查,逐步分期分批实施搬迁移民措施。2005年为防范泥石流灾害,浙东南率先开展了小流域泥石流地质灾害调查评价工作。2006年印发《温州市农村地质灾害防治知识培训行动方案》,率先开展了农村地质灾害防治知识培训行动。2009年,浙东南开展温州市中小学校舍地质灾害隐患调查工作和农村山区地质灾害调查;同年,《浙江省地质灾害防治条例》文件出台,浙江省地质灾害法规制度体系逐步完善;同时开展基层国土资源所地质灾害防治建设、地质灾害群测群防"十有县"建设,防治成效进一步凸显。2011年温州市地质灾害气象预报预警系统建设项目顺利验收,浙东南地质灾害防治工作开始由被动向主动转变。2012年温州市地质灾害防治管理信息系统正式投入使用,提高了浙东南地质灾害防治管理信息化能力;同年,温州市开展了1∶10 000农村山区地质灾害调查评价,填补了农村山区地质灾害调查工作的空白。2013年完善温州市地质灾害防治管理信息系统,推进国土资源信息化"一张图"建设,实现地质灾害各项工作的动态管理。2016年推进专业监测技术的应用,地质灾害预警水平得到提高,群专结合监测网络不断完善,首次引进激光测距监测仪,并在泰顺县筱村镇和罗阳镇成功试运行。通过这个阶段的工作,地质灾害从被动发现到主动排查,摸清了全区范围内地质灾害"家底",为主动防灾救灾提供了地质基础。

在此阶段,通过强调事前管理,地质灾害防治工作模式从"以人防为主"逐步转变为"人防+技防",虽然在主动预防、监测预警、综合治理方面取得了较大进步,但在风险管控中仍存在不足,造成较大人员伤亡和财产损失的地质灾害事件时有发生,传统的地质灾害防治思路已不适合经济发展、构建和谐社会的需要,为筑牢地质安全保障,开展地质灾害风险管控迫在眉睫,急需打通地质灾害防治基层"最后一公里"。

三、精细化发展阶段(2017至今)

2017年,浙江省启动地质灾害隐患综合治理"除险安居"三年行动,浙东南地质灾害防治迈入精细化发展阶段,全面开启了地质灾害防治新篇章。此阶段采取"避让搬迁为主,搬迁和治理相结合"的方式,实施避让搬迁589处、工程治理596处,从被动预防到主动预防,主动降低地质灾害风险。

2020年,为巩固"除险安居"行动成果,温州市开始实施地质灾害"整体智治"三年行动计划,着力完成"六个一"(识别一张图、监测一张网、管控一张单、指挥一平台、应急一指南、案例一个库)"科学防控、整体智治"的地质灾害风险管控总体目标。行动计划期间,温州市完成了全市12个县(市、区)1∶50 000地质灾害风险普查、45个乡镇1∶2000地质灾害风险调查,"温州市地质灾动态预警综合平台项目"完成建设,深化打造地质灾害一张图、地质灾害物联网监测预警、暴雨型点状滑坡泥石流预报(警)地质灾害分析研判、地质灾害疑似风险区分析、互联网地质灾害气象风险预报(警)发布、地质灾害运维管理等子系统,辅助形成"即时感知、科学决策、精准服务、高效运行、智能监管"的地质灾害防治新格局。

2023年,浙江省开始实施地质灾害风险"智控提能"升级三年行动,以"一坡一卡管理""地灾智防"平台应用为代表,综合运用空-天-地一体化、地学大数据及多源信息融合判断等技术手段,加大普适性监测仪器应用力度,逐步推进并构建适用于不同地质灾害类型的自动化专业化监测预警网络;建立部门间合作协同体系,完善地质灾害预警系统,实现快速短临预报预警,构建面向未来的地质灾害多维度管理创新体系;计划到2035年底建成地质灾害风险防控全国示范、东南沿海台风暴雨型地质灾害防治水平区域领先、地质灾害数字化改革跨越率先的地质灾害治理体系和治理能力现代化省份。

在此阶段,浙东南做到了全覆盖、无死角的地质灾害调查,完成了全域中高易发区的地质灾害精细化调查。通过引入先进技术,进一步强调专业技术设备在地质灾害防治中的作用,以提升地质灾害风险早期识别能力、监测能力、预警能力、防范能力和治理能力,构建地质灾害专业监测网络,并运用工程地质类比法对隐患点进行识别判断,建成"人防+技防+机防"的预警系统,建立地质灾害风险综合管理平台,充分提升地质灾害"整体智治"能力,确保"隐患点和风险防范区"结合,逐步实现从静态隐患管理向动态风险管控的转变。

第二章 浙东南地质环境概况

第一节 交通位置

温州市域东濒东海,南毗福建省宁德市,西及西北部与丽水市相连,北和东北部与台州市接壤。全区位于北纬 $27°03'—28°36'$、东经 $119°37'—121°18'$,陆域面积 12 083 km^2,地理位置如图 2-1 所示。

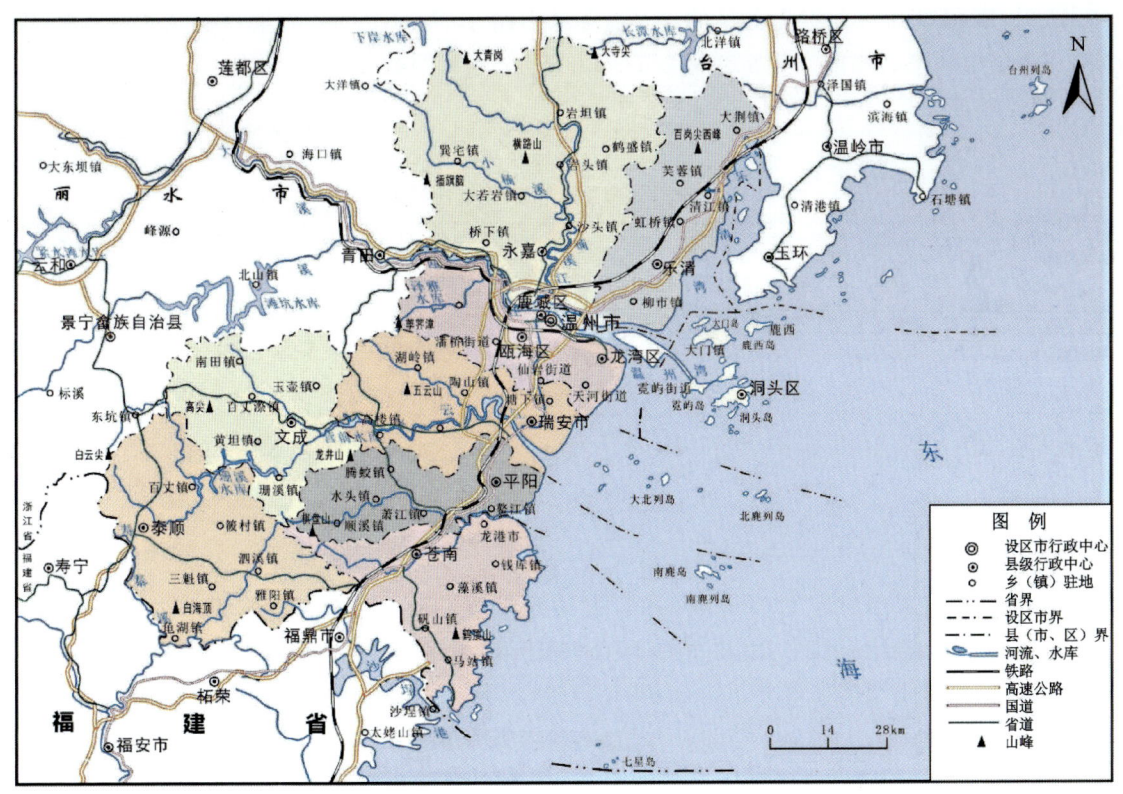

图 2-1 浙东南地理位置图

第二节　气象水文

一、气象

温州市地处我国东南沿海,属亚热带海洋型季风气候,全年气候温暖湿润,四季分明,雨量充沛,常年平均气温在17.3～19.4℃之间,1月份平均气温4.9～9.9℃,7月份平均气温26.7～29.6℃。西部山区总体因为地势较高,年平均气温比东部、南部沿海地区略低。根据温州气象台历年各月逐日逐时气温记录及人的冷热舒适要求,温州市的温暖舒适期(10～28℃)每年长达9个月,是全省热量资源最丰富的地区。年降雨量在1113～2494mm之间,降雨自东南沿海向西部递增。年内降雨分布不均,10月到翌年2月受大陆干冷气团控制,干燥少雨,5个月降雨量仅约占全年降雨量的20%;3—9月受暖湿气流、热对流和台风影响,雨水充沛,占年降雨量的80%。其中:春雨季(3—4月)降雨量约占全年降雨量的20%;梅雨季(5—6月)降雨量约占全年降雨量的25%;台风雷雨季(7—9月)降雨量约占全年降雨量的35%,为全年降雨高峰期。无霜期为241～326d。全年日照数在1442～2264h之间。温州主要气象要素统计见表2-1。

表2-1　温州主要气象要素统计表

气象要素	多年平均气温/℃	极端最高气温/℃	极端最低气温/℃	多年平均水汽压/kPa	多年平均相对湿度/%	多年平均降雨量/mm	多年平均雨日/d	多年平均蒸发量/mm	多年平均风速/(m·s^{-1})	实测最大风速/(m·s^{-1})	最大风速相应风向
详细数据	17.9	38.6	−4.5	18.6	81	1 675.0	175.4	1 289.2	2.0	20.0	ENE

二、水文

温州市共有大小河流1104条,河网长度达5 652.34km,分布有浙江省八大水系之三,即瓯江、飞云江、鳌江。其中,瓯江发源于丽水市庆元县锅帽尖,干流全长388km,流域面积17 958km^2,从源头至河口落差1250m,年径流量1.44×10^{8}m^3,洪、枯水期流量相差悬殊,最大洪峰流量23 900m^3/s(1952年7月20日),最小流量仅10.50m^3/s(1967年),多年平均流量512.4m^3/s;飞云江发源于浙闽交界的洞宫山,流域面积3731km^2,全长185km,下游河道宽一般为600～1000m,入海处宽达3km,年径流量在偏丰年约为19.13亿m^3,平水年约为14.41亿m^3,枯水年约为8.19亿m^3;鳌江发源于文成县桂山乡的吴地山南麓,由西向东横贯平阳全县,注入东海,干流全长90km,流域总面积为1 530.7km^2。

第三节　地形地貌

浙东南地区地势从西南向东北呈梯形倾斜,自西向东绵亘有北北东向的洞宫山脉、括苍山脉和雁荡山脉,自北而南展布了滚滚东流的瓯江、飞云江和鳌江,山水交织构成了主要地形格架。地形特点:①西高东低。西部高程高,主要山峰高程在1000m以上,属于中山区,泰顺的白云尖高程1611m,为浙东南最高峰,中部多为高程500～1000m的低山,其间低于500m的丘陵盆地错落分布于低山之中,东部平原地区山前河谷冲积平原区高程在20m以下,海积平原高程在10m以下,平原区地势低平,河网纵横交错,密如蛛网。②山区多、平原少。山地面积占陆域总面积的61%,丘陵面积占20%,平原区只占19%。③海岸曲折,岛屿众多。海岸线长1248km,其中大陆海岸线长355km,沿海有岛屿714.5个(横仔屿为温州市与台州市共有)。浙东南地势与河流分布见图2-2,区域坡度分布见图2-3,楠溪江源头—瓯江口地形剖面与泰顺乌岩岭—鳌江地形剖面见图2-4、图2-5。

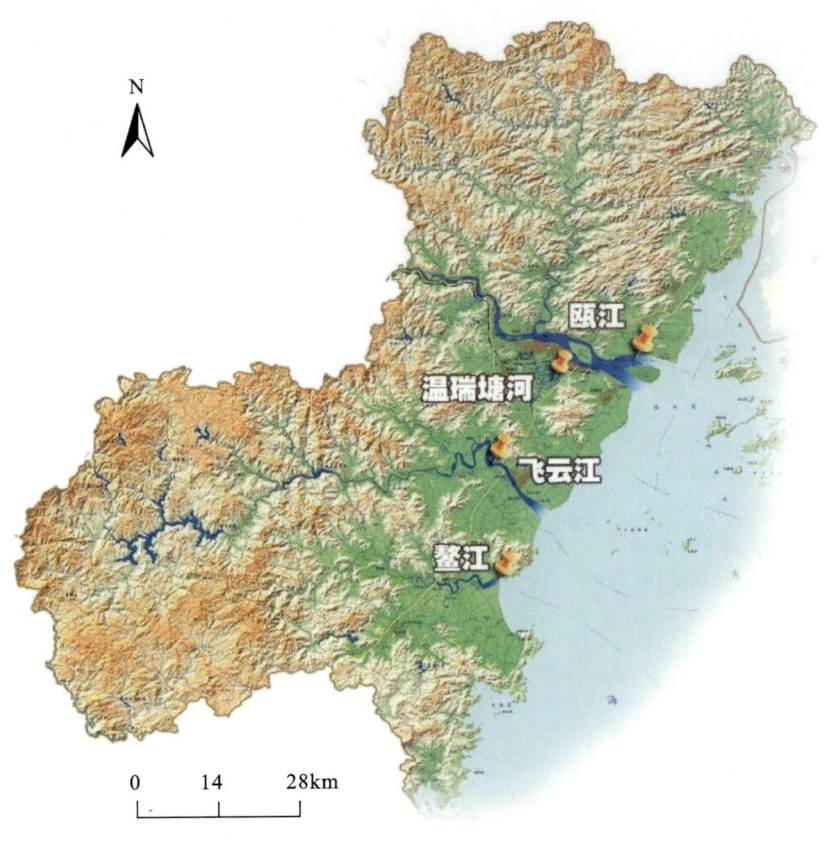

图2-2　浙东南地势与河流分布图

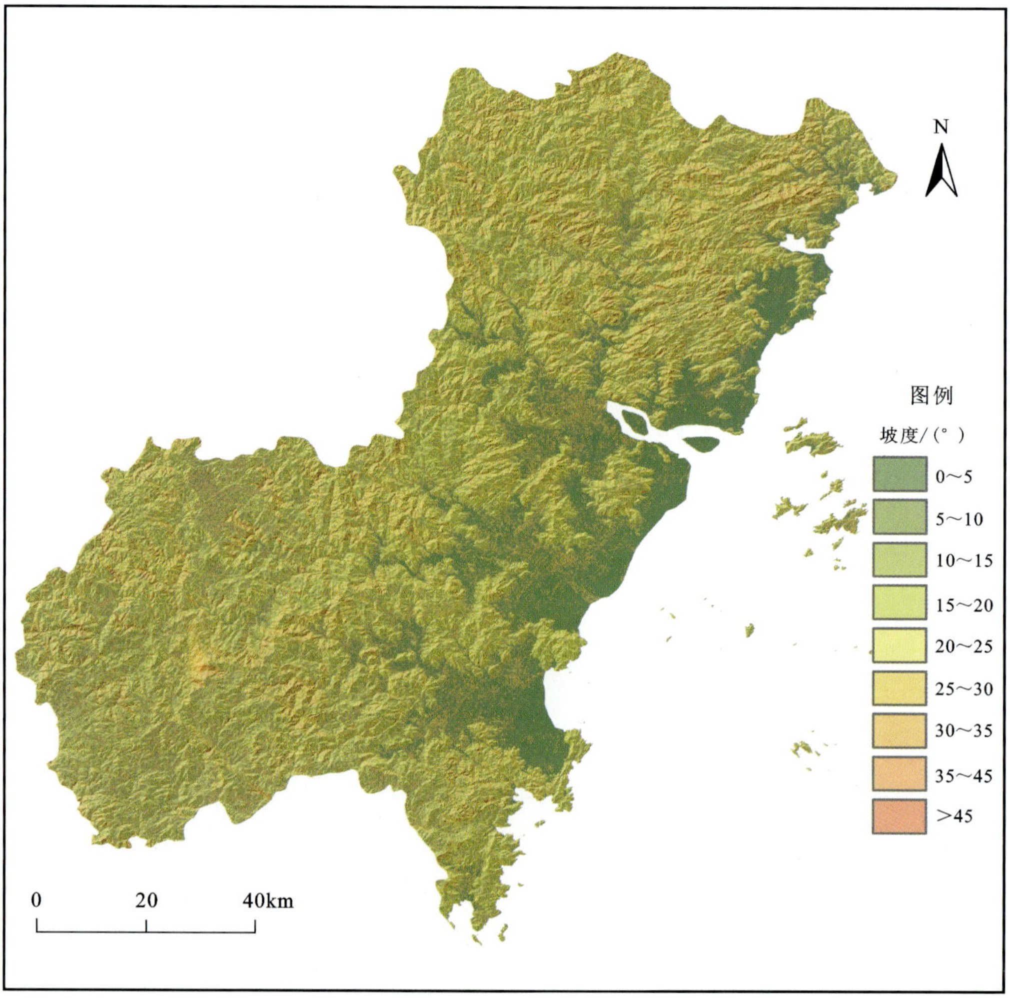

图 2-3 浙东南区域坡度分布图

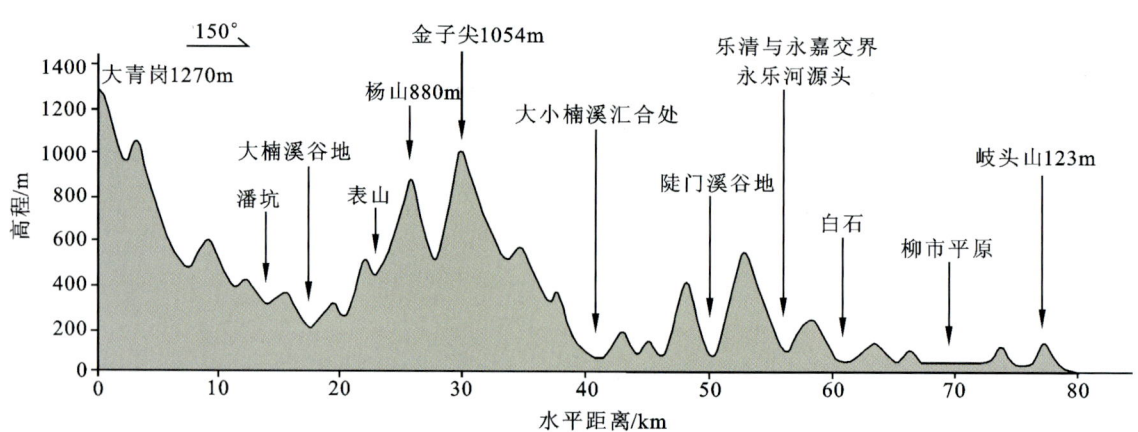

图 2-4 楠溪江源头—瓯江口地形剖面图

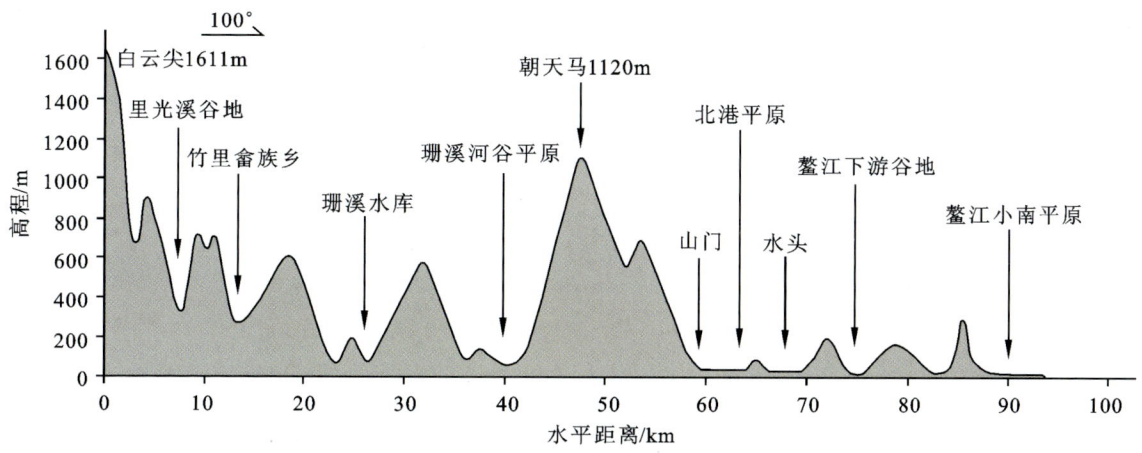

图 2-5 泰顺乌岩岭—鳌江地形剖面图

第四节 地层岩性

一、地层

浙东南地处环太平洋亚洲大陆边缘火山带中国东南沿海中生代火山带的北段，隶属华南地层大区的东南地层区，主要由第四系、中生界下白垩统永康群和磨石山群组成。

早白垩世后期地层由永康群的河湖相及火山碎屑岩组成，划分为小平田组（K_1xp）、朝川组（K_1cc）、馆头组（K_1gt）。早白垩世早期地层由磨石山群巨厚的火山碎屑岩和沉积岩组成，划分为九里坪组（K_1j）、茶湾组（K_1c）、西山头组（K_1x）和高坞组（K_1g），浙东南地区岩性分布如图 2-6 所示。

1. 第四系

第四系主要分布在湖雾至马站一带的海积平原与瓯江、飞云江、鳌江等河谷中，山地丘陵区的山麓沟谷及山间盆地中有少量分布。依据岩性组合、接触关系和成因类型等特征，将第四系划分为全新统和更新统。

（1）全新统（Qh）。分布广，湖雾至马站一带的海积平原及瓯江、飞云江、鳌江等较大河谷等区域均有分布。山地丘陵区成因类型有冲积、洪积和冲洪积等，常构成现代河床。岩性主要为灰黄色、黄褐色、灰色等杂色砾石、砂砾石、含砾砂土、粉细砂、粉质黏土及黏土等。地层厚度一般为 2～6m，局部达 13m。滨海平原区成因类型以海积相为主，局部为冲海积相，构成上部地层。岩性为灰色、青灰色、蓝灰色淤泥质黏土，间夹粉细砂，地表层多为黄褐色黏土、粉质黏土。地层厚度 2～65m。

（2）更新统（Qp）。零星出露于山麓沟口地带及一些山间盆地中，滨海平原区深部分布较广。山地丘陵区成因类型以冲洪积为主，次有洪积、冲积和坡洪积等。微地貌上组成冲洪积扇、洪积阶地或Ⅰ级堆积阶地等。岩性主要为灰黄色、浅棕黄色砂砾石、含砾粉砂土、粉砂质黏土

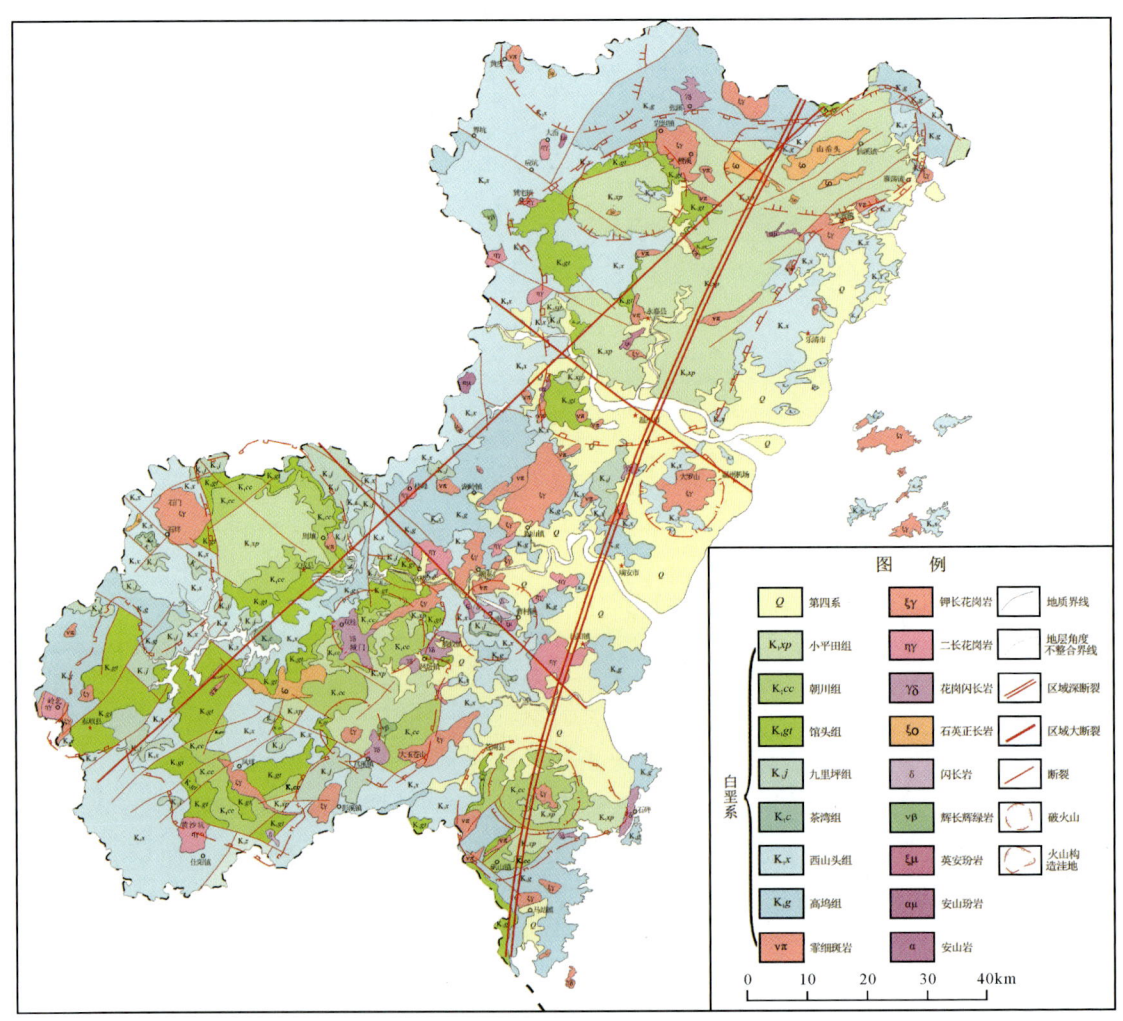

图 2-6 浙东南地区岩性分布图

等。地层厚度为数米至几十米。滨海平原区见于地表之下,成因类型以冲积、海积为主,偶有湖沼相泥炭沉积。岩性主要为砂砾石、砂、粉砂及粉质黏土、黏质粉土等。地层厚度 30~149m。

2. 永康群

早白垩世早期形成的永康群火山岩喷发沉积经过隆起剥蚀,北北东向温州-镇海、北东向泰顺-黄岩和北西向淳安-温州、松阳-平阳断裂造格架控制了白垩纪盆地生成和发展,形成了一系列的不整合于磨石山群之上略呈圆形、不规则状的盆地,沉积了一套以河湖相为主夹火山岩的地层。

(1)小平田组($K_1 xp$)。分布于永嘉、文成、山门、矾山等盆地中,为一套酸性、中酸性火山碎屑岩夹酸性熔岩、沉积岩地层。岩性为英安质玻屑熔结凝灰岩、流纹质晶屑玻屑熔结凝灰岩、浅紫灰色英安质熔结凝灰岩、流纹质玻屑凝灰岩,常见流纹岩或球泡流纹岩,形成雁荡山秀丽的风景地貌。本组与下伏地层呈火山喷发不整合接触,厚度 500~2029m。

(2) 朝川组（K_1cc）。在盆地中均有分布，是一套在氧化环境下形成的河湖相紫红色沉积岩与火山岩相间组成的地层。岩性为流纹质晶屑玻屑凝灰岩、流纹质玻屑凝灰岩与砂岩、凝灰质粉砂岩、粉砂岩。在山门、泰顺、矾山等盆地岩性岩相变化较大。本组与下伏地层呈整合接触，厚度881～1083m。

(3) 馆头组（K_1gt）。在盆地中均有分布，主要分布于盆地底部，为一套河湖相沉积岩夹少量火山碎屑岩、基性或中性熔岩。岩性主要为暗紫色、紫红色、黄绿色、灰绿色的砂砾岩、中粗粒砂岩—粉砂岩、凝灰质砂岩、粉砂岩与页岩互层，上部夹有英安质角砾凝灰岩、流纹质晶屑玻屑凝灰岩。本组与下伏地层呈不整合接触，厚度41～1176m。

3. 磨石山群

侏罗纪时期浙东南沿海地壳隆起，火山活动较弱，早白垩世早期火山喷发规模大且活动强烈，磨石山群广泛分布，火山沉积地层巨厚。

(1) 九里坪组（K_1j）。零星分布，常呈帽状盖于地势较高的山顶或山脊之上，以酸性熔岩为主，夹少量火山碎屑岩，偶夹沉积岩。岩性以流纹（斑）岩为主，含有流纹质角砾凝灰岩，流纹质含角砾岩屑玻屑凝灰岩，偶夹粉砂岩。本组与下伏地层呈喷发不整合接触，厚度85～1291m。

(2) 茶湾组（K_1c）。零星分布于平阳、文成、泰顺等地，主要为一套喷发-沉积相组合，以沉积岩为主，局部夹火山碎屑岩。岩性主要有凝灰质砂岩、粉砂岩、含砾砂岩、泥岩、页岩，夹含角砾沉凝灰岩、英安质含角砾玻屑凝灰岩、流纹质含角砾岩屑玻屑熔结凝灰岩等。本组与下伏地层呈整合接触，厚度35～640m。

(3) 西山头组（K_1x）。分布于永嘉岩坦、文成黄坦、泰顺司前、瑞安湖岭等地，岩性相对较复杂，为酸性火山碎屑夹沉积岩，酸性—基性熔岩。中下部为流纹质玻屑凝灰岩、流纹质含角砾晶屑玻屑熔结凝灰岩夹沉凝灰岩、凝灰质砂岩、粉砂岩等；中部主要为流纹质含角砾晶屑玻屑熔结凝灰岩、流纹质多屑凝灰岩、流纹质晶屑玻屑凝灰岩、英安质含角砾玻屑凝灰岩，夹有凝灰质砂岩，沉凝灰岩；上部为流纹质含晶屑玻屑熔结凝灰岩、流纹质含角砾玻屑熔结凝灰岩及流纹质玻屑凝灰岩等。本组与下伏地层呈整合接触，厚度449～1777m。

(4) 高坞组（K_1g）。分布于永嘉岩坦、文成黄坦、瑞安湖岭至桐浦、苍南渔察、泰顺碑排以西等地，分布较广泛，岩性较单一，主要由酸性火山碎屑岩组成，局部偏中性，有少量沉积岩。岩性为深灰色流纹质晶屑玻屑熔结凝灰岩、流纹质含角砾晶屑玻屑熔结凝灰岩、流纹质晶屑熔结凝灰岩，以晶屑粗大且含量多为特征，长石、石英晶屑含量在30%以上，晶屑粒径以2～5mm居多，少数达7～8mm。本组地层厚度大，结构致密，常形成陡崖地貌，貌似侵入岩，在浙东南地区未见底，区域上与下伏地层呈整合接触，厚度116～1049m。

二、岩浆岩

1. 侵入岩

浙东南岩浆活动十分强烈，侵入活动以燕山晚期为主，尤以斜贯本区中部的北东-南西向条带最为集中。岩性以中酸性、酸性、超酸性侵入岩为主。大小岩体180余个,最大面积为60km²,绝大部分小于1km²。岩体呈岩株、小岩株及岩枝状产出,并具侵入浅、剥蚀不深、蚀变类型简单的特征。根据岩体侵入围岩的最新地质时代、岩体间的相互穿插关系、构造控制及相邻区域的对比等因素的综合分析,区内侵入岩的侵入期数划分为4次。

4次侵入的岩性由老至新如下:第一次以中性的闪长岩、闪长玢岩、石英闪长岩为主,石英二长岩次之;第二次以酸性的花岗岩类为主,次为中酸性花岗闪长岩等;第三次以超酸性到酸性钾长花岗岩为主,次为偏碱性的石英正长斑岩;第四次以超酸性和酸性的钾长花岗岩、钾长花岗(斑)岩为主,次为偏碱性的石英正长斑岩、中酸性的石英二长斑岩等。

2. 潜火山岩

潜火山岩为岩浆侵入接近地表层位、与围岩具有侵入关系的浅成或超浅成侵入岩,貌似火山岩。矿物成分、结晶程度的特点似浅成岩,它与附近的火山岩具有同源、同时(或稍晚)的特点,在空间分布上有一定联系。岩体多呈岩枝状产出,单个岩体出露面积小。根据构造、岩浆作用、侵入围岩最新时代,潜火山岩分为:①早白垩世早期以酸性流纹斑岩、霏细斑岩、钾长花岗斑岩为主的岩石,次为中酸性的英安玢岩,中性的安山岩、安山玢岩,基性的辉绿玢岩甚少;②早白垩世晚期以酸性流纹岩、流纹斑岩、霏细斑岩为主的岩石,次为中酸性的英安岩、英安玢岩和中性的安山岩、安山玢岩,基性的辉绿玢岩甚少。

3. 脉岩

燕山晚期侵入岩之后,一些浅成相斑岩状岩体侵入,沿构造裂隙充填而成脉岩,为燕山晚期岩浆活动尾声的产物。形态以脉状、岩枝状产出,种类繁多,主要分布于区内西部,其中尤以文成、林里盆地一带最为发育,沿北北东向展布。

岩性以钾长花岗岩、花岗斑岩分布最广,次为英安玢岩、安山玢岩、闪长玢岩、石英正长斑岩、石英二长斑岩、正长斑岩、辉绿(玢)岩、石英脉等。

上述侵入岩与它伴生的潜火山岩、脉岩在空间上分布与地表断裂构造相一致,尤其在构造发育地段往往密集成群。

第五节 地质构造与区域稳定性

一、地质构造

1. 区域大断裂

浙东南主要的构造类型为断裂构造,褶皱不发育(图2-7)。从区域上看,有4条大断裂通过本区,即北北东向的温州-镇海大断裂、北东向的泰顺-黄岩大断裂、北西向的淳安-温州大断裂、北西向的松阳-平阳大断裂。

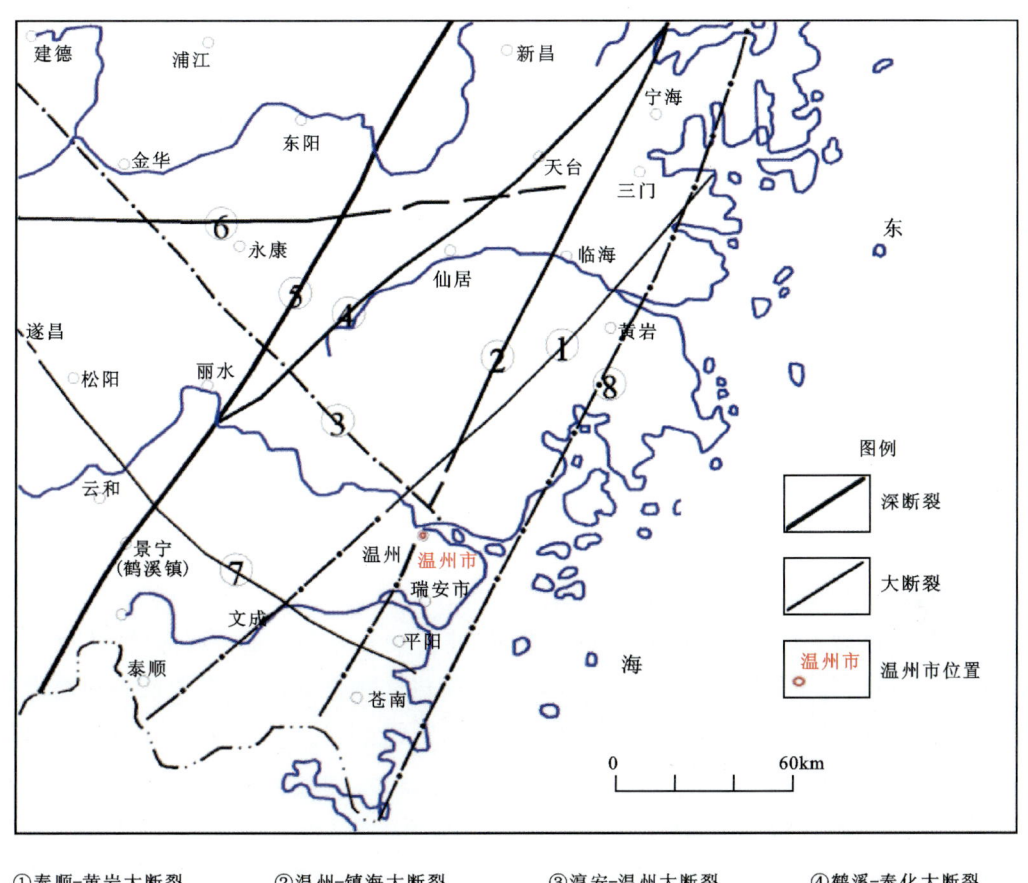

① 泰顺-黄岩大断裂　　②温州-镇海大断裂　　③淳安-温州大断裂　　④鹤溪-奉化大断裂
⑤丽水-余姚深断裂　　⑥衢县-天台大断裂　　⑦松阳-平阳大断裂　　⑧象山-乐清湾大断裂

图 2-7　浙东南区域构造图

(1)温州-镇海大断裂。出露于温州、镇海一线,走向 25°,总体倾向北西,温州一带倾向南东,倾角较陡,纵贯浙江东部。断裂带宽 5~20km,对浙江东部地区地质历史发展有着重要的控制作用,主要表现为对中生代火山活动带、岩浆侵入和白垩纪盆地的形成与发展的控制作用。断裂在地形地貌上表现为一系列北东向、北北东向长条状与透镜状山体,沿断裂延伸方向第四系与基岩呈直线形分界。断裂带内存在一系列北东—北北东向压性、压扭性断裂,断裂破碎带宽 30~35m,沿走向呈波状扭曲,分布有大小不等的挤压透镜体,透镜体总体倾向南东,倾角 52°~62°,由次圆状、次棱角状构造岩组成。与断裂相一致的劈理密集成带,劈理面平直规则,产状 150°∠60°~65°,破碎带充填有辉绿岩脉、花岗斑岩脉等。

(2)泰顺-黄岩大断裂。出露于泰顺、文成、永嘉、黄岩一线,总体走向 55°,向北入台州三门湾,控制了白垩纪火山洼地的分布,常切割早白垩世沉积盆地和燕山晚期的侵入岩体。地表表现为断续出露的北东向断裂,一般长 20~30km,部分地段由一系列大致平行的断裂及岩脉群组成。断裂东侧以频繁跳动的强磁场为特征,西侧以平静的磁场为背景,两者分界明显。

(3)淳安-温州大断裂。斜贯浙江中部,在浙东南出露于青田石平川、永嘉一带,总体走向315°,卫星影像清晰,与北西向的沟谷地貌吻合。地表由一系列北西向断裂组成,断裂延伸较好,常充填有花岗岩、霏细岩、安山岩脉,切割北东向、北北东向、南北向断裂,断裂性质由张性转变为压扭性,具多期活动的特征。

(4)松阳-平阳大断裂。出露于文成、平阳一带,总体走向320°,经松阳、平阳延入东海,卫星影像清晰,地表表现为数条平行排列的北西向断裂,见一系列的挤压透镜体、劈理、糜棱岩等,断裂充填的岩脉遭再度破碎,反映断裂多期次活动的特点。该大断裂对文成、山门盆地有一定的控制作用。

2. 一般断裂

浙东南构造形式以断裂为主,褶皱不发育,根据总体展布的方向、性质、规模等,一般分为北东向断裂、北西向断裂、东西向断裂及南北向断裂4种。

(1)北东向断裂。北东向断裂是浙东南最醒目的构造,由3组具有生成关系和特定方向的断裂构造带组成。常与深部基底构造对应联系,所以对本区的地质构造特征、岩浆活动及矿产的分布都有重要的控制作用。

(2)北西向断裂。该组构造断裂带普遍发育,规模较大的多集中在西部,性质复杂。构造断裂带为290°~325°方向的压性、压扭性、张性、张扭性断裂,相对分布较密集的地段有下郑-西岙北西向构造断裂带、朱寮-马屿北西向构造断裂带、下垟-山门街北西向构造断裂带、下棠坪-吴家墩北西向构造断裂带。

(3)东西向断裂。东西向断裂是一系列较老的构造形迹,受后期构造体系的干扰,破坏较严重,格局不甚明显,连续性较差,由一系列75°~105°构造线的挤压带、冲断裂、片理带等构造形迹组成,主要展布于青田、泰顺、平阳等一带。区内东西向构造带主要有周坑头-大井头东西向构造带、青田平桥-永嘉巽宅东西向断裂带、青田-乐清东西向构造带、文成玉壶-瑞安仙岩东西向构造带、泰顺-平阳宜山东西向构造带。

(4)南北向断裂。南北向断裂是一组345°~15°方向的压性、压扭性、张性、张扭性断裂,并有平行等距离出现的现象,大的构造带有泰顺-上地南北向断裂带、船寮-顺溪南北向断裂带、界坑-灵溪南北向断裂带、乐清智仁一带南北向断裂带。

二、区域稳定性

据区域资料,本区在燕山期及以前的地质年代里构造运动强烈,到喜马拉雅期基本结束了大规模的断裂和褶皱,地壳运动主要表现为升降运动,深大断裂逐渐趋于稳定,自上更新世以来,本区地壳垂直上升速率小于0.17mm/a,地壳基本处于稳定状态(图2-8)。

据统计,近两个世纪温州市及邻域曾发生3次具破坏烈度的地震,分别是发生于1813年10月17日的温州4.75级地震(震中烈度Ⅵ度),1926年6月29日浙闽交界以东海域5.25级地震和1960年7月21日平阳东海域5.0级地震,但它们对本域均未造成破坏性损失。

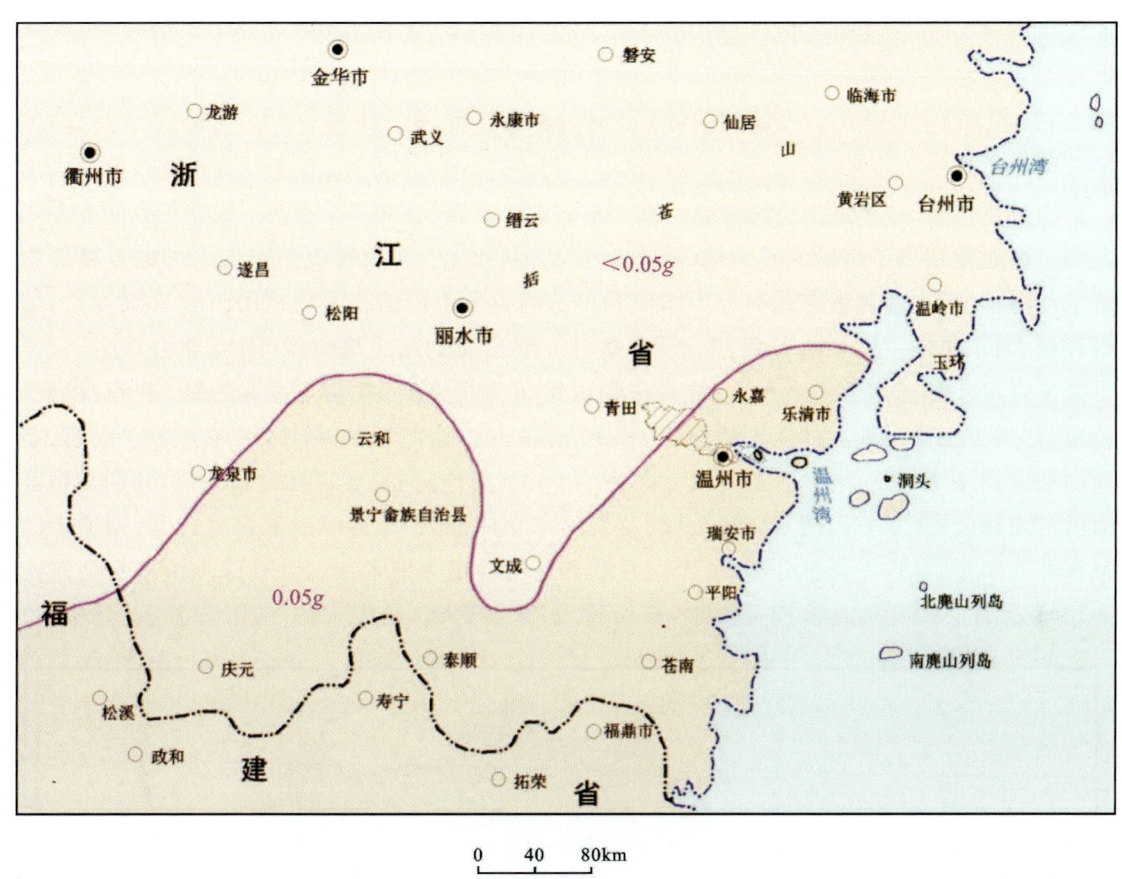

图 2-8　地震动峰值加速度参数分布略图

另据收集的资料,2006年2月4日凌晨开始,文成、泰顺两县交界处,即北纬27.68°、东经120°附近连续发生多次有感较强地震,震中位于泰顺县包垟边界。该次地震最大震级4.6级(2006年2月9日3:24:48),这是该地区目前发生的最大级别的地震。据浙江省地震局统计,2014年9月12日13时14分以来,文成、泰顺交界附近又发生上千次地震,截至2014年10月14日上午6时,共发生了0级以上地震2180次,其中0~0.9级地震1579次,1.0~1.9级地震483次,2.0~2.9级地震90次,3.0~3.9级地震27次,4.0级以上地震1次。根据本区地质背景及震中分布规律,区内及邻域今后具有发生地震的可能性,但以弱震或微震为主。

按照全国地震区带划分,本区属东南沿海二等地震区东北端,接近三等地震区,为少震、弱震区。根据《中国地震动参数区划图》(GB 18306—2015),温州市内地震动峰值加速度为0.05g(Ⅱ类场地条件),相当于地震基本烈度Ⅵ度,区域地壳稳定。

第六节 土地利用类型

如图 2-9 所示,浙东南地区耕地面积 236.6 万亩(1 亩≈666.7m²),占土地面积的 13.28%。人均耕地面积稍大于全国的平均值,但小于全省的平均值,人均耕地面积少。耕地主要分布于东部的平原区,按种植方式可分为水田和旱地两类。水田面积占耕地面积的 70% 左右,主要种植水稻;旱地主要种植番薯、玉米、豆类等。浙东南地区土壤肥沃,河流湖泊众多,海洋资源丰富,是江南的"鱼米之乡"。粮食作物以水稻为主,经济作物主要有柑橘、茶叶、枇杷、杨梅、甘蔗等 160 余种。林业用地面积 1098 万亩,占土地面积的 62%,主要分布于永嘉、泰顺和文成,3 县林地占 60%。森林覆盖率为 60.03%,拥有国家级森林公园 5 个,分别是雁荡山国家森林公园、玉苍山国家森林公园、花岩国家森林公园、龙湾潭国家森林公园、铜铃山国家森林公园;拥有省级森林公园 14 个。泰顺县乌岩岭亚热带常绿阔叶林原生植被是浙东南的"绿色宝库",那里有众多连片湿地,草长莺飞,水网密布,是宝贵的"氧吧绿肺"。其中,最

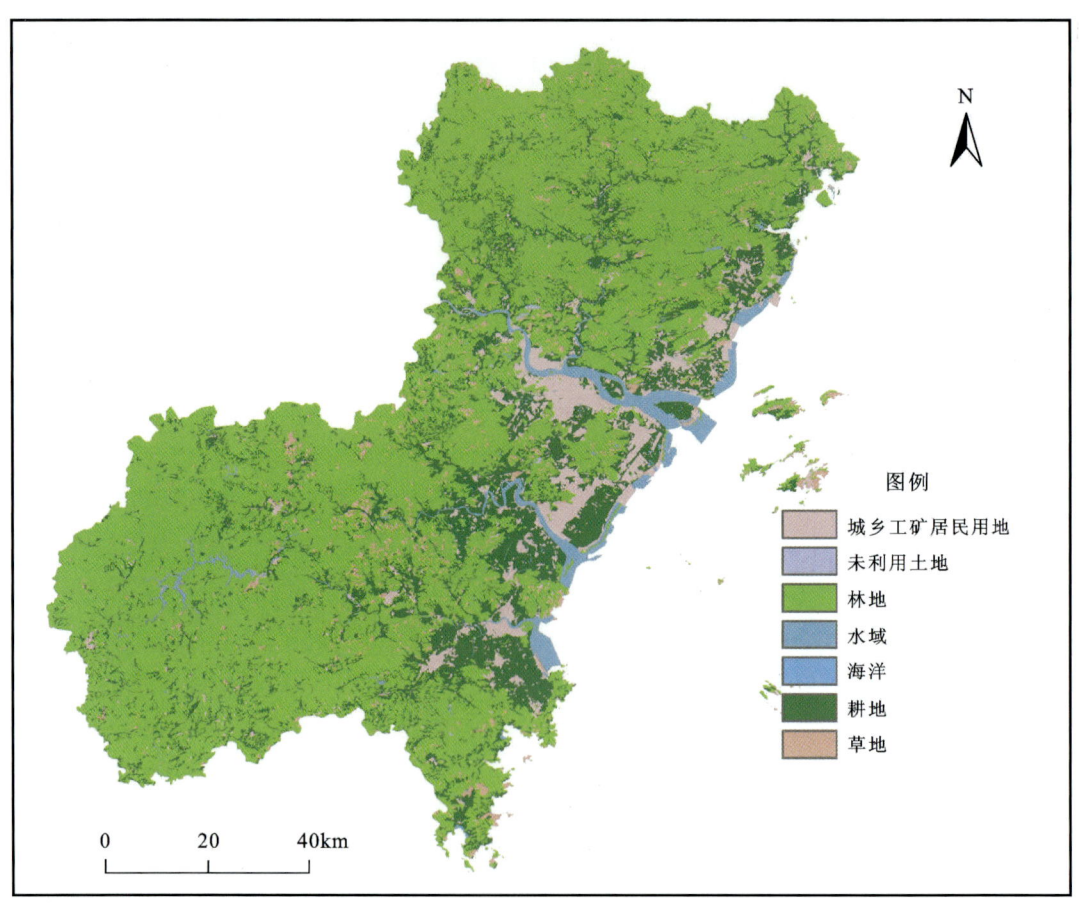

图 2-9 浙东南土地利用情况

著名的三垟湿地,民间称"南仙垟",毗邻温州市中心,面积13.6km³,河道纵横,星罗棋布,其间有161个形态各异的泥洲。这片湿地自古盛产瓯柑和淡水鱼虾,也是各种候鸟、留鸟栖息觅食的绝佳之处。与2015年相比,研究区城乡工矿居民用地增加较明显,耕地面积也在持续增加,随着近些年国家对环境的保护,水域面积不断扩大。

第七节 水文地质条件

根据地层岩性、地下水赋存条件、含水介质水理性质、水力特征等,区内地下水划分为松散岩类孔隙水和基岩裂隙水两大类。

松散岩类孔隙水包括孔隙潜水和孔隙承压水两种。孔隙潜水主要分布在西部山区、丘陵前缘斜地、丘间谷地、滨海砂地和部分河谷地带,含水层厚3~15m,岩性主要为砂砾石、含黏土碎石,水位埋深0.5~2m,河谷潜水水量丰富,以淡水为主,滨海平原水量贫乏,以微咸水和咸水为主。孔隙承压水主要分布于河口三角洲和滨海平原地带,含水层厚20~100m,岩性主要为砂砾石,含砾砂、中细砂,水量丰富,单井涌水量一般为100~1500m³/d。

基岩裂隙水广泛分布于山区丘陵地带、台地及一些海岛,含水岩组包括沉积岩、熔岩、火山碎屑岩、侵入岩等,以构造裂隙水和风化裂隙水为主,透水性差,水量相对较贫乏,在石英砂岩、花岗岩等分布区的地貌有利地段及断裂破碎带相对富水或构成储水构造,单井涌水量可达50m³/d,可作为分散供水水源。

一、松散岩类孔隙水

1. 松散岩类孔隙潜水

(1)全新统冲积砂砾石含水层(Qh^{al})。主要分布于山前现代河谷两侧,呈条带状,由冲积砂砾石组成。顶板埋深0.5~2m,厚5~17m,水位埋深0.5~4.5m,由于近河道分布,水位和水量随季节变化较大,并受到河水的影响。富水性中等按降深3m计算,大口径井单井涌水量为300~500m³/d,溶解性总固体(简称固形物)为0.3~0.4g/L,水化学类型为HCO_3-Ca·Mg型或HCO_3-Ca·Na型,地下水一般以井形式开采,常作为农田灌溉或生活供水水源。

(2)上更新统洪积含黏性土砂砾含水层(Qp_3^{pl})。分布于山麓及山前沟谷地带,往往形成洪积扇或洪积阶地与坡积裙,岩性为棕黄色含黏性土砂砾石,厚3~4m,静水位埋深1~2m。含水层水量与其分布范围、出露部位、厚度、成因类型及胶结程度关系密切,一般透水性较差,单井涌水量小于100m³/d。水质均为淡水,固形物0.1~0.5g/L,以HCO_3-Ca型水为主。该地下水常以泉水形式出露于低洼地带或在后期形成的沟谷、溪沟内,一般可作为分散居民生活用水水源。

(3)全新统冲海积、海积黏性土局部夹粉细砂含水层(Qh^m、Qh^{al-m})。分布于滨海、河口及海湾平原的表部,水量贫乏—极贫乏,民井单井涌水量一般小于 $10m^3/d$,静水位埋深 $0.5 \sim 2.0m$,总体随季节有一定的变化。水质以微咸水为主,固形物 $0.6 \sim 2g/L$,水化学类型为 $Cl \cdot HCO_3 - Na \cdot Mg$ 型或 $Cl - Na$ 型。淡水段可作为分散居民生活用水水源。

(4)全新统冲海积粉细砂、中细砂含水层(Qh^{al-m})。分布较少,总体利用程度不高。

(5)中更新统残坡积或坡洪积亚黏土含(碎)砾石含水层(Qp_2^{ed-dl}、Qp_2^{dl-pl})。分布于山麓坡地及坡脚部位,属坡洪积裙或残坡积层物,岩性为棕褐色、灰褐色含黏性土碎砾石,厚 $2 \sim 20m$ 不等,静水位埋深 $1 \sim 3m$,含水层水量与其分布范围关系密切。该地下水常以泉水形式出露于低洼地带或在后期形成的沟谷、溪沟内,随季节变化大,旱季时泉水出现干涸状态。含水层透水性较差,泉水量一般小于 $50m^3/d$。水质均为淡水,固形物 $0.1 \sim 0.5g/L$,以 $HCO_3 - Ca$ 型水为主。该类型水一般可作为分散居民生活用水水源。

2. 松散岩类孔隙承压水

松散岩类孔隙承压水分布于浙东南近海地带平原区及近山前河口平原区,根据埋藏条件、地层结构与含水特征的差异可分为两个含水组,即上更新统冲积砂砾石承压含水组(Ⅰ组)和中更新统冲积、洪冲积砂砾石含水组(Ⅱ组),其中上更新统冲积砂砾石承压含水组又可分成两个亚组。

二、基岩裂隙水

浙东南基岩裂隙水分为3类,即层状岩类构造裂隙水、块状岩类构造裂隙水、风化带网状裂隙水,其水文地质特征如下。

1. 层状岩类构造裂隙水

此类地下水由下白垩统馆头组(K_1gt)和朝川组(K_1cc)组成,岩性为凝灰质、泥质、钙质粉砂岩,砂砾岩夹硅质岩,沉凝灰岩等,主要分布于文成、泰顺及温州市区西部的仰义等地。地下水储存在构造裂隙带中,以泉的形式出露,一般泉流量小于 $0.1L/s$,固形物小于 $0.2g/L$,水化学类型为 $HCO_3 - Na$ 型和 $HCO_3 - Na \cdot Ca$ 型,个别相对富水的地段泉流量 $0.2 \sim 0.4L/s$。如仰义林里盆地有较多的酸性小岩体及岩脉穿插,岩石比较破碎,287 号泉流量达 $0.394L/s$。

2. 块状岩类构造裂隙水

此类地下水由下白垩统高坞组(K_1g)、西山头组(K_1x)、茶湾组(K_1c)、九里坪组(K_1j)组成,岩性为熔岩及火山碎屑岩和沉积岩夹层。该类型基岩裂隙水分布最广泛,遍布温州。

地下水沿构造破碎带成线状或脉状分布,富水性极不均一,泉流量在 $0.1 \sim 1L/s$ 之间,固形物小于 $0.2g/L$,水质好,水化学类型以 $HCO_3 - Ca \cdot Na$ 型、$HCO_3 - Na \cdot Mg$ 型为主。温州市在该地下水中发现多处矿泉水,水量最大的为泽雅镇唐宅村矿 02 泉(好运矿泉水),达 $0.93L/s$。由于该地下水一般以带状、脉状分布,泉流量稳定,一般不会因季节变化发生较大的波动,属优质地下水。

3. 风化带网状裂隙水

此类地下水赋存于侵入岩风化带网状裂隙、孔隙中，含水岩组岩性由燕山晚期的钾长花岗斑岩、花岗闪长岩、钾长花岗岩、花岗斑岩等组成，零星分布。地下水的富水性与侵入岩的风化程度有关，一般泉流量 0.05~0.3L/s，固形物小于 0.3g/L，水化学类型为 HCO_3-Ca·Mg 型、HCO_3-Na·Mg 型。

该地下水类型一般分布于地表较浅部，泉流量较小，随季节变化大，旱季常出现干涸现象。

第八节 工程地质特征

一、岩体工程地质特征

浙东南广泛分布火山岩、侵入岩及潜火山岩，岩体总面积约占研究区总面积的 2/3。依据岩石成分、岩性组合及结构特征等，区内岩体可分为 4 种基本类型，分述如下。

1. 坚硬—较坚硬火山岩

该岩类主要分布于浙东南的温州西部、瑞安西部、苍南南部、泰顺西南部、文成西北部及瓯江北岸等低山丘陵区，出露面积占约全区岩体面积的 2/3，由下白垩统高坞组、西山头组、九里坪组、小平田组构成。岩石多呈浅灰色、灰紫色、灰白色、灰绿色等，岩性以凝灰岩为主，次为流纹岩等。未蚀变的岩石极限抗压强度 120~190MPa，当岩石受蚀变影响后，力学性能降低，一般单轴抗压强度为 74.9~89.5MPa。岩体均匀性、完整性中等，呈碎裂—块状结构。

2. 坚硬—较软沉积岩

该岩类分布于泰顺、文成、山门、永嘉盆地等地，出露面积约占全区基岩出露面积的 15%，由茶湾组、馆头组、朝川组、西山头组部分地层构成。岩石呈灰白色、灰绿色、青灰色、紫红色等，岩性有岩屑砂岩、含砾砂岩、粗砂岩、粉砂岩、泥质粉砂岩等，部分岩石有硅化现象，其中粗砂岩、硅化石英砂岩强度较高，单轴极限抗压强度为 75~198MPa，中细粒以下砂岩因风化较强，出露较少，难以采到测试样品，强度一般不高。该类岩体顺层均一性较好，但垂向变化较大，岩体结构类型为层状碎裂结构。

3. 坚硬—较坚硬侵入岩

浙东南有大小岩体 185 处，分布于大罗山、陶峰、大玉苍山、岩坦、黄沙坑、城门、石门等地，出露面积约占全区岩体面积的 10%，为燕山早期岩浆活动的产物。岩性以肉红色钾长花岗岩为主，此外尚有石英闪长岩、闪长玢岩、石英二长岩等。其中钾长花岗岩坚硬，由于抗风化能力弱，岩体均风化强烈，易形成砂状风化物。新鲜岩石单轴极限抗压强度 95~207MPa，陶峰山区部分具晶洞构造的钾长花岗岩，单轴极限抗压强度 56~70MPa。总体来看，岩体均一性、完整性均较好，一般呈块状结构。

4. 坚硬—较坚硬潜火山岩

该岩类于低山丘陵区零星分布,出露面积仅占全区基岩出露面积的 5% 左右,岩性有斑岩类、英安岩类、安山岩类及流纹斑岩等。该类岩石均一性、完整性好,呈块状—整体结构,单轴极限抗压强度 150~230MPa。

二、土体工程地质特征

区内土体分布广泛,占浙东南总面积的 1/3。山麓沟谷区土体岩性较单一,分布面积约占全区土体分布面积的 10%。

本区土体分布于低山丘陵与平原过渡地带,由全新统洪积-冲洪积层、上更新统洪积层、中更新统坡洪积层组成,一般层厚 5~20m,最大厚度达 40m。

(1) 全新统洪积—冲洪积层(Qh^{pl}、Qh^{al-pl})。洪积层主要分布于东南部山前与平原区交接地带,一般沿山前形成洪积裙,由黄褐色、灰黄色砂砾卵石夹黏土组成,一般呈中密状,砾石含量 60%~70%,砂含量 10%~20%,黏性土含量 10%~20%,承载强度 250~300kPa。冲洪积层主要分布于花岗岩质沟谷地带,由黄褐色和灰黄色砂土、粉土、粉质黏土组成,粗、细层相间出现。承载力特征值 130~250kPa。

(2) 上更新统上组洪积层(Qp_3^{2pl})。此层在山麓沟谷区一般均有分布,多位于沟谷的中下游部位,地面标高 5~30m,坡度 2°~6°。由灰色洪积砂砾卵石和黏性土组成,稍密—中密状。砂砾石含量 75%~90%,黏性土含量 10%~25%,砾石粒径 2~5cm 不等,砾石磨圆度中等,以次圆状为主。分选性一般,承载力特征值 250~350kPa。

(3) 上更新统下组洪积层(Qp_3^{1pl})。此层多分布于沟谷的中上游部位,标高 15~150m,地面坡度 3°~10°,由灰色的洪积砂砾卵石和黏性土组成,中密状。其中砂砾石含量 70%~90%,黏性土含量 10%~30%,砾石粒径一般为 4~6cm,磨圆度一般,多呈次圆状—次棱角状,分选性较差。承载力特征值 300~400kPa。

(4) 中更新统上组坡洪积层(Qp_2^{2dl-pl})。此层分布范围较小,一般仅见于少数沟谷上游,零星状残留于沟口两侧,分布高程 50~75m,地形坡度 5°~15°,由黄褐色碎砾石夹黏土组成,中密—密实状。碎砾石含量 50%~60%,黏性土含量 40%~50%,碎砾石大小不一,磨圆度低,呈次棱角状或棱角状,分选性差。承载力特征值 300~500kPa。

(5) 中更新统下组坡洪积层(Qp_2^{1dl-pl})。此层呈埋藏型分布于山麓沟谷区,仅在局部地段见及。由青灰色、黄色、棕黄色的碎石混黏土组成,半胶结状,具网纹状结构。碎砾石含量 50%~60%,黏性土含量 40%~50%,碎砾石粒径不均,磨圆度一般,呈次棱角状或次圆状,分选性差。碎砾石风化强烈,部分已全风化。承载力特征值 500~600kPa。

第九节　人类工程活动

（1）山区切坡建房现象较普遍，大多无支护或进行简易支护，切坡破坏了原有山体的自然平衡状态，易发生滑坡和崩塌。据2021年浙东南山区农村切坡建房调查数据统计，浙东南有184 264处切坡建房，其中不稳定717处，欠稳定26 567处。

（2）铁路、公路等线性工程的修建，特别是康庄公路和林区道路工程的修建，开挖山体形成大量的高边坡，受结构面、卸荷裂隙、风化裂隙以及爆破影响，边坡上部岩土体易失稳破坏，发生滑坡、崩塌等地质灾害。

（3）耕地垦造是浙东南山区重要的人类工程活动，它改变了斜坡地质环境、降低斜坡稳定性，使得斜坡易发生滑坡灾害，或为泥石流发生提供物源基础，是诱发地质灾害不可忽略的因素。

（4）开山采石（矿）形成高陡边坡，由于爆破、开挖等，卸荷裂隙尤为发育，极易发生崩塌灾害。此外，水库蓄水易诱发滑坡灾害；工程弃渣处置不当，遭遇强降雨易发生滑坡和坡面泥石流。

第三章

浙东南地质灾害发育规律与时空分布特征

第一节 降雨特征及规律

一、降雨总体特征及类型

浙东南多年年均降雨量在 1200～2100mm 之间（图 3-1）。降雨自东南沿海向西部递增，地处海岛的洞头区降雨量反而较少，仅有 1200mm。临近海域的龙湾、乐清、瑞安、平阳、苍南等县（市），年降雨量均在 1700mm 左右，西部山区迎风坡降雨量可达 1800mm 以上。

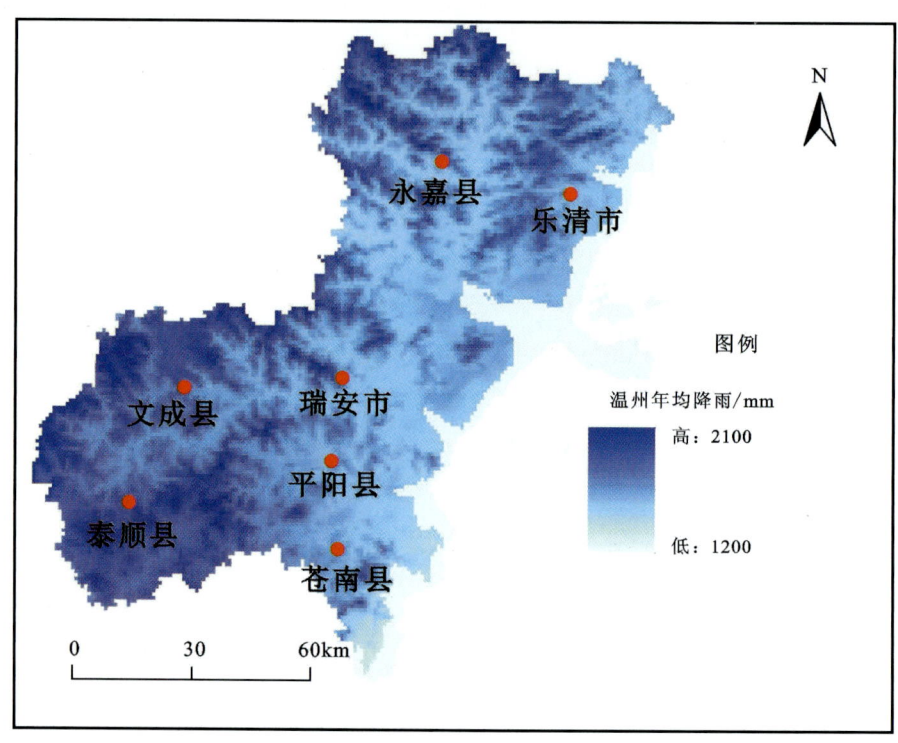

图 3-1 21 世纪以来浙东南多年年均降雨分布图

1971—2020年间,1989年的年总降雨量最大,超过2000mm,1985年的降雨量最少(图3-2)。1971—2020年间,6月与8月的月平均降雨量最大,均超过220mm;12月的降雨量最少,月平均降雨量为49mm;降雨集中在5—9月,占比60%。

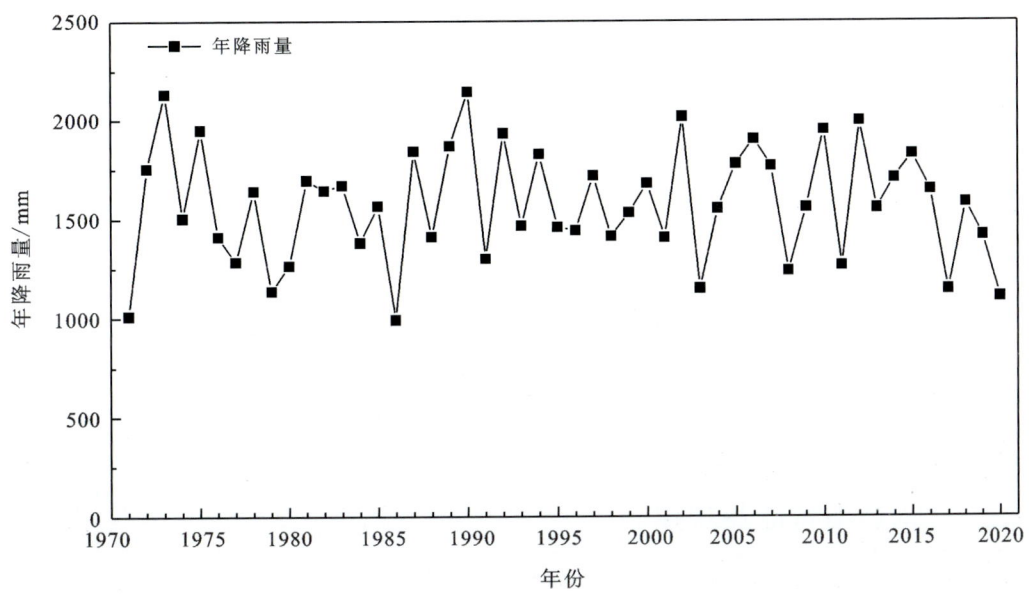

图3-2 1971—2020年浙东南年降雨量统计图

根据我国气象部门的标准,降雨条件可以大致分为以下两种类型:

(1)连阴雨。每日的降雨量大于0.1mm,并且这样的天气持续3d以上。

(2)强降雨。一般称暴雨,指强度很大的雨,又可以分为:①暴雨,日降雨量≥50mm;②大暴雨,日降雨量≥100mm;③特大暴雨,日降雨量≥250mm。我国气象部门一般采用的降雨强度划分标准见表3-1。

表3-1 我国气象部门一般采用的降雨强度划分标准表 单位:mm

定义名称	12h内雨量	24h雨量
小雨	≤5	≤10
中雨	5～14.9	10～24.9
大雨	15～29.9	25～49.9
暴雨	≥30	≥50
大暴雨	≥70	≥100
特大暴雨	≥140	≥250

浙东南地处我国东南沿海,气象条件更为特殊,因此包括了以下两种特殊的降雨类型:

(1)梅雨。初夏季节长江中下游特有的天气气候现象,是中国东部地区主要雨带北移过程中在长江流域停滞的结果。此期间的日降雨量经常会达到1mm以上,且持续多日。虽然降雨强度不是很大,但是由于持续时间长,降雨总量较大。

(2)台风暴雨。受到太平洋热带气旋影响,每年夏季发生在浙东南地区的极端气象事件,且往往会伴随着极端降雨天气,降雨强度最高可超过100mm/h,但是持续时间往往较短,基本为2~3d,此期间的降雨总量可达数百毫米,因此台汛期成为浙东南地质灾害防治需要重点关注的时期。

综上所述,根据持续时间、降雨量大小、降雨强度等指标,可将研究区的降雨条件划分为台风暴雨和非台风降雨两类。前者主要指的每年台汛期降雨,以短历时极端降雨为主,台汛期间的月降雨量基本可达150~200mm,5—9月份总降雨量占据全年总降雨量的60%以上。后者包括所有非台风期间的降雨事件,其中主要以梅雨期的长时间阴雨天气为主,该期间的总降雨量也可达到100mm及以上,占据全年降雨总量的20%~30%。剩余的就是普通降雨事件,多持续2~3d,总降雨量小于30mm。

二、台风暴雨特征及规律

1. 台风暴雨分布时间规律

5—9月是温州的主汛期,其间常有台风暴雨等引发山洪泥石流等次生灾害。除1月、2月和12月没有发生暴雨外,其他月份均有暴雨发生,且主要发生在5—10月,8月和9月的暴雨日数明显增多。这是因为8月、9月容易受到台风影响,尤其是入秋后除了有台风影响外,还容易出现台风与冷空气结合引起的大降雨过程,因而入秋后的台风路径往往变化多端,容易形成超强降雨。

2. 台风暴雨空间分布规律

由于温州三面环山、一面临海的特殊地形,降雨量分布不均,暴雨空间分布一般特征为从西南向东北呈梯形递减,西南山区暴雨日数明显多于东部平原,更多于海岛。虽同为平原,但由于平阳和温州周围地形抬升和辐合作用,其暴雨日数要明显多于其他平原地区。1972—2013年间温州地区暴雨日数空间分布如图3-3所示。42年间温州市的总暴雨天数在175~245d之间。

3. 台风暴雨规模特征

近来年,因气候条件多变,温州市也经历了多次台风暴雨,特大暴雨时有发生,并经历过100年、200年甚至400年不遇的极端降雨情况,如表3-2所示。

由表3-2可知,每一次台风暴雨带来的降雨量有较大的差别,台风的不同时段降雨量也不相同,其中以1h、3h降雨量超历史纪录时造成的洪涝灾害及衍生灾害最为强烈。但当过程降雨量极大时,也能造成重大灾害。表3-3反映了不同时段最大降雨量在24h降雨量中的占比。

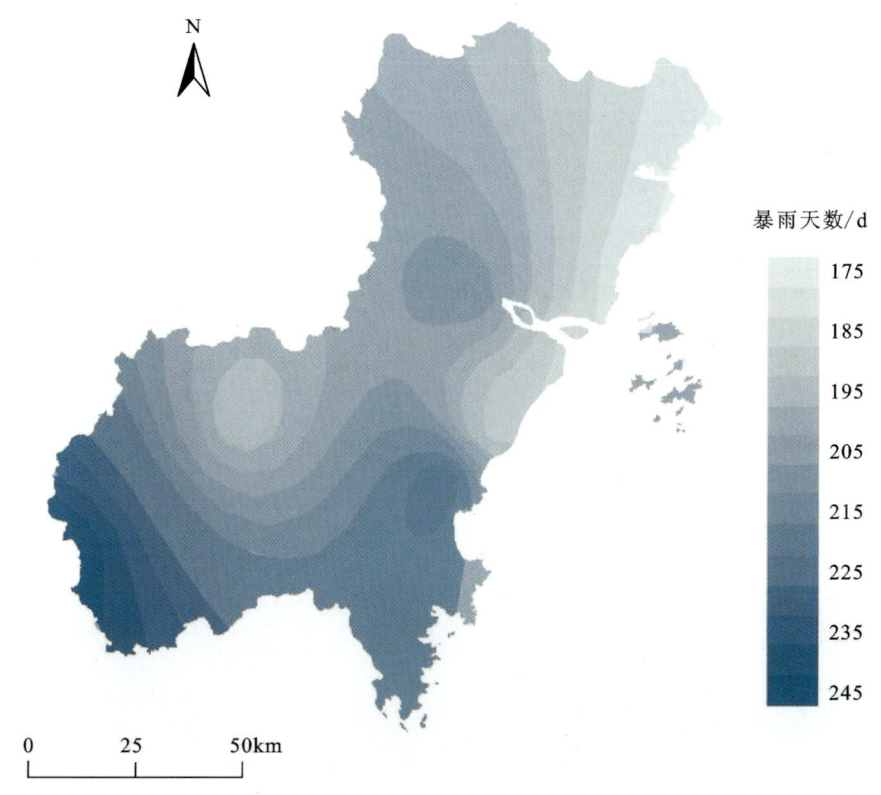

图 3-3 温州市暴雨日数空间分布特征图

表 3-2 浙东南近 20 年台风暴雨过程降雨量统计表　　　　　　单位：mm

台风名称	地点	1h	3h	6h	24h	部分过程雨量
1999 年 9 月 4 日洪灾	仰义	119.0	289.5	372.0	410.0	
	西山	117.8	243.3	275.5	314.9	
	海坦山	137.6	317.8	378.0	404.7	
	永嘉气象台	112.9	225.4	276.4	286.2	
	上塘	106.9	207.2	239.3	245.6	
	上塘镇岭脚	122.2	245.4	239.3	245.6	
2004 年 8 月 12 日"云娜"	福溪水库	70.5	157.5	225.5	540.0	
	砩头	90.5	204.0	361.5	863.5	906.5
2005 年 9 月 1 日"泰利"	文成西坑	70.5	151.0	212.5	313.0	333.5
	文成黄坦	61.0	140.5	232.0	359.5	376.1
2013 年 10 月 7 日"菲特"	瓯海泽雅	70.0	172.0	253.6	430.5	476.0

续表 3-2

台风名称	地点	1h	3h	6h	24h	部分过程雨量
2015年8月8日"苏迪罗"	泰顺仕阳	71.6	123.6	168.4	526.8	594.6
	珊溪毛坑里	90.5	151.0	254.5	467.0	717.6
	平阳朝阳	82.0	167.0	235.5	382.5	
	平阳顺溪石柱	83.0	142.0	207.5	264.5	
2016年9月15日"莫兰蒂"	泰顺泗溪	100.0	242.6	289.2	388.0	
	泰顺柳峰	93.6	234.4	317.8	390.2	
	泰顺雅阳	81.1	211.8	265.3	394.1	
	泰顺东溪	77.8	207.6	269.1	352.2	
	泰顺夏炉	102.0	228.0	289.5	378.0	427.5
	泰顺翁山	92.5	172.5	226.0	300.0	
	泰顺卢梨	94.6	231.7	293.3	379.3	
	瓯海泽雅	95.5	165.0	189.0	396.0	
2016年9月28日"鲇鱼"	文成峃口	74.5	148.5	198.5	398.5	
	文成光明	79.5	189.5	225.5	419.5	619.5
	文成公阳	87.5	177.5	212.5	449.0	474.0
	文成柳山	80.4	166.5	211.9	461.9	
	文成双桂	102.4	195.7	249.3	544.3	

表 3-3 浙东南 1h、3h、6h 与 24h 最大降雨量占比一览表

台风名称	代表雨量站或发生地点	1h		3h		6h		24h
		降雨量/mm	占比/%	降雨量/mm	占比/%	降雨量/mm	占比/%	降雨量/mm
1990年9月4日洪灾	澄海	101.1	16.90			420.7	70.33	598.1
1999年9月4日洪灾	仰义	119.0	29.02	289.5	70.60	372.0	90.73	410.0
	西山	117.8	37.40	244.3	77.26	275.5	87.48	314.9
	海坦山	137.6	34.00	317.8	78.52	378.0	93.40	404.7
	永嘉气象台	112.9	39.45	225.4	78.75	276.4	96.57	286.2
	上塘	106.9	43.52	207.2	84.36	239.3	97.43	245.6
	上塘镇岭脚	122.2	42.69	245.4	85.74	276.7	96.68	286.2

续表 3-3

台风名称	代表雨量站或发生地点	1h 降雨量/mm	1h 占比/%	3h 降雨量/mm	3h 占比/%	6h 降雨量/mm	6h 占比/%	24h 降雨量/mm
2004年8月12日"云娜"	福溪水库	70.5	13.05	157.5	29.16	225.5	41.75	540.0
	碘头	90.5	10.48	204.0	23.62	361.5	41.86	863.5
2005年9月1日"泰利"	文成西坑	70.5	22.52	150.0	48.24	212.5	67.89	313.0
	文成黄坦	61.0	16.96	140.5	39.08	232	64.53	359.5
2006年8月"桑美"	苍南昌禅	105.0	17.91	269.0	45.90	435	74.23	586.0
2009年8月"莫拉克"	平阳昆阳	60.1	11.29	139.0	26.12	223.0	41.91	532.0
2013年10月7日"菲特"	瓯海泽雅	70.0	16.26	172.0	39.95	253.6	58.90	430.5
2015年8月8日"苏迪罗"	泰顺仕阳	71.6	13.59	123.6	23.46	168.4	31.96	526.8
	珊溪毛坑里	90.5	19.37	151.0	32.33	254.5	54.49	467.0
	平阳朝阳	82.0	21.43	167.0	43.66	235.5	61.56	382.5
	峃口渡犊	54.2	15.95	132.7	39.06	200.1	58.90	339.7
	平阳顺溪石柱	83.0	31.37	142.0	53.68	207.5	78.44	264.5
2016年9月15日"莫兰蒂"	泰顺莜村	69.4	37.31	114.2	61.39	125.6	67.52	186.0
	泰顺泗溪	100.0	25.77	242.6	62.52	289.2	74.53	388.0
	泰顺柳峰	93.6	23.98	234.4	60.07	317.8	81.44	390.2
	泰顺雅阳	81.1	20.57	211.8	53.74	265.3	67.31	394.1
	泰顺东溪	77.8	22.08	207.6	58.95	269.1	76.40	352.2
	泰顺夏炉	102.0	26.98	228.0	60.31	289.5	76.58	378.0
	泰顺翁山	92.5	30.83	172.5	57.5	226.0	75.33	300.0
	泰顺卢梨	94.6	24.94	231.7	61.08	293.3	77.32	379.3
	泰顺新浦	60.6	26.27	142.1	61.62	168.7	73.158	230.6
	瓯海泽雅	95.5	24.11	65.0	16.41	189.0	47.42	396.0
	永嘉黄坦	91.8	20.30	—	—	—	—	452.0
2016年9月28日"鲇鱼"	文成峃口	74.5	18.69	148.5	37.26	198.5	49.81	398.5
	文成光明	79.5	12.83	189.0	30.58	225.5	36.40	619.5
	文成公阳	87.5	19.48	177.5	39.53	212.5	47.32	449.0
	文成柳山	80.4	17.40	166.5	36.04	211.9	45.87	461.9
	文成双桂	102.4	18.81	195.7	35.95	249.3	45.80	544.3
平均		88.8	23.53	188.0	50.07	258.2	66.22	413.4

4. 台风暴雨分区特征

据有关资料统计,1951—2012年间共有400个台风形成,有241个台风进入江浙沿海,影响温州的台风有185个,占比46.25%。综合多年台风对温州地区的影响规律分析,温州台风暴雨呈明显的分区性。

(1) 当台风在飞云江以北地区的温州市区、乐清及台州的玉环等地登陆时,强降雨的影响范围以乐清、永嘉及温州西部山区为主,局部形成降雨中心。该类台风中以2004年的"云娜"及2019年的"利奇马"为主要代表,对乐清和永嘉两地造成极大的人员伤亡和经济损失。

(2) 当台风在飞云江以南地区的苍南及福建北部地区登陆时,强降雨对泰顺、文成、平阳、瑞安等地造成重大影响,近年来多个台风如2005年的"泰利"、2013年的"菲特"、2015年的"苏迪罗"、2016年的"莫兰蒂"和"鲇鱼"等均对上述地区造成了重大灾害。

三、非台风降雨特征及规律

1. 非台风降雨时间及强度分布规律

浙东南地区除5—9月台汛期外,其余时间均会发生非台风降雨事件。如图3-4所示,通过季节性降雨量的对比结果可以发现,夏季的降雨量明显高于其他季节,冬季的降雨量最小。春季和秋季的降雨量呈现类似的变化趋势,但是春季的降雨量略高于秋季,这主要是因为春季有梅雨季,因此连续阴雨天气的时间更长,降雨量更大。

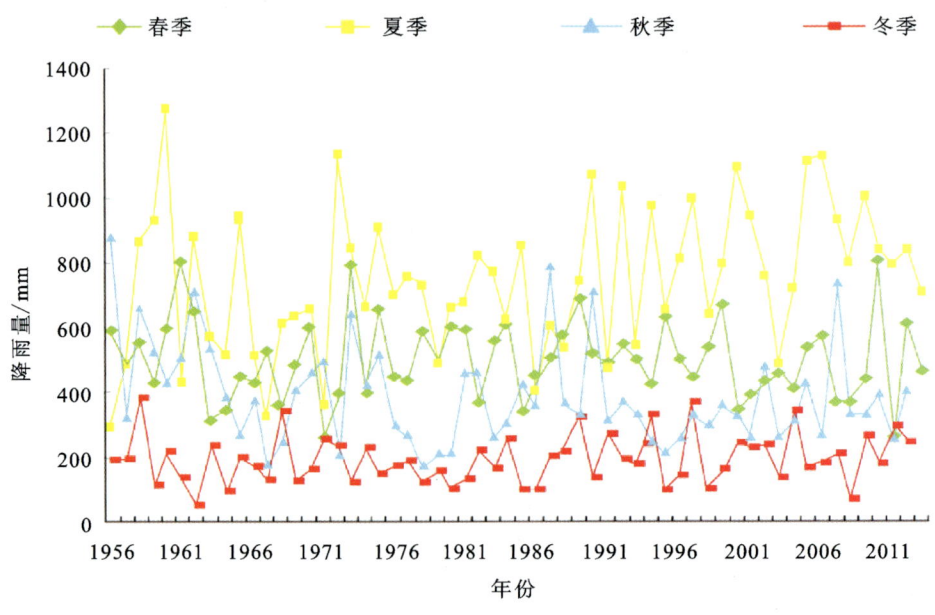

图3-4 浙东南四季降雨量图

梅雨季节的降雨量深刻影响着旱涝灾害的时空格局,2017年发布的国家标准《梅雨监测指标》(GB/T 33671—2017)详细规定了梅雨过程识别方法和梅雨特征量计算方法,在此基础上分析浙东南地区1961—2020年期间的入梅日、出梅日、梅雨季/期长度、梅雨雨强、梅雨强度指数和梅雨量的时空变化特征,结果如图3-5所示。可以发现,浙东南地区近60年以来的平均梅雨季从6月9日到7月9日,为期30d。该期间内的降雨平均为253.5mm,强度指数均值为0.1。

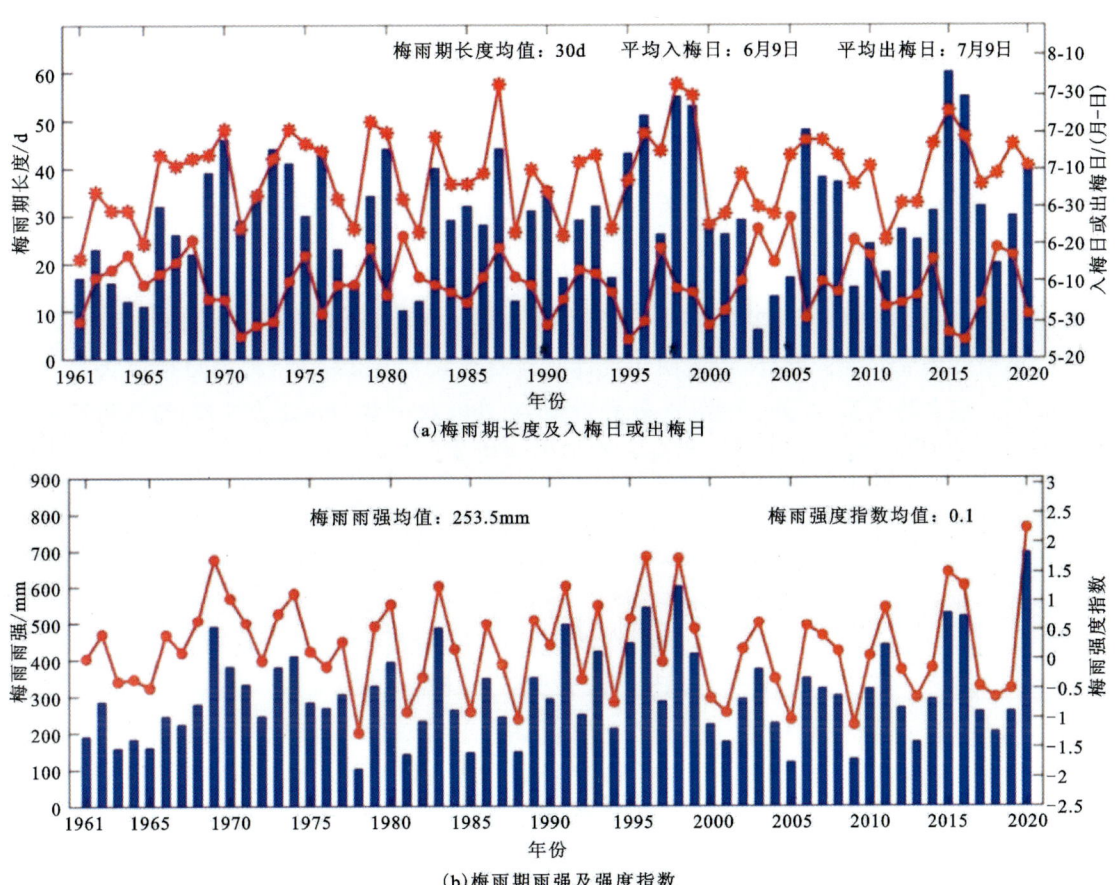

图3-5 浙东南1961—2020年梅雨季节时间分布及其强度指数

2. 非台风降雨空间分布规律

统计多个雨量站的梅雨量发现,浙东南梅雨量多年平均值在232.1~476.5mm内波动,占多年平均降雨量的16.8%~28.2%,占春季和夏季降雨量的44.4%~61.3%。研究区南部的梅雨量要高于北部,且东部海岛和平原的梅雨量高于西部山区。除此之外,非梅雨季的降雨也呈现出类似的变化规律。这主要与地形地貌的阻挡作用有关:在非台汛期间,研究区的降雨主要来自其以南地区的北上气流以及西太平洋的暖湿气流,两股气流多在温州市的东部以及南部交会,使得东南部的常规降雨要多于西部山区。

第二节 地质灾害类型与不同降雨条件致灾规律

一、地质灾害总体类型

近年来,浙东南区域共发生有各类地质灾害1725处,包括崩塌、滑坡、泥石流、地面沉降和地面塌陷等灾害类型。崩塌、滑坡和泥石流是浙东南主要的危险性最大的灾害类型,广泛分布于各区县(图3-6、图3-7)。其中,滑坡作为最常见的地质灾害,共发生1070处,占地质灾害总数量的62.0%,包含大型滑坡1处、中型滑坡18处、小型滑坡1051处,造成财产损失达9.7亿元。这些滑坡主要分布在浙东南的中部和西南部山地、丘陵和岛屿地区。崩塌是另一个主要的地质灾害类型,共发生328处,约占地质灾害总数的19.0%,造成财产损失达2.3亿元。崩塌灾害分布在中东部和东北部,规模均较小,包含大型崩塌2处、中型崩塌10处、小型崩塌316处。此外,浙东南还统计有泥石流灾害共327处,约占总地质灾害数量的19.0%,包含特大型35处、大型33处和中型76处以及小型183处等规模,造成财产损失达4亿元。总体上,浙东南各区县均分布有泥石流灾害,但东北部和西南部多于中部,内陆多于沿海。

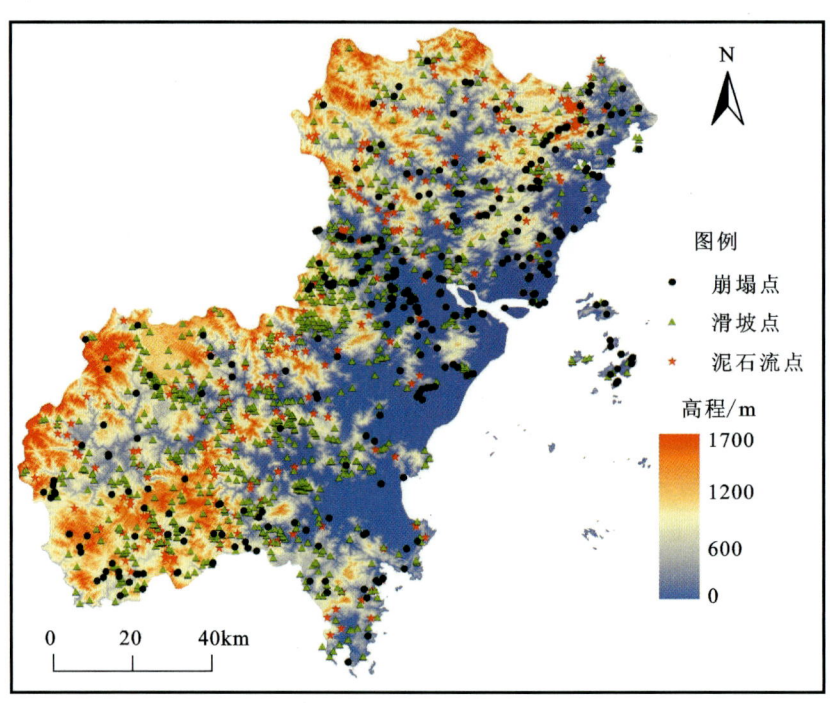

图3-6 浙东南地质灾害分布图

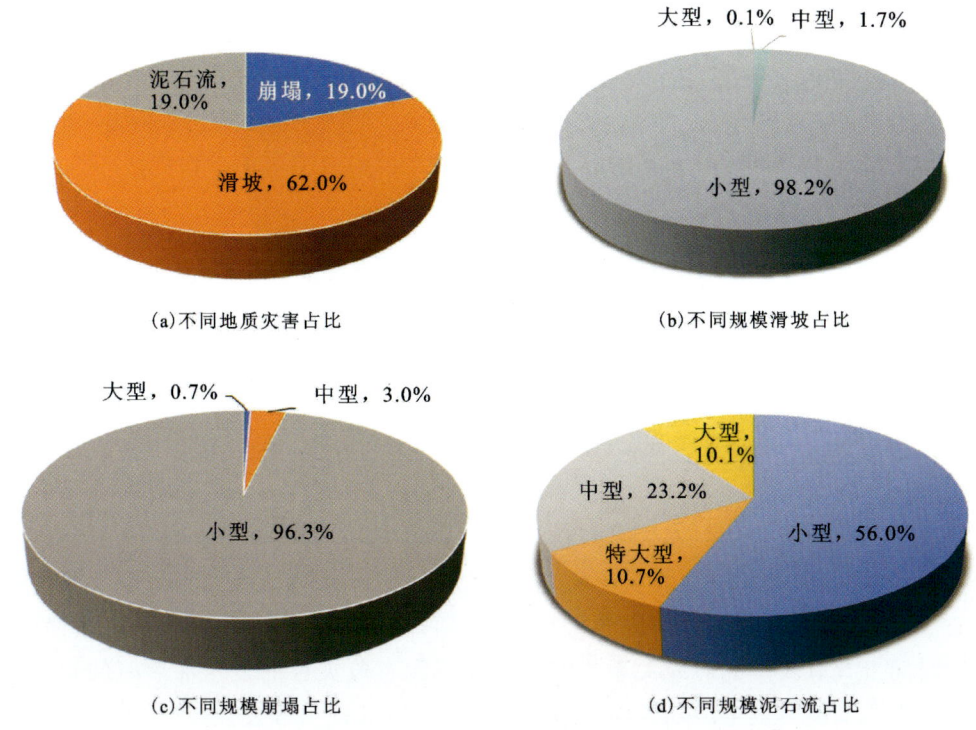

图 3-7 浙东南主要地质灾害及规模统计结果图

根据诱发因素的不同,浙东南地区的地质灾害可以分为台风暴雨诱发、非台风降雨诱发以及非降雨诱发地质灾害3种类型。其中,非台风降雨诱发地质灾害主要包括较长时间降雨诱发地质灾害,主要在4—7月梅汛期间发生。在这3种类型灾害当中,台风暴雨灾害的数量占比最大,为55%。因为台风暴雨期间的雨量在整个区域上都较大,常会诱发群发性地质灾害;其次是非台风降雨诱发地质灾害,占比29%;非降雨诱发地质灾害的数量最少,为16%(图3-8)。就灾害造成的损失而言,据不完全统计,台风暴雨诱发地质灾害共造成经济损失超过200亿元,导致近100人遇难,为3种类型造成损失之最;其次是非台风降雨诱发地质灾害,共造成经济损失85亿元;而非降雨诱发地质灾害造成的损失为20亿元,为3种类型中最低。由此可见,降雨诱发地质灾害是浙东南区域最为重要且也是致灾最严重的地质灾害类型。

二、台风暴雨致灾规律

浙东南强降雨发生时段也是地质灾害的高发时段,对以往台风暴雨诱发灾害的规律进行总结,总体呈现以下几个方面的规律。

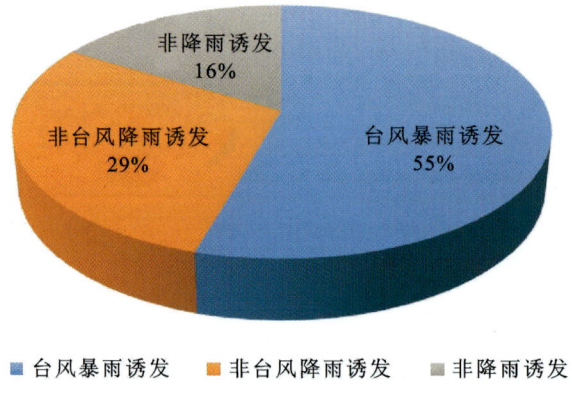

图 3-8　浙东南各类型地质灾害的数量占比图

1. 突发性与群发性

普通暴雨期间，滑坡和坡面泥石流零星发生，若遇台风期间的特大暴雨则大量发生，在降雨中心成群出现，在时间与空间分布上呈现"即雨即发"特征，即群发性滑坡、坡面泥石流与降雨在时间上具有较好的对应关系。特别是坡面泥石流灾害的发生滞后时间短，基本随着强降雨的发生而瞬时发生，具有"即雨即滑"的特点，且表现出群发性特征（表 3-4）。

表 3-4　坡面泥石流与强降雨的时间对应关系表

台风名称	坡面泥石流发生及记录情况	小时最大雨强时间
1999 年 9 月 4 日洪灾	1999 年 9 月 4 日，温州市区及其周边普发地质灾害，4—5 时鹿城区杨府山福利院发生泥石流地质灾害	海坦山站记录最大 1h 降雨量为 137.6mm，时间为 9 月 4 日 5 时
2004 年 8 月 13 日"云娜"	2004 年 8 月 13 日，乐清市北部山区群发泥石流，凌晨 3—4 时龙西乡上山村发生由坡面泥石流转化而成的泥石流地质灾害	砩头站记录最大 1h 降雨量为 85.6mm，时间为 8 月 13 日 3—4 时
2005 年 9 月 1 日"泰利"	2005 年 9 月 1 日晚 20 时左右，文成县原石垟乡石门村发生泥石流地质灾害	西坑站记录最大 1h 降雨量为 70.5mm，时间为 9 月 1 日 20 时
2013 年 10 月 7 日"菲特"	2013 年 10 月 7 日 4—5 时，瓯海区泽雅镇及瑞安湖岭一带发生坡面泥石流地质灾害	泽雅水库站记录最大 1h 降雨量为 70mm，时间为 10 月 7 日 5 时

续表 3-4

台风名称	坡面泥石流发生及记录情况	小时最大雨强时间
2015年8月8日"苏迪罗"	2015年8月8日晚上,平阳县西部山区群发坡面泥石流;23时30分,平阳县顺溪镇石柱村后山发生坡面泥石流地质灾害	吴垟站记录最大1h降雨量为90.5mm,时间为8月8日24时
2016年9月15日"莫兰蒂"	2016年9月15日中午,泰顺县中部群发坡面泥石流;11时30分,泰顺县泗溪镇西溪村下湾群发坡面泥石流地质灾害	夏炉站记录最大1h降雨量为101.0mm,时间为9月15日11—12时
2016年9月28日"鲇鱼"	2016年9月28日傍晚,文成县东南部群发坡面泥石流;18时10分,文成县双桂乡宝丰村三条碓后山发生泥石流地质灾害	双桂站记录最大1h降雨量为102.4mm,时间为9月28日17—18时

地质灾害多发生在暴雨等值线的中心区域,且与高强度降雨具有高度的空间一致性(图3-9)。如2004年14号"云娜"台风期间,乐清市北部山区发生群发性的滑坡灾害,其地理空间位置与700~800mm的台风暴雨中心等值线区域基本一致。2005年13号"泰利"台风期间,文成县原石垟乡石门村发生的滑坡地质灾害与台风48h的300~400mm暴雨等值线的区域高度重合。此外,2016年17号"鲇鱼"台风期间,文成县东南部发生群发性坡面泥石流,其地理位置与"鲇鱼"台风的暴雨中心文成瑞安交界片区、文成南部、平阳西部交界片区基本叠合。2016年14号"莫兰蒂"台风期间,泰顺县中部乡镇发生严重的坡面泥石流地质灾害,其地理空间位置与"莫兰蒂"台风暴雨中心泰顺县三魁筱村片区一致。

2. 市域高频、小流域低频

在温州市市域范围内,2004—2016年的12年间,已统计台风诱发的群发性滑坡5次,平均2.4年一次。群发性滑坡发生后,一方面再次出现达到或超过上次形成群发性滑坡的降雨量概率较低,另一方面滑坡顶部斜坡坡度趋缓,土体变薄,陡斜坡已处于相对稳定状态。因此,同一小流域范围内诱发新的群发性滑坡的重现率较低。如2004年"云娜"台风诱发群发性地质灾害后,乐清地区虽历经多次高强度降雨,但均未再次出现群发性地质灾害现象。

3. 地质灾害数量与短历时降雨强度的相关性较强

不同短历时雨强激发地质灾害的能力也存在区别。台风降雨与滑坡灾害的空间分布图(图3-9)显示,在更靠近强降雨中心地带的滑坡灾害密度更高,随着降雨等值线的下降,滑坡密度下降显著。

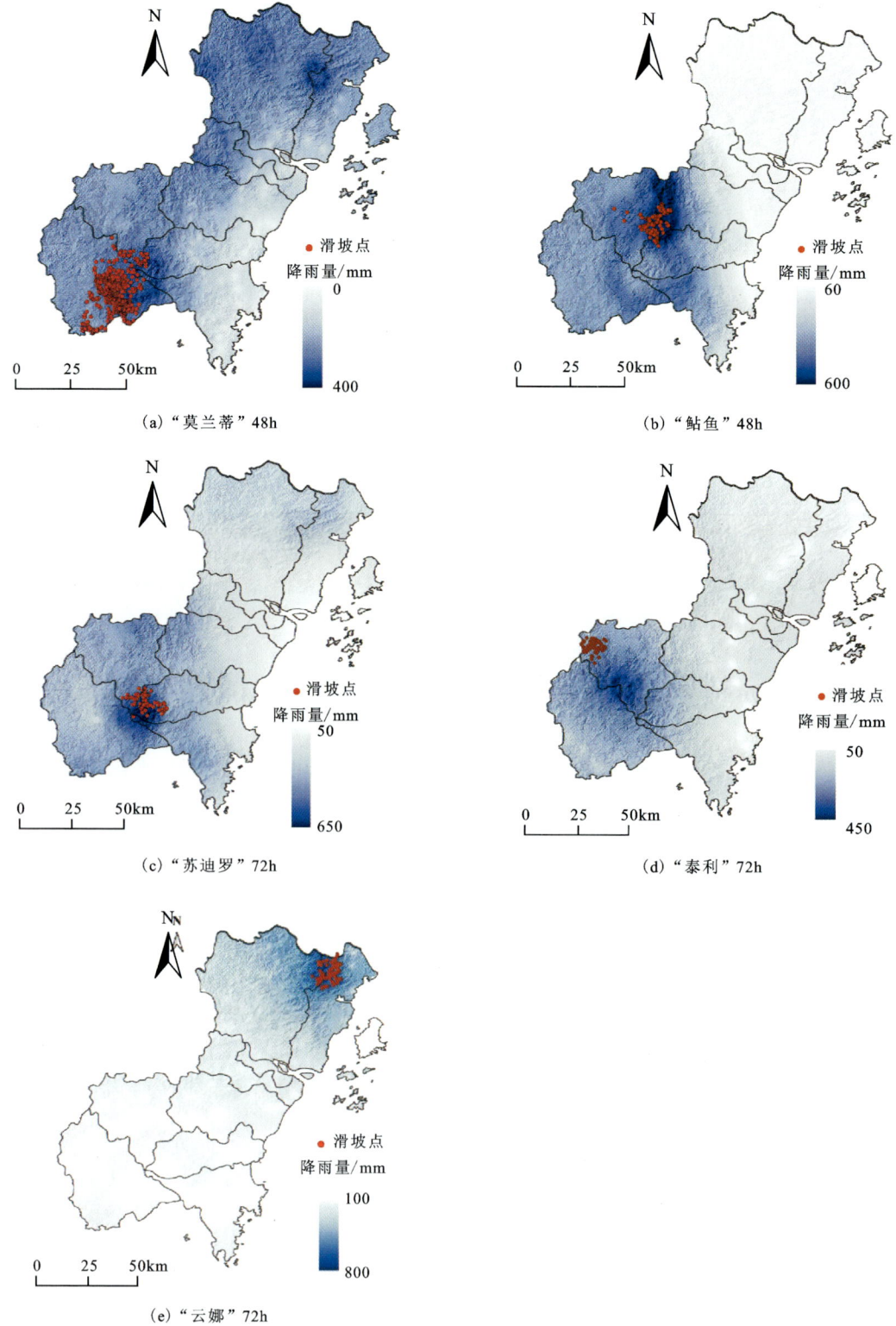

图 3-9 5次台风降雨与滑坡灾害的空间分布图

三、非台风降雨致灾规律

1. 地质灾害呈点状分布且规模较小

与台风暴雨诱发灾害不同,非台风降雨诱发地质灾害很少出现群发现象,主要是因为连续阴雨天气在空间上具有不确定性,很难在某个区域出现集中极端降雨,这往往导致地质灾害呈现零星点状出现特征,开展预测的困难较大。图 3-10 列举了研究区内几次典型的非台风降雨诱发地质灾害的位置,可以发现,该类型地质灾害在该区域的各个位置几乎都有分布,并不存在集中发生现象。

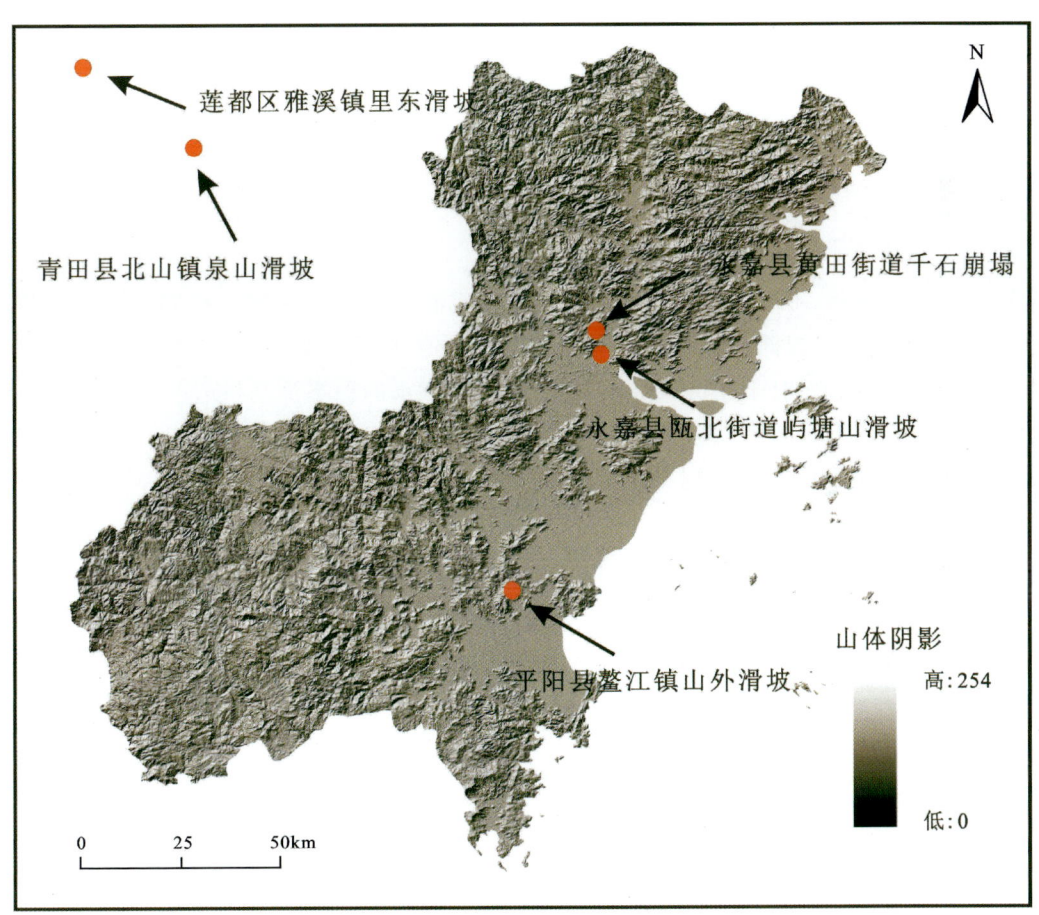

图 3-10 浙东南内几次典型非台风降雨诱发地质灾害分布情况

统计发现,非台风降雨诱发地质灾害的体积规模较小。从地质灾害组成材料的角度来看,岩质灾害比土质灾害的规模要大。如图 3-11 所示,以滑坡灾害为例,研究区小型滑坡土质滑坡的平均数和中位数分别为 $0.2 \times 10^4 m^3$ 和 $0.1 \times 10^4 m^3$,而岩质滑坡的平均数和中位数分别为 $0.5 \times 10^4 m^3$ 和 $0.2 \times 10^4 m^3$。

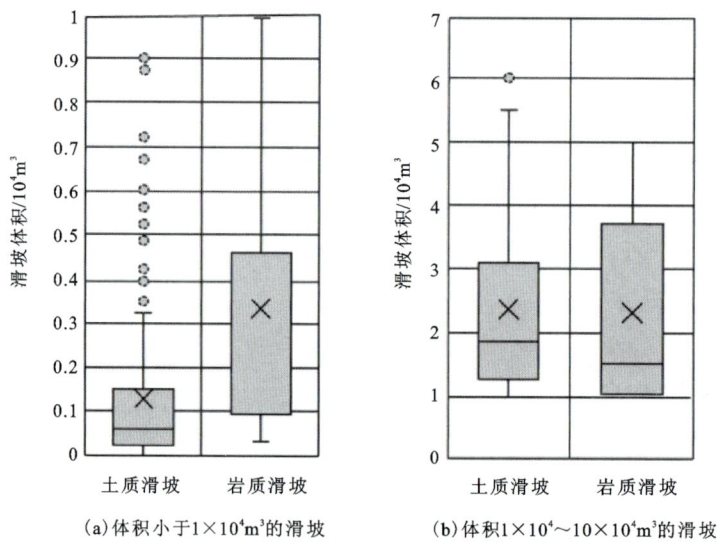

(a) 体积小于 $1×10^4 m^3$ 的滑坡　　(b) 体积 $1×10^4 \sim 10×10^4 m^3$ 的滑坡

图 3-11　浙东南小型滑坡体积分布图

2. 地质灾害对降雨的滞后时间较长

如图 3-12 所示，不同持续时间和强度的降雨具有不同的入渗速度和地下水流动形式，对于台风暴雨而言，短时间的强降雨会引发地下水的垂直流动，如果短时间内无法入渗土壤则会引发地表径流。而对于非台风降雨，其会引发地下水的稳态流动（横向流动），入渗速度要明显小于台风暴雨。因此，非台风降雨诱发地质灾害的对于降雨的滞后时间较长，一般大于 3d，这与台风暴雨诱灾害"即时即滑"呈现出不同的规律。

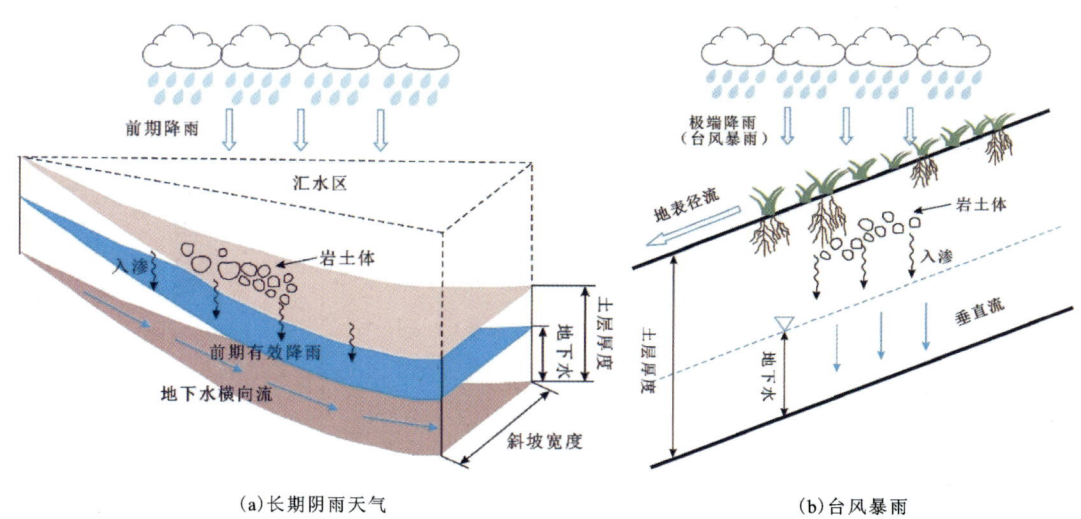

(a) 长期阴雨天气　　(b) 台风暴雨

图 3-12　不同类型降雨的入渗及地下水流动示意图

第三节 地质灾害特征及时空分布

一、区域分布特征

从温州市的行政区域划分上看,受地形地貌、高强度降雨等因素的影响,温州市各县(市、区)均有分布地质灾害,但存在严重的分布不均情况(图 3-13)。其中,滑坡、崩塌和泥

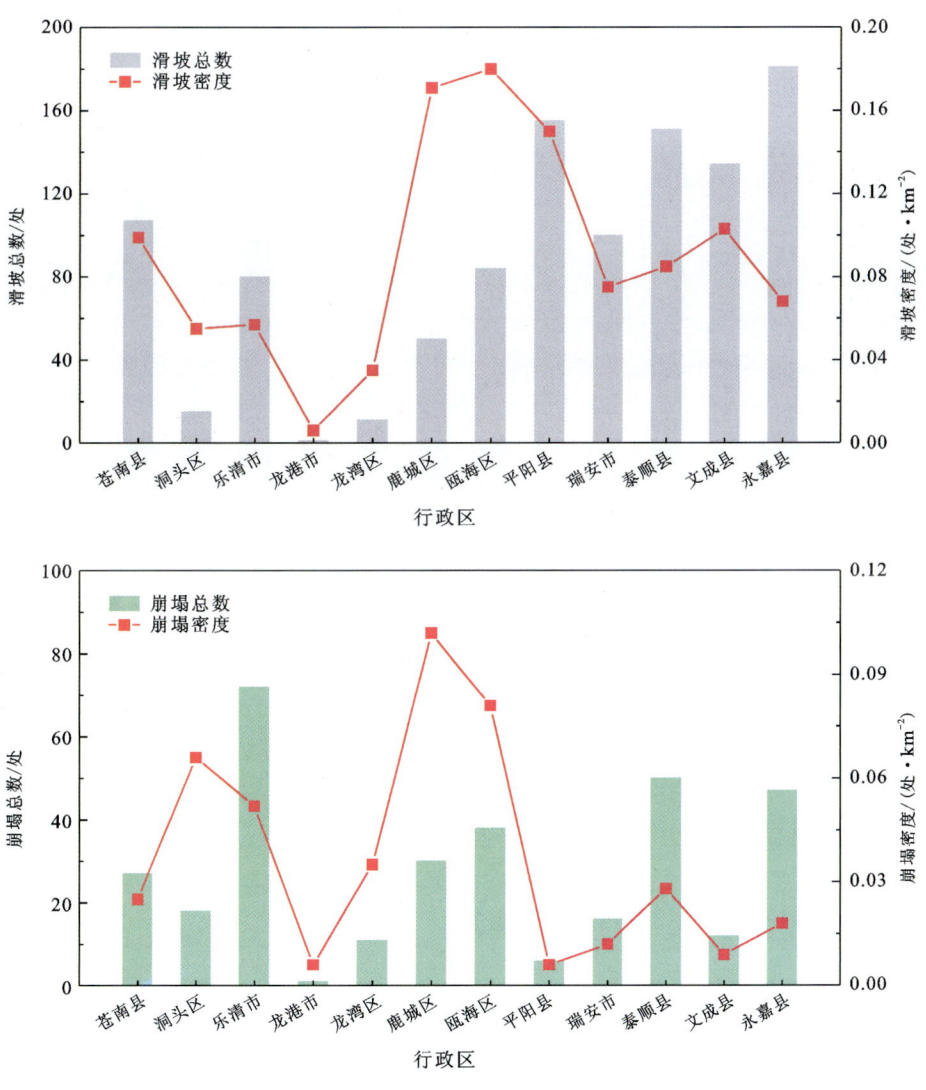

图 3-13 温州市各行政区域内地质灾害的分布特征图

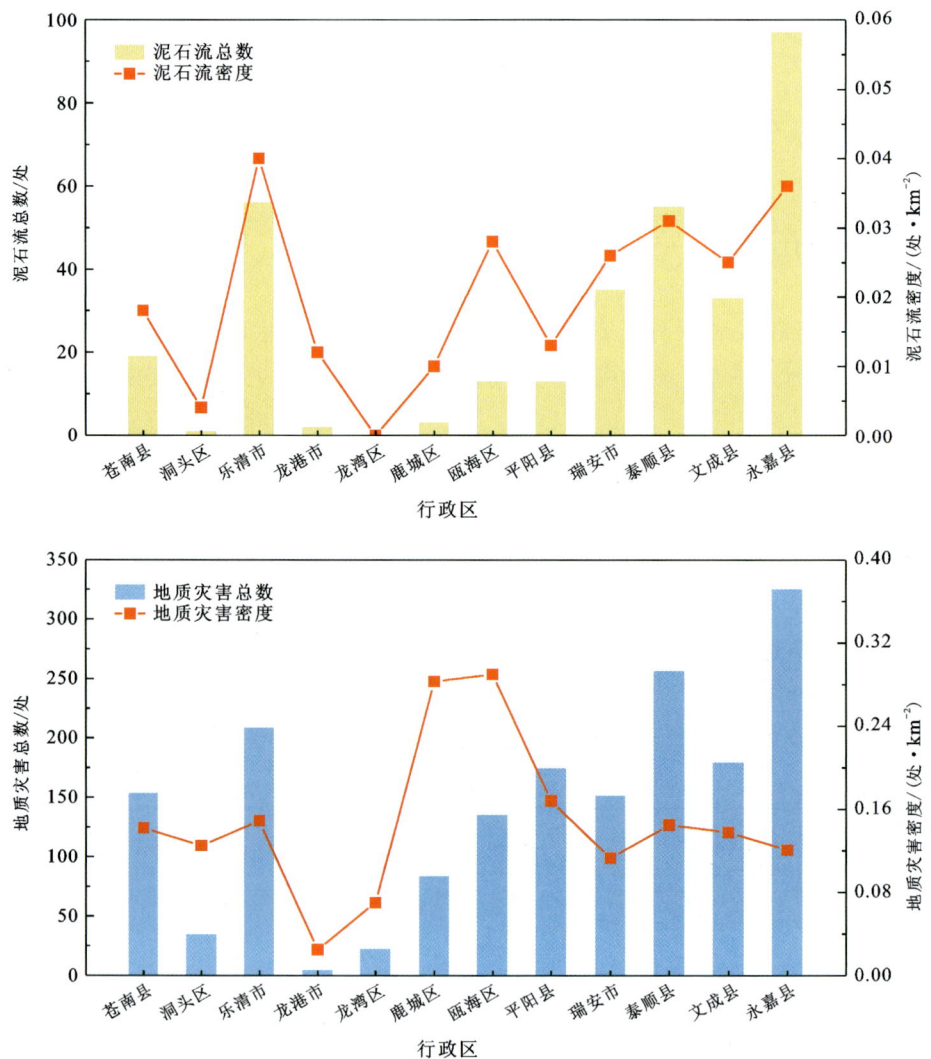

续图 3-13　温州市各行政区域内地质灾害的分布特征图

石流灾害主要分布在西部山区,如乐清市、永嘉县、文成县、泰顺县、平阳县西部、瓯海区等。东侧邻海区域发生地质灾害的情况较少,如洞头区、龙港市和龙湾区发生地质灾害的数量明显小于其他行政区域。

二、滑坡灾害特征及时空分布规律

滑坡是浙东南主要突发性地质灾害灾种。据统计,"十一五"期间,浙东南共有滑坡隐患690处,占突发性地质灾害总数的58%;"十二五"期间,浙东南共有滑坡隐患783处,占突发性地质灾害总数的54%;"十三五"期间,浙东南共有滑坡隐患948处,占突发性地质灾害总数的60%。统计结果表明,浙东南的滑坡地质灾害有逐年增多的趋势。20世纪80年代以来,由滑坡造成的死亡人数达89人,直接财产损失约6200万元,占突发性地质灾害造成损失的65%。根据现存和历史地质灾害隐患分析和统计结果,浙东南滑坡灾害有以下特征。

1. 总体特征

(1)以小型土质滑坡为主。经统计,地质灾害中滑坡共1070处,占比62%,是主要的地质灾害类型。其中,堆积层(土质)滑坡所占比例为52%,变形体滑坡所占比例为44%,岩质滑坡所占比例为4%。堆积层(土质)滑坡主要为残坡积层滑坡,由基岩风化壳、残坡积土等构成,均为浅表层滑动,约占82%;其余为崩塌堆积体滑坡、崩滑堆积体滑坡、人工弃土滑坡,约占18%。岩质滑坡多为顺层滑坡,约占92%,由层状岩石构成,沿顺坡岩层或裂隙面滑动;其他近水平层状滑坡、切层滑坡、逆层滑坡约占8%。滑坡体表层多为残坡积层,厚度一般小于2m,下伏基岩多为火山岩风化产物,厚度一般小于5m,多在1~3m之间。前缘切坡后受降雨作用,主要为表层残坡积层和全风化基岩沿强风化基岩面滑动,故滑坡体厚度一般小于7m,为浅层滑坡。滑坡事件规模与诱发事件降雨量关系如图3-14所示。

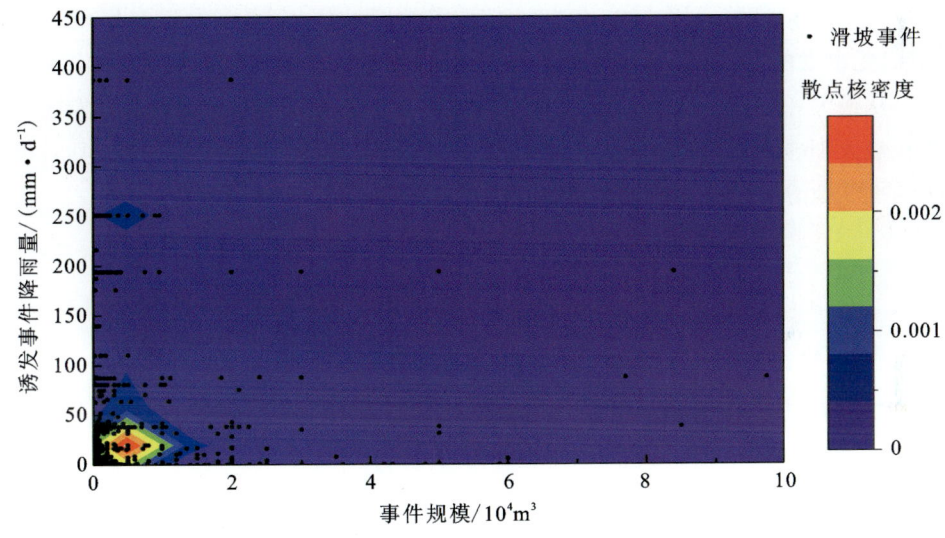

图3-14 浙东南滑坡事件规模与诱发事件降雨量关系图

(2)不同地层滑坡皆有分布。对滑坡所在地层岩性进行统计分析,结果见图3-15。其中,馆头组(K_1gt)中滑坡占滑坡统计总数的17.72%、朝川组(K_1cc)中滑坡占滑坡统计总数的24.62%、小平田组(K_1xp)中滑坡占滑坡统计总数的9.03%、西山头组(K_1x)中滑坡统计总数的16.07%、高坞组(K_1g)中滑坡占滑坡统计总数的3.83%、侵入岩中滑坡占滑坡统计总数的26.47%。区内滑坡主要发生在馆头组(K_1gt)、朝川组(K_1cc)、西山头组(K_1x)和侵入岩中,占滑坡统计总数的84.88%。

(3)群发性。滑坡受特大暴雨激发且成群出现,发育历时短,多数无前兆,如1999年9月4日特大暴雨激发的滑坡占滑坡总数的70.4%。这些滑坡在滑动前无任何迹象,而暴雨后却成群出现,使防治难度增加。规模较大的土质滑坡多处于蠕滑状态,如坑口塘水库滑坡、

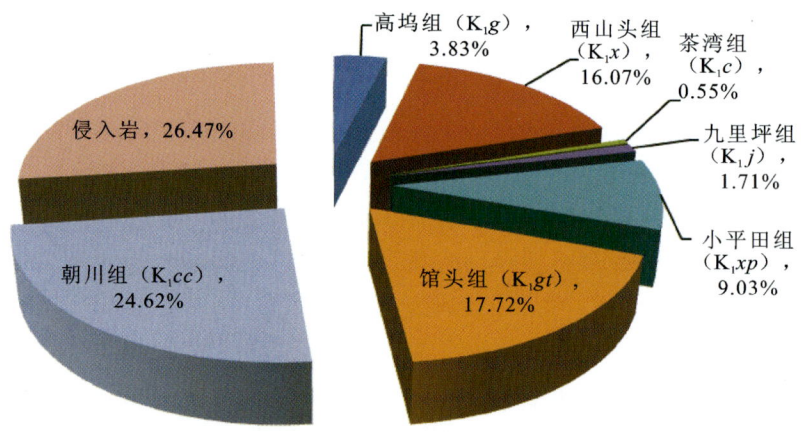

图3-15 浙东南不同地层滑坡分布情况图

桐溪滑坡等,前者在1949年以前就已滑动,后者在20世纪50年代已滑动,只有在大暴雨或特大暴雨时才有少量位移。以1999年"9·4"洪灾为例,地质灾害多发生在暴雨等值线的中心区域,并且是群发的,随雨量增大而增多,灾害点的分布具有明显的方向性,即沿雨强的长轴方向展布。从最大3h、最大1h降雨曲线和地质灾害点分布情况看,该次暴雨诱发的地质灾害主要发生在最大1h降雨量期间(图3-16)。此外,2015年台风"苏迪罗"在文成县石垟林场一带引发了约123处滑坡,2016年台风"鲇鱼"再次引发了文成县东部122处滑坡。

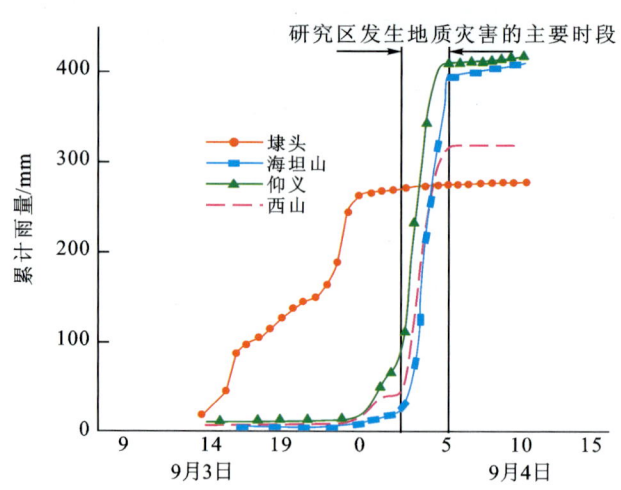

图3-16 浙东南4个气象站逐时雨量累计曲线与地质灾害发生时段关系图

(4)降雨诱发滑坡居多。浙东南地区梅雨季节的连续降雨会增加岩土体的含水量,软化岩土体,降低岩土体的抗剪强度。雨水渗入到风化岩土体之下的基岩面或断水面层变成润滑剂,降低了接触面的抗滑性能,从而诱发了滑坡的发生。降雨是浙东南滑坡的主要触发因素,其中持续降雨诱发因素占比48.90%,暴雨诱发因素占比16.6%。

2. 时间分布规律

(1) 滑坡发生时间在年内分布不均。地质灾害集中发生在降雨集中的 7—9 月,台风暴雨期是地质灾害发生最集中的时期。区内降雨多集中在 5—6 月梅雨期和 8—9 月的台风暴雨期,为两个降雨高峰期,而且为短历时强降雨。这几个时段地质灾害多发,据统计,6—10 月发生的滑坡数量占全年滑坡数量的 93%(图 3-17)。

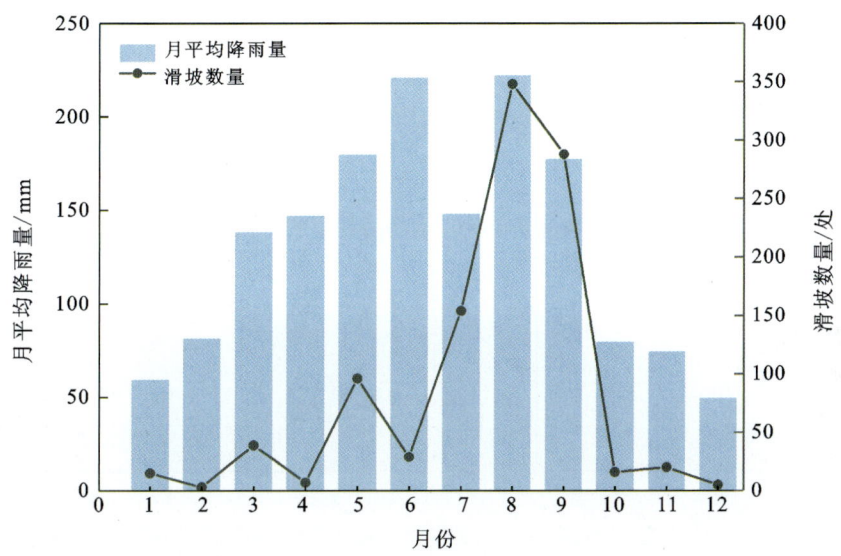

图 3-17　浙东南历史滑坡发生月份统计图

(2) 滑坡发生时间年际分布不均。地质灾害主要发生在台风暴雨灾害性天气严重的年份,如根据地质灾害重点防治县(市)乐清市多年地质灾害发生数量统计结果,2004 年 14 号台风"云娜"期间发生地质灾害 88 处,2005 年 5 号台风"海棠"和 9 号台风"麦莎"期间发生地质灾害 24 处,2009 年、2010 年受台风暴雨影响,也发生多起地质灾害事件。其他年份受台风降雨影响较小,地质灾害发生数量也较少。

3. 空间分布规律

(1) 滑坡发生与高程密切相关,因为斜坡的环境条件(如土地覆盖、气候、人类工程活动)随高程而变化。浙东南的高程在 0~1558m 之间,将高程划分为 8 个等级,每个等级间隔 200m。滑坡与高程的关系统计图[图 3-18(a)]显示,滑坡大部分发生在中低高程地区,在 0~600m 高程内的滑坡超过总滑坡数量的 90%。随着高程的增加,滑坡发生的密度显著下降。可能的原因是中低高程处有更多的人类工程活动,而人类工程活动是诱发滑坡的重要因素。

(2) 植被对陡斜坡的稳定性有着重要影响。一方面,植被根系生长使岩土体变得疏松,从而增加了崩塌的风险;在台风的作用下,植被上部摆动加剧了陡斜坡上岩土体的不稳定性,最终导致岩土体的破坏。另一方面,在强降雨条件下,陡斜坡上的松散岩土体会迅速达到饱和状态或形成瞬态饱和区，使得降雨在短时间内全部转化为径流，其侵蚀力远远超过了植被对坡面岩土体的保护作用。由图3-18(b)可以看出，滑坡大部分分布在具有更大面积的林地和耕地区域，少部分分布在草地和水域土地类型中。然而，滑坡密度数据显示耕地和草地更容易发生滑坡，这可能与人类工程活动以及植被与土壤间根系作用有关。

(3) 土壤类型是导致滑坡（特别是浅层滑坡）发生的一个重要因素。首先，土壤类型会影响土壤的物理性质和力学性质，如土壤颗粒的大小、形状、密度等会影响土壤的稳定性和抗剪强度。其次，土壤类型还会影响土壤的水分特性，如土壤的饱和度、孔隙度、渗透性等，这些因素会影响土壤的抗剪强度和变形特性。由图3-18(c)可知，当土壤类型为红壤时，滑坡数量最多，占比高达65%，水稻土中滑坡数量占比居第二，其他类型土壤中滑坡数量相对较少。

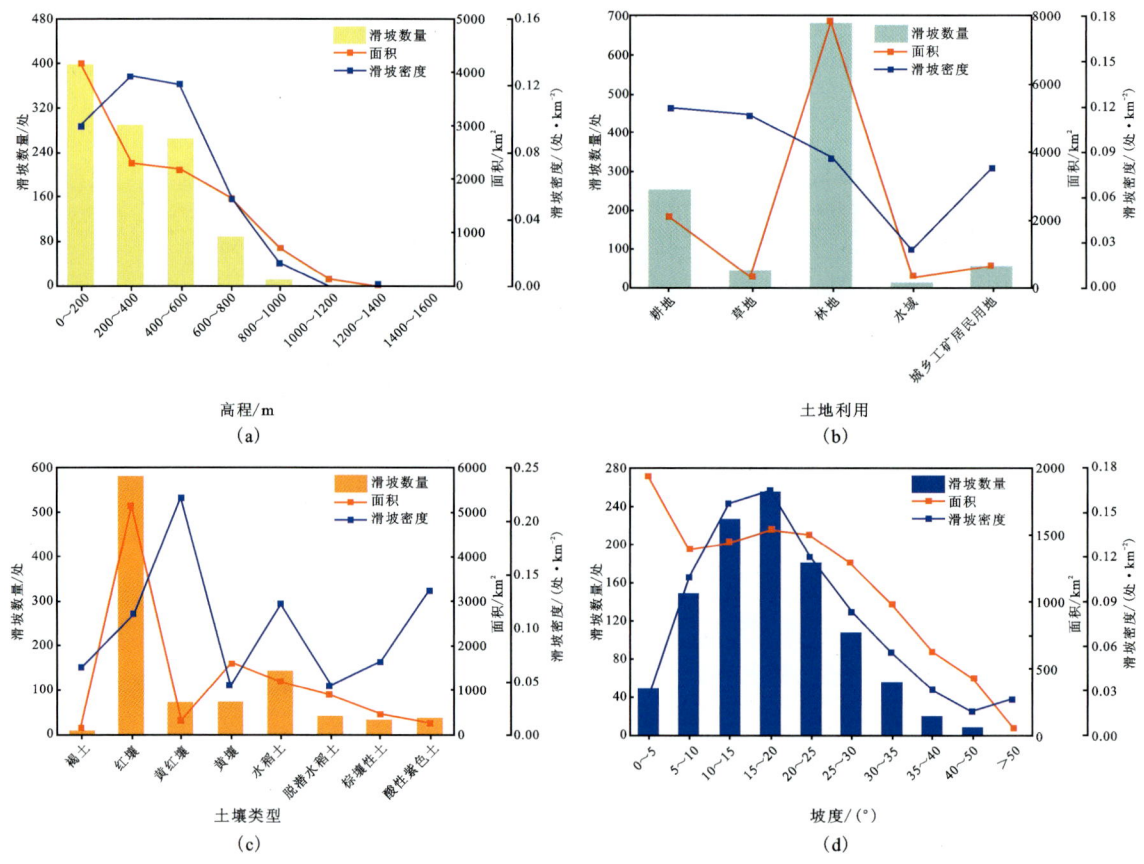

图3-18 浙东南滑坡位置与高程(a)、土地利用(b)、土壤类型(c)和坡度(d)的关系图

(4) 坡度的主要作用在于改变坡面岩土体的稳定条件和地表水动力条件。统计结果显示，浙东南的滑坡主要发生在5°～30°之间的斜坡上，其中10°～20°的斜坡上具有最大的滑坡数量和密度，分别超过250处和0.12处/km²。特别地，对于坡度大于20°的斜坡，滑坡发生的密度显著减小。

三、崩塌灾害特征及时空分布规律

崩塌是浙东南地区主要突发性地质灾害类型之一。"除险安居"三年行动之前,浙东南共有地质灾害1725处,其中崩塌328处,占总数的19%。崩塌造成一定的人员伤亡和财产损失,给当地居民生产生活造成了严重影响。浙东南地区山区面积占总陆域面积的70%左右,区内山体主要由流纹岩和凝灰岩构成,局部有花岗岩,长期受流水侵蚀或构造运动影响,形成了无数奇峰、异洞、怪石、陡壁、峡谷、飞瀑。人类工程活动对地质环境的破坏是崩塌的主要诱发因素。此外,强降雨也是区内崩塌形成的主要因素之一。

1. 总体特征

(1)以岩质崩塌为主。区内崩塌主要分为两类:一类为自然陡坡或陡崖发生的崩塌,这类崩塌一般坡度较大,构造节理、原生柱状节理发育,岩体较破碎,或受到不利结构面控制,或陡坡上发育有突出的危岩体;另一类主要为修路、建房以及采石等人为工程开挖形成的高陡岩质边坡崩塌,此类崩塌因所在边坡上岩体破碎,顺坡节理、卸荷裂隙等不利结构面发育。上述两种崩塌类型均属岩质崩塌。

(2)以坠落型崩塌为主。崩塌多发生于切坡、开挖形成的高陡边坡地段,不同地质环境发生的崩塌表现出不同的特征和破坏模式。浙东南崩塌破坏模式大体可分为滑移型、坠落型和倾倒型,其中坠落型是研究区崩塌的主要破坏模式。边坡土体在长期的降雨侵蚀过程中软化,雨水顺着坡面冲刷,剥落侵蚀产生的裂隙发展为裂缝或落水洞,进而使得雨水不断向坡底冲刷,造成坡底局部滑塌。随着时间的推移,坡体中上部开始张裂变形,滑塌逐渐向边坡中上部发展,最终导致坡体崩塌破坏。

(3)规模小。区内的崩塌发生于人工岩质边坡和自然陡坡之上。不合理开挖形成的边坡高差大、坡度陡、一坡到顶,岩性主要为火山岩和侵入岩,岩体节理、风化裂隙、爆破裂隙发育,使得岩体破碎。虽然边坡的整体稳定性好,但在强降雨等触发因素作用下仍有可能发生小规模(体积一般小于1000m^3)的崩塌、掉块。自然陡坡上的崩塌主要是岩体受构造、不利结构面控制,形成危岩体,体积一般在1000~5000m^3之间。因此,区内的崩塌具有规模小的特点。

(4)致灾能力强。由于土地需求的增加,高陡斜坡的工程改造活动日益增加,崩塌灾害的发生有向更高势能发展的趋势。因斜坡下部分布较多车辆、行人、民房、厂房等,即使发生小规模的崩塌、掉块,也可能造成重大的人员伤亡和财产损失。此外,区内自然陡坡上部崩塌隐患体地形陡峻,易形成奇峰、异洞、怪石、陡壁,周边为居民区或旅游景点,一旦发生崩塌,伤亡严重。因此,区内的崩塌虽然规模较小,但具有突发性以及隐蔽性,危害严重,致灾害能力强,难以防范。

2. 时间分布规律

区内的崩塌地质灾害大多发生于台风暴雨期间,具有明显的时段性,主要时间分布规律表现如下：①年内分布不均，明显集中发生在降雨集中的 7—9 月，台风暴雨期是崩塌发生最集中的时段，有超过 50% 的崩塌灾害发生；②年际分布不均，主要集中在台风暴雨灾害性天气严重的年份，如 1999 年、2004 年、2005 年、2013 年和 2015 年；③区内有少量的崩塌地质灾害发生于温度骤变的时间，尤其是冬季（图 3-19）。

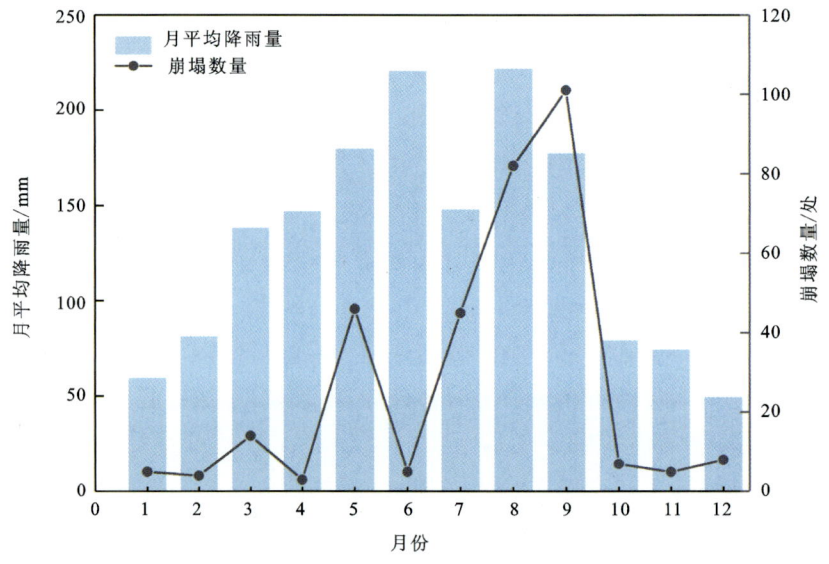

图 3-19　浙东南历史崩塌发生月份统计图

3. 空间分布规律

（1）崩塌在高程因素影响下的分布规律与滑坡总体上一致，中低高程的崩塌数量最多，特别是高程位于 0~200m 范围内崩塌数量达到 208 处，占总崩塌数量的 63%[图 3-20(a)]。少部分位于 600~1000m 高程区间内，崩塌数量为 15 处，占比约 5%。

（2）土地利用类型不同对崩塌的影响程度不同，不同的土地利用类型导致表面的植被覆盖率不同，从而影响土壤流失程度。由图 3-20(b)可知，土地利用类型为林地时，崩塌数量最多，达到 178 处，占比达 54%。土地利用类型为草地和水域类型时，崩塌数量最少，为 15 处，占比约 5%。城乡工矿居民用地具有最高的崩塌密度，达 0.077 处/km^2，显著高于其他类型。

（3）崩塌主要分布于褐土、水稻土、脱潜水稻土中，数量为 245 处，占比 75%。其中，当土壤类型为褐土时，崩塌数量最多，为 152 处，占比 46%。此外，对于水稻土和脱潜水稻土尽管在温州市的覆盖面积较少，但具有更高的崩塌密度，分别为 0.043 处/km^2 和 0.047 处/km^2。当土壤类型为棕壤土时，崩塌数量最少，为 6 处，占比 2%[图 3-20(c)]。

（4）崩塌点空间位置与所处斜坡的坡度统计关系显示[图 3-20(d)]，崩塌发生的斜坡坡度主要集中在 5°~25° 范围内，且在 5°~15° 范围内随着坡度的增加，崩塌发生的数量和密度显著增长。对于坡度大于 15° 的斜坡，崩塌发生的数量和密度都呈现下降的趋势。

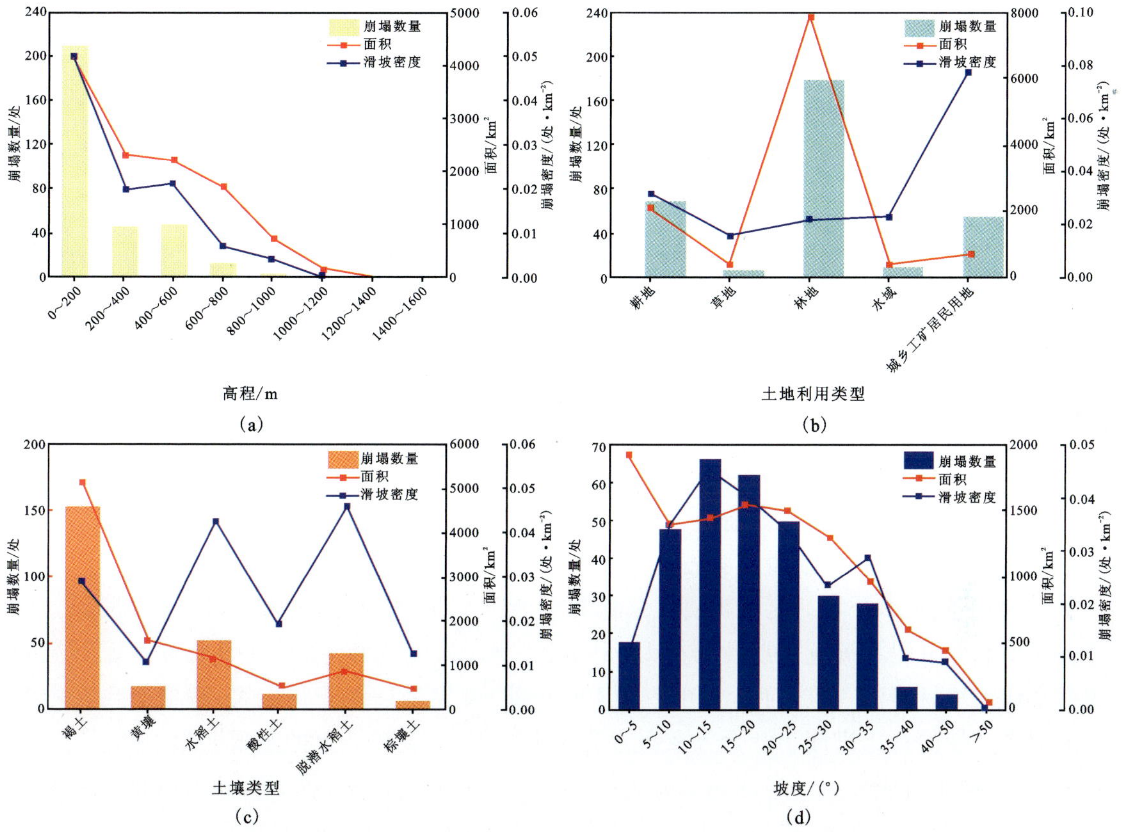

图 3-20 浙东南崩塌位置与高程(a)、土地利用(b)、土壤类型(c)和坡度(d)的关系图

(5)崩塌主要分布在第四系、西山头组和小平田组中,数量为 220 处,占比 67%,其中西山头组崩塌数量最多,达到 89 处,密度达到 0.027 处/km²。朝川组和二长花岗岩中崩塌数量最少,共 25 处,占比约 8%(图 3-21)。

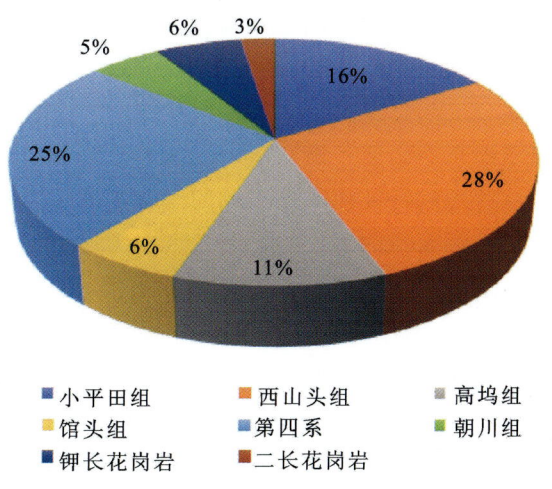

图 3-21 浙东南崩塌与岩性的空间分布规律图

四、泥石流灾害特征及时空分布规律

1. 总体特征

1）泥石流灾害类型

泥石流具有不同的分类体系，以下主要从水源成因、物源成因、暴发频率、物质组成、流体性质、规模等方面对研究区泥石流进行类型划分。

（1）按水源成因分类。除一处泥石流灾害为水库溃决形成外，其余有具体发生时间记录的泥石流均发生于台风暴雨期，属暴雨（雨源型）泥石流。另外，本区历史上基本不存在冰川或冰雪融水，因此可以判定无具体时间资料的老泥石流也属于暴雨（雨源型）泥石流。

（2）按物源成因分类。浙东南山区植被茂密，雨水不能直接冲击溅蚀地面，一般的坡面侵蚀和冲沟侵蚀不足以启动泥石流。据调查，区内泥石流固体物质多由高位滑坡和坡面泥石流等重力侵蚀提供，属崩滑型泥石流。

（3）按暴发频率分类。区内泥石流属低频[1次/(20～50)a]和极低频(1次/>50a)。据访问所得的部分泥石流重现期甚至在100a以上。例如，2004年8月13日曾暴发泥石流的龙西乡仙人坦村西沟，据访问该沟历史上（400年前）曾发生过泥石流灾害，致使居住在古泥石扇前缘一带的黄氏家族100余人在泥石流灾害中伤亡，该泥石流的重现期为400a。

（4）按物质组成分类。本区泥石流的物质来源一般为残积土、坡积土和全风化与强风化岩体，岩性一般为碎石土、粉质黏土含碎块石等，砂、砾石、碎块石等含量较高，粉土、黏性土含量低，粒径一般大于2.0mm且不均匀，属典型的水石流。

（5）按流体性质分类。由于本区泥石流浆体含黏性物质少，不形成网格结构，不产生屈服应力，为牛顿体。因此运动过程中紊动强烈，固液两相做不等速运动，属稀性泥石流。

（6）按规模分类。对区内327处泥石流进行统计，特大型泥石流35处、大型泥石流33处、中型泥石流有76处（规模大于$1×10^4 m^3$），其余183处均为小型泥石流。区内坡面泥石流绝大多数为小型泥石流，体积一般多在几十立方米至几百立方米，除1处规模达15 000m^3（三魁镇坑尾村坡面泥石流），属中型规模外，其余均为小型。

2）地形地貌特征

（1）泥石流集中分布于浙东南山区。浙东南山区的地貌特征包括地势陡峻、沟谷切割明显、流水侵蚀作用强烈。这些地貌特征使得该区域的沟谷多处于发展期或活跃期，具有较强的物质输移能力，从而有利于泥石流的形成和发展。区内沟谷型泥石流有118处，坡面型泥石流有57处（图3-22）。另外，山区尚存在大量坡面泥石流，由于未威胁到人员生命与财产安全且缺乏资料未纳入统计。

（2）泥石流主要分布于小流域溪沟两侧支沟。按照水利部门的划分方法，浙东南山区小流域面积多在10～50km^2之间，最大的一般不超过200km^2。对于流域主沟及其主要支沟（汇水面积大于2km^2）而言，尽管汇水面积较大，但多为宽谷型溪沟，平均纵比降一般小于1000‰，甚至小于500‰。因此，以碎石土为主的粗颗粒泥石流物质在进入这类主沟后大多

图 3-22　仙人坦村沟谷型泥石流与泰顺县泗溪镇坡面型泥石流

停积于平缓谷底,仅有少量细颗粒质随洪水运动,即使局部地段形成泥石流,也可能被冲淡稀释而转化为洪水或含砂洪水。

相较于小流域主沟及其主要支沟,分布泥石流的沟谷多为此类溪沟的两侧支沟,其汇水面积较小,通常在 0.01~2km² 之间,有接近 79% 在 0.01~1km² 之间。小于 0.01km² 的冲沟,其沟谷形态已不明显,多为负地形或微型沟,以坡面泥石流为主;大于 2km² 的沟谷,其纵比降一般小于 100‰,不具备产生泥石流的动力条件。

由以上分析可知,主沟两侧的小型支沟由于较大的纵比降和一定的汇水面积而成为本区域泥石流的主要发生区域。而对于汇水面积相对较大的主沟(大于 1km²),必须同时具备两个条件才会发生沟谷泥石流:①必须具备一定的纵比降(大于 100‰)(图 3-23);②多条支沟同时暴发泥石流或大面积斜坡失稳并汇聚到主沟,形成大量物源以启动主沟的泥石流,否则一般难以启动主沟泥石流。

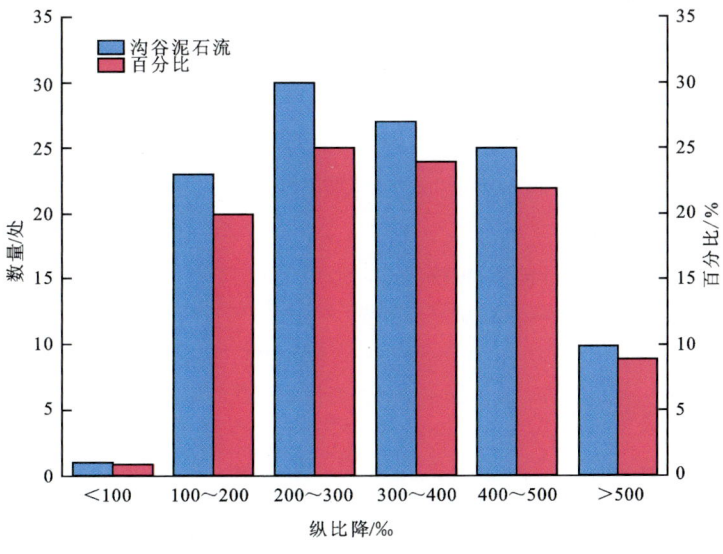

图 3-23　浙东南山区沟谷泥石流纵比降统计图

(3)泥石流集中在高差较小的斜坡上。由表3-5可以看出,94%沟谷泥石流的地形高差在200m以上,300~700m高差范围内泥石流最为发育,占总数的78%。相较而言,坡面泥石流高差相对集中在50~300m之间,占总数的83%(表3-6)。这两组数据说明沟谷泥石流和坡面泥石流相对集中分布于不同高差的山体,启动沟谷泥石流需要相对更大的势能,而坡面泥石流所需的势能相对较小,更易形成。

表3-5 浙东南山区沟谷泥石流地形高差统计表

高差/m	<100	100~200	200~300	300~400	400~500	500~600	600~700	>700
沟谷泥石流/处	1	6	11	20	28	21	22	9
占比/%	1	5	9	17	24	18	19	7

表3-6 浙东南山区坡面泥石流地形高差统计表

高差/m	小于50	50~100	100~200	200~300	300~400	400~500	大于500
沟谷泥石流/处	3	11	26	10	3	3	1
占比/%	5	19	46	18	5	5	2

(4)瞬时发灾性。泥石流启动时段与短历时超大雨强的出现密切相关。调查发现,高强度降雨引发陡斜坡坡面泥石流发生的时间短促,具有瞬时发灾性,集中暴发时间间隔为0.5~1h。如2016年"鲇鱼"台风期间,据村民回忆,文成县双桂乡宝丰村三条碓后山自然斜坡发生坡面泥石流的时间约10min。

(5)似滑性。高强度降雨引发的陡斜坡坡面泥石流的形成区与堆积区相连,流通区不明显,无固定流路。高强度降雨引发的陡斜坡坡面泥石流往往是由崩塌或滑坡在很短时间内快速转变而成的一次性滑移-流动堆积,是由固体碎屑物、水和气体组成的混合流体,介于块体运动与挟沙水流之间,是泥石流的一种主要类型,其破坏机制兼具滑坡和泥石流的一些特征。坡面泥石流和浅层滑坡的土体结构相同,故其厚度、规模也极为接近。调查过程中,因此类泥石流具有较强的似滑性而常被定义为滑坡,有人将坡面泥石流称为浅层坍滑、滑坡-泥石流。

综上所述,浙东南山区泥石流类型较为单一,主要以自然形成,中、小规模,低频率,雨源型的稀性崩滑型水石流为主。

2. 时间规律

本区发生泥石流最多的月份是9月,共72处,占区内泥石流总数的22%;其次为7月,共65处,占区内泥石流总数的20%;再次为8月,共57处,占区内泥石流总数的17%。

从以上数据可以看出,本区泥石流从月份分布来看,具有不均匀分布、集中暴发的特点,7月、8月、9月的泥石流总数共有194处,占区内泥石流总数的59%(图3-24)。

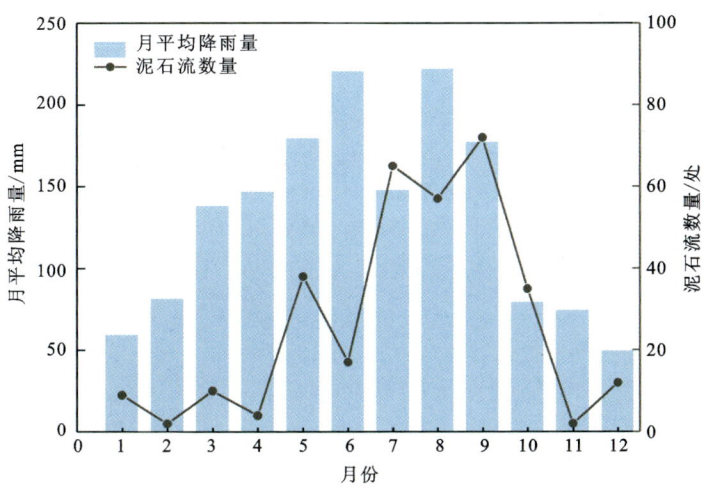

图 3-24　浙东南山区历史泥石流发生月份统计图

3. 空间分布规律

(1)泥石流在各高程区间的分布规律与崩塌、滑坡的分布大致相同。在高程 0~600m 的区间内数量为 301 处,占区内泥石流总数的 92%。其中,高程 0~200m 区间内数量最多,达 170 处,占比 52%;高程 800~1000 的区间内,数量分布最少,为 3 处,占比 0.9%[图 3-25(a)]。

(2)泥石流主要分布在林地中,数量达 252 处,占比 77%,密度为 0.032 处/km²。此外,在耕地中观察到较大的泥石流密度,这可能与耕地破坏原有土壤颗粒的结构分布,并改变了原有土体内部的应力分布有关。泥石流分布在城乡工矿居民用地的数量最少,为 6 处,占比 2%[图 3-25(b)]。

(3)泥石流绝大部分分布于红壤中,数量为 199 处,占比 61%。脱潜水稻土中,泥石流数量最少,为 8 处,占比 2%。值得注意的是,在酸性土壤中观察到泥石流密度显著高于其他土壤类型,达到 0.055 处/km²[图 3-25(c)]。

(4)泥石流主要集中分布在坡度为 5°~35°的斜坡上,占比超过 80%。在坡度小于 5°以及大于 35°的斜坡上发生泥石流的概率较小。在 0°~15°的坡度范围内,随着坡度的增加,泥石流发生的数量和密度显著增长。对于坡度大于 25°的斜坡,泥石流发生的数量和密度都显著下降[图 3-25(d)]。

由图 3-26 可以看出,坡度为 30°~40°的斜坡最易发生失稳形成(沟谷和坡面)泥石流。有 78%的沟谷泥石流、74%的坡面泥石流谷坡在这个坡度范围。统计结果与实际调查结论基本一致,容易发生小滑塌和坡面泥石流的地形坡度在 30°~35°之间。这主要是因为介于这个坡度区间的斜坡面状侵蚀最强烈,松散堆积物处于临界平衡状态或不稳定状态,稍加外力或在自重作用下便能向坡下运动而聚集于沟床内,即坡面上处于临界平衡状态的堆积物,在有足够的水源时,便直接形成泥石流物源。区内残坡积物厚度一般较小,当坡度较缓时,没有足够的势能,坡表物质不易被冲刷,难以形成泥石流物源;坡度继续增大,往往是基岩裸露,面状侵蚀减弱,也难以形成泥石流物源。

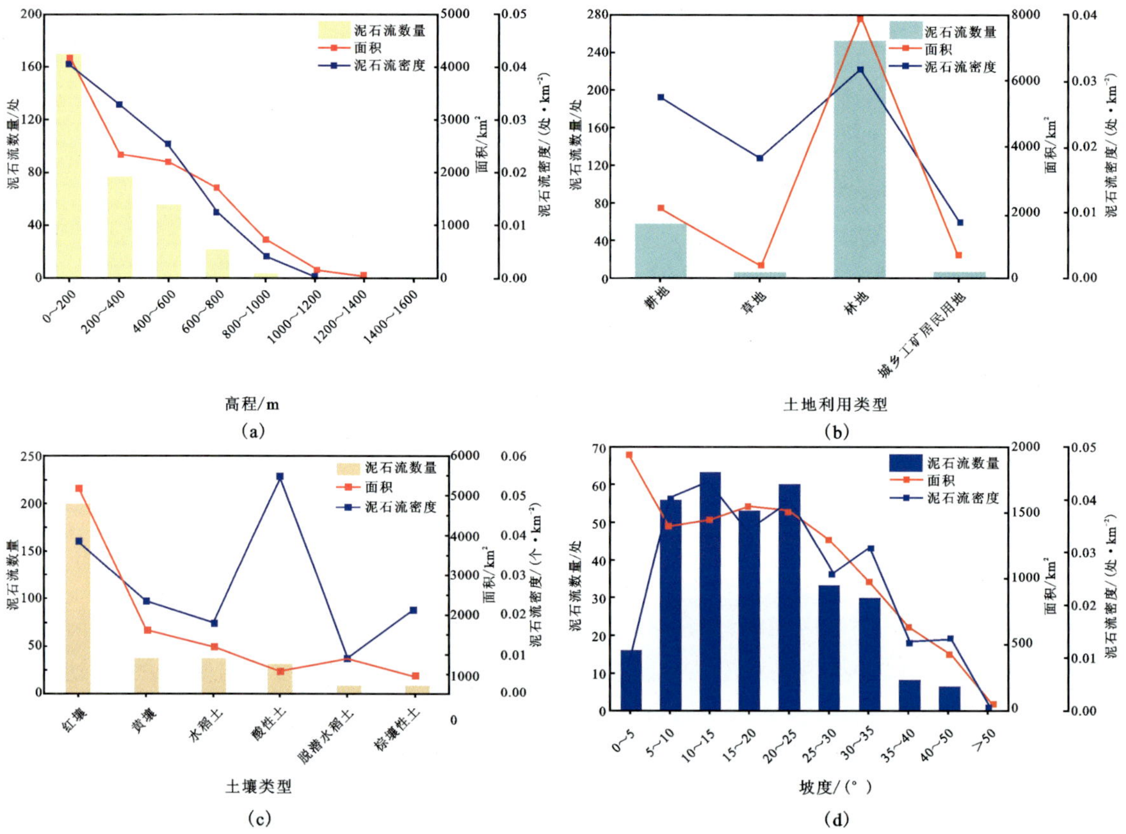

图 3-25 浙东南山区泥石流位置与高程(a)、土地利用类型(b)、土壤类型(c)和坡度(d)的关系图

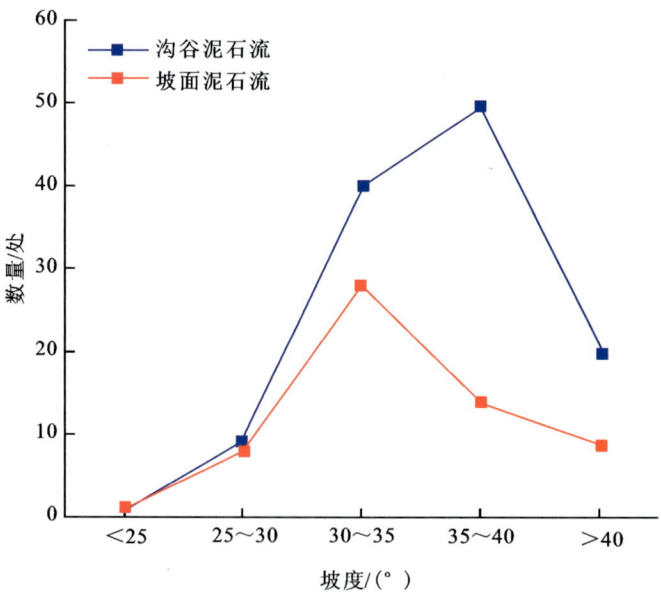

图 3-26 浙东南山区泥石流与谷坡坡度的关系图

(5)以凝灰质碎屑岩为主的岩组是区内分布面积最大的岩组,其泥石流分布数量最多,达到 141 处(共分布有 97 处沟谷泥石流和 44 处坡面泥石流),占研究区泥石流总数的 54.7%;区内泥石流分布密度最大的是以花岗岩为主的酸性岩岩组,其出露面积约 1698km^2,仅占山区面积的 18.6%,但是分布有 55 处沟谷泥石流和 22 处坡面泥石流,其泥石流分布数达 77 条,占研究区泥石流总数的 29.8%。除以上两个岩组外,本区的其他岩组不甚发育,如以流纹岩为主的酸性岩岩组和以辉绿岩为主的基性岩岩组的分布面积小,发育的泥石流也相应较少(表 3-7)。另外,以粉砂岩、泥岩为主的细碎屑岩岩组抗风化能力较弱,所形成的山体多为低矮的浑圆状山体,沟谷平缓,地貌发育阶段多以老年期沟谷为主,发育的泥石流也较少(图 3-27)。

表 3-7 浙东南山区泥石流与地层岩性关系统计表

工程地质岩组	地层代号	沟谷泥石流/处	坡面泥石流/处	合计/处	百分比/%
以凝灰质碎屑岩为主的岩组	K_1x、K_1g、K_1xp	97	44	141	54.7
以粉砂岩、泥岩为主的细碎屑岩岩组	K_1c、K_1gt、K_1cc、Pz_2	23	8	31	12.0
以流纹岩为主的酸性岩岩组	K_1j	4	1	5	1.9
以辉绿岩为主的基性岩岩组	$B\mu$	3	1	4	1.6
以花岗岩为主的酸性岩岩组	$\gamma\pi$、$\lambda\pi$、$\zeta\mu$、$\upsilon\pi$、$\xi\pi$	55	22	77	29.8

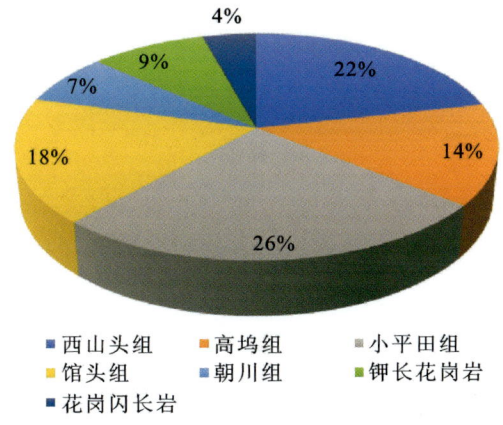

图 3-27 浙东南泥石流与岩性的空间分布规律图

五、地质灾害转换关系

1. 衍生性

衍生性地质灾害是指一种地质灾害的发生和发展会直接或间接地引发其他地质灾害的现象。这种关系可以是因果关系，也可以是相关关系。这些衍生性地质灾害与原始地质灾害之间可能存在一定的时间和空间上的延续关系，即衍生性地质灾害是指一种地质灾害引发其他地质灾害的现象。例如，永嘉县岩坦镇山早村发生的滑坡，是因为超强台风"利奇马"过境，引发了山体滑坡，滑坡堆积体堵塞河道，形成堰塞湖，使山早溪水位暴涨 $5\sim14m$，淹没山早村大部分房屋，$10\sim20min$ 后堰塞湖溃坝决堤，洪流倾泻，冲毁滑坡下游 2 户房屋（详见第四章案例）。

2. 链生性

链生性地质灾害是指一种地质灾害的发生或发展与其他地质灾害之间存在因果关系，即一种地质灾害的发生或发展会直接导致另一种地质灾害的发生或发展，两者之间存在直接的因果关系。这种链生性地质灾害的关系通常是紧密的，并且较为直接，即链生性地质灾害是指一种地质灾害的发生或发展与其他地质灾害之间存在直接的因果关系。例如，文成-泰顺地震发生，同时诱发了一系列的链生地质灾害共 11 处，其中崩塌地质灾害 5 处、滑坡地质灾害 6 处。

第四章

台风暴雨诱发地质灾害典型案例

浙东南地处西太平洋沿海，属亚热带季风气候，每年夏季台风频发，常带来强降雨而引发地质灾害。据统计，自20世纪80年代以来，由台风暴雨诱发的地质灾害占浙东南地质灾害总数量的55%，造成直接经济损失约200亿元，导致数百人遇难，是该地区最常见的地质灾害类型。台风暴雨诱发地质灾害呈明显的群发性特征，多聚集在台风暴雨中心地带，以浅层滑坡和泥石流为主，往往规模小、危害大，主要分布在乐清、永嘉、平阳、文成、泰顺等山区。该类地质灾害在发生前迹象不明显，而在台风暴雨期却成群发生，给当地的地质灾害防治工作带来巨大的挑战。

第一节 乐清市龙西乡仙人坦泥石流

一、基本情况

乐清市龙西乡仙人坦村坐落在老泥石流堆积扇上，2004年8月13日凌晨4时20分，受第14号台风"云娜"的影响，乐清市北部山区遭遇了百年不遇的特大台风暴雨，龙西乡仙人坦村发生沟谷型泥石流灾害。在8min左右的短时间内，在沟口形成了长约96m、前缘宽77m、中部宽45m、后部宽25m的泥石流堆积扇，规模约$1.8×10^4 m^3$，且扇形体前缘直达龙西溪河床。最终造成18人死亡和失踪、10间楼房毁坏的严重损失(图4-1)。

二、孕灾地质条件

1. 地形地貌

乐清市北部山区地貌类型属构造侵蚀剥蚀低山地貌，最高高程755.4m，沟口处高程70~80m，最大相对高差达685m，沟源地带山坡坡度达40°以上，古泥石流堆积垄将小流域分为东西两条沟。西沟集水区总面积约$0.45km^2$，沟长1955m；东沟集水区面积约$0.91km^2$，沟长2340m。

图4-1 仙人坦泥石流远景

流域大致可分为两个不同的斜坡,其中第一斜坡坡度约15°,其后部大致以高程300m高程为界,坡面上堆积古泥石流的巨石、漂石、块石等,已被开垦为梯田,第一斜坡上的沟床纵比降大致与山坡坡度一致,未发生灾害之前冲沟底宽仅2~3m,沟深1.5~2.0m,为窄浅型沟,沟中的地表水稍加拦蓄即可灌溉沟道两侧的稻田,沟道有较多弯道;第二斜坡总体坡度30°~35°,山坡上植被发育,树径5~15cm,多为10~15年以上树龄的松树,山坡上冲沟沟底宽3~5m,切割深约4m,沟床纵比降与山坡坡度基本一致,山坡上沟道顺直。两沟沟口处为乡政府、小学、中学、医院及密集的居民区,居民区人口达2831人,机关学校2150余人,总人口近5000人。

2. 气象水文

该地属浙江省暴雨中心,最大年降雨量达3295.6mm(其中8月份1306.4mm),台风过程降雨量达1407mm,其中3天降雨量821mm;2004年的14号台风"云娜"进入乐清市北部后,龙西乡砩头雨量站记录的过程最大雨量达917.6mm,24小时降雨量874.7mm,12小时降雨量661.8mm,突破浙江省实测记录历史最高值。

表4-1 2004年乐清市各雨量站第14号台风"云娜"过程降雨量统计表

站名	福溪	淡溪	钟前	白石	十八垟	乐成	柳市	虹桥	砩头	清江	雁荡
总降雨量/mm	579.5	447.0	233.5	244.5	377.3	362.0	246.5	386.0	917.6	371.1	227.0

3. 地层岩性

勘查区出露地层为下白垩统小平田组、燕山晚期侵入岩及第四系,外围出露地层岩性基本与勘查区相同。

小平田组广泛出露于勘查区第一斜坡上(缓斜坡),岩性主要为流纹质晶屑(熔结)凝灰岩。

燕山晚期侵入岩出露于第二斜坡上(陡斜坡),面积约 0.52km²,约占勘查区面积的 1/3,岩性为石英正长岩,中粗粒状结构,区域上呈北东向展布,岩石风化强烈,是泥石流的主要物源。

第四系主要分布于勘查区第一斜坡、第二斜坡的坡面及沟道中和龙西溪的沟床上,按成因类型可分为以下 3 类:

(1)泥石流堆积物。主要分布于第一斜坡及第二斜坡的沟道中,第一斜坡上的厚度一般 4～8m,第二斜坡沟道中的厚度 2～3m,岩性为漂石、碎石、砂及少量黏土,混杂堆积,无分选。

(2)冲洪积物。分布于龙西溪沟床上,可见厚度为 2.5～3m,估计最大厚度 5m,岩性由漂石、卵石、砂砾组成,其中漂石占总体积的 50%,砂砾约占总体积的 20%,其余为卵石。漂石、卵石呈圆—次圆状,卵石最大扁平面倾向上游,形成叠瓦状构造,成分以凝灰岩为主,约占 85%,花岗岩约占 15%,冲洪积物以其成分、磨圆度、叠瓦状构造等区别于泥石流堆积物。

(3)残坡积物。分布于周边山体的山坡地带,岩性为黏性土混碎石,厚度 1～5m 不等。

三、泥石流发育特征与危险性评估

1. 灾害总体特征

2004 年 8 月 13 日乐清北部山区发生 35 处泥石流,其中龙西乡仙人坦泥石流发生于 13 日凌晨 4 时 20 分,暴雨引发泥石流在沟口堆积了长约 96m,坡度 11°,前缘宽 77m,中部宽 45m,后部宽约 25m,面积约 10 000m²,扇面角度 12°～13.5°,规模约 $1.8 \times 10^4 m^3$ 的泥石流堆积物,扇形体前缘厚度达 5m,平均厚约 3.5m。表部堆积厚约 1m 的巨大漂石,漂石直径 0.2～1.5m,下部为块石、卵石、砂,前缘直达龙西溪河床,后缘则受冲蚀形成宽约 25m、深度 1.5～3.5m 的侵蚀沟谷(图 4-2)。

泥石流流速快、惯性大,在沟道凹岸处有比水流更加显著的超高直进现象,破坏性强。西沟在下游,原来的沟道在祖庙处向西转弯,由于泥石流的直进作用,在祖庙上游约 150m 处向下游开始具有超高直进、截弯取直的现象。泥石流流经下游时,未经过原来地表水的流路,在祖庙与高程 130m 的沟段超高直进,在沟岸上部堆积 2000m³ 左右的巨石,在下游冲毁民房 10 间和龙西小学大门(图 4-3)。

2. 冲蚀特征

仙人坦泥石流物源区是坡度在 35°以上的山坡沟源地带(近分水岭),其发育的滑坡或坡面泥石流进入下方冲沟启动整个沟谷泥石流。沟道内松散固体物质在坡面泥石流的强大动能冲击下,被启动演变为沟谷泥石流,沿途大量铲刮沟床砂石,并强烈冲蚀淘刮沟岸,使老泥石流堆积物沟岸坍塌而进入新泥石流中,壮大新泥石流规模。

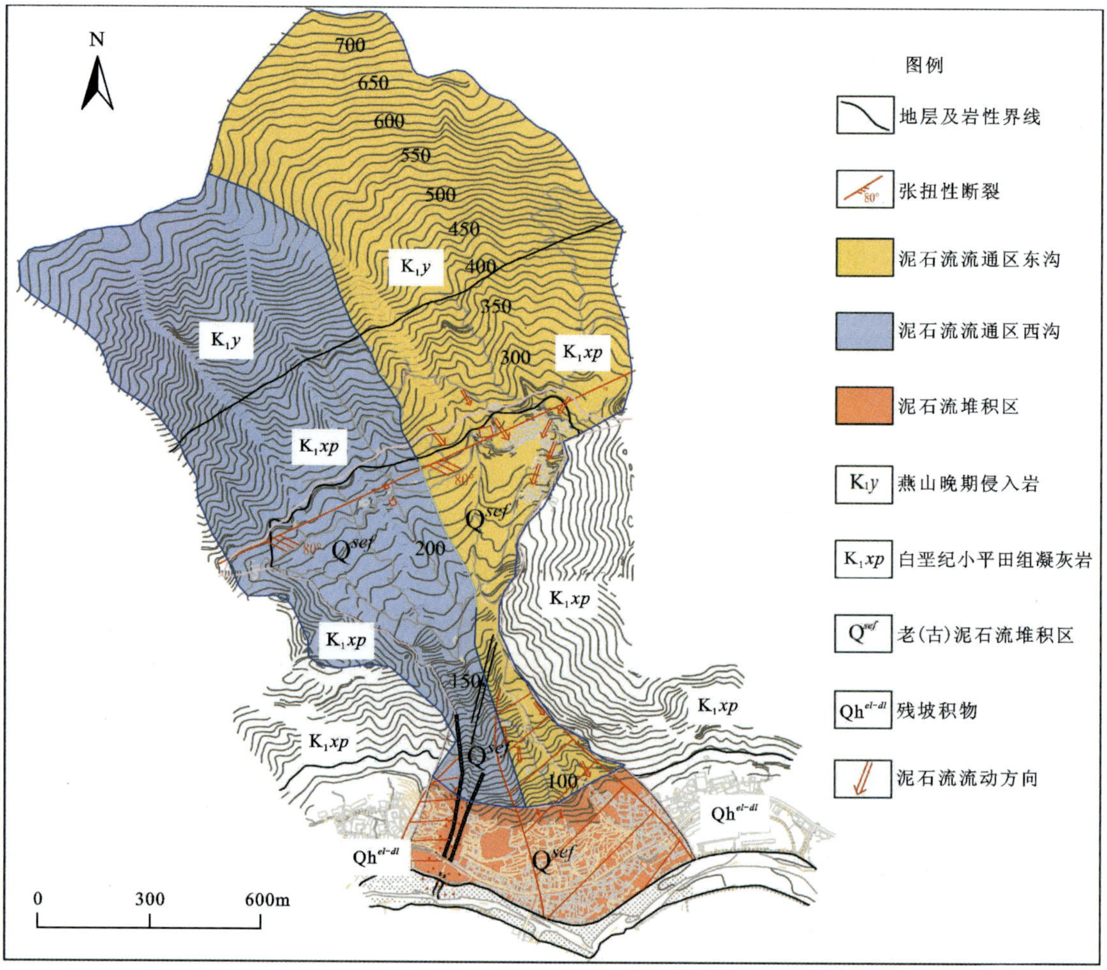

图 4-2 仙人坦泥石流工程地质平面图

图 4-3 仙人坦泥石流在沟道下游冲击龙西小学

冲沟 270m 高程以上为泥石流的形成区，200~270m 高程之间为泥石流的形成流通区。西沟东侧的支沟在高程 220~270m 之间的沟段未发生灾害之前，冲沟底宽仅 1.5~2m，沟深 1.5m 左右，沟底为老泥石流堆积物，属窄浅型沟，沟中的地表水稍加拦蓄即可灌溉沟道两侧的稻田。

由于 2004 年 8 月 13 日泥石流的侵蚀、铲刮，沟底松散堆积物已铲刮干净，沟岸坍塌，沟道形态完全发生了变化。目前沟床宽 5~10m，沟深由 1.5m 演变为 3~5m，沟底基岩已完全裸露（图 4-4、图 4-5）。

图 4-4　仙人坦泥石流沟沟底基岩裸露

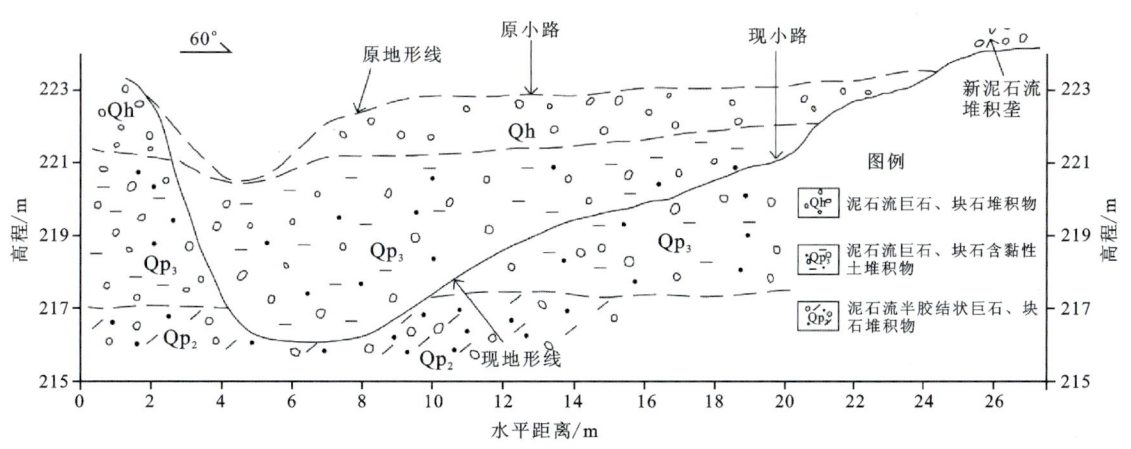

图 4-5　仙人坦西沟西侧支沟泥石流下游沟道演变示意图

3. 淤积特征

泥石流的淤积特征主要表现在支沟的中、下游段,在形成流通区内沟道转弯、卡口及宽阔处,泥石流或受阻或流速变小,巨石便堆积下来(图4-6)。

在泥石流的冲刷段沟谷狭窄处,巨石阻挡形成类似泥石流拦挡坝,巨石上游有少量泥石流堆积物,如西沟东侧的支沟约在340m处沟道狭窄,沟底宽度仅2.5m,沟谷横断面形态近槽状,一个长轴约6m的巨石被卡在此处,导致巨石的上游堆积了1500m³的砂石(图4-7)。

图4-6 仙人坦泥石流巨石卡在沟道内　　图4-7 仙人坦泥石流巨石上游堆积碎屑物

4. 堆积特征

100m高程以下至龙西溪河床为泥石流堆积区。泥石流发生后在沟口形成明显的扇形堆积体,长约96m,前缘宽77m,中部宽45m,后部宽25m,面积约10 000m²。泥石流扇的体积约为18 000m³,扇面纵坡度为11°,横向坡度12°~13.5°,外缘坡度40°~50°,扇前缘厚约5m,平均厚1.8m。

泥石流堆积物主要由砂、碎石、块石及巨石组成,总体特征无分选,杂乱堆积。泥石流扇的表面堆积了厚约1m的巨石,直径一般0.2~1.5m且以1m居多。

下部堆积物中巨石约占总体积的30%,块石约占总体积的30%,砂及碎石约占总体积的40%,物质成分以花岗岩为主,黏度低。

5. 泥石流危险性评估

为了定量展示仙人坦泥石流的危害性,使用FLO-2D软件开展泥石流的危险性评估。FLO-2D是一个二维水文-水力数值模型,能够模拟洪水波以及泥石流在小流域的传播以及障碍物与结构的相互作用。它在本质上是一个有限差分模型,使用恒定螺距的网络模型将力矩方程联系起来,通过区分8个潜在流量,逐个单元计算泥石流或洪水的力学指标。通常来讲,流动速度和堆积深度是它最重要的输出结果,这两个结果能够显示单沟泥石流的危害程度。

进行 FLO-2D 模拟计算时,首先分别选取东沟、西沟的沟道上部作为清水流量入流点,然后输入泥石流发生前的真实降雨条件作为诱发因素,最终得到的仙人坦泥石流的堆积深度和流动速度(图 4-8、图 4-9)。结果显示,泥石流的最大堆积深度在 5.12m,发生在堆积区前部龙溪河道内部,这与实际情况一致。而泥石流的最大流动速度达到了 8.91m/s,主要发生在沟道中部,说明泥石流以极大速度冲过沟谷,但是由于基底摩擦减慢速度,达到堆积扇的时候,速度普遍在 3~5m/s 之间,该速度仍然具有向相当大的能量,对于下游村庄的居民和建筑产生了极大危害。模拟得到的泥石流堆积区范围与实际情况基本一致,这说明 FLO-2D 是进行泥石流数值分析的有力工具。

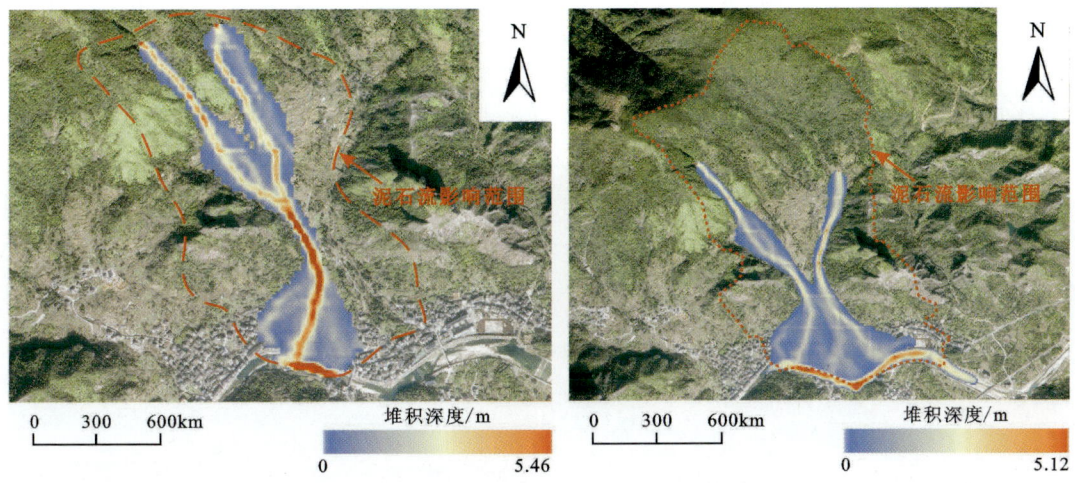

图 4-8 仙人坦泥石流的堆积深度分布图

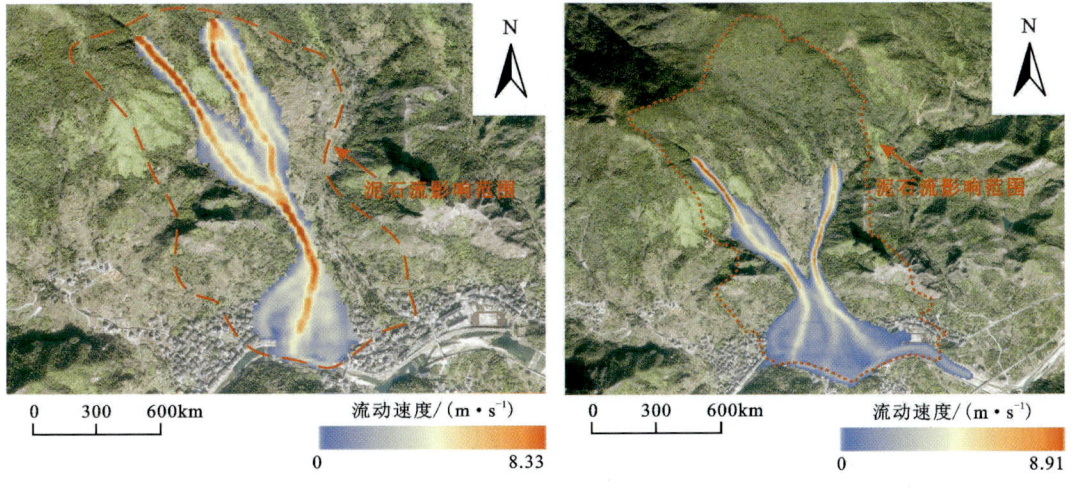

图 4-9 仙人坦泥石流的流动速度分布图

四、成因机制分析

1. 地形地貌条件

山高坡陡、高差悬殊、三面环山、一面出口的漏斗地形是研究区的地形特征,为泥石流的形成提供了有利的地形条件(图4-10)。

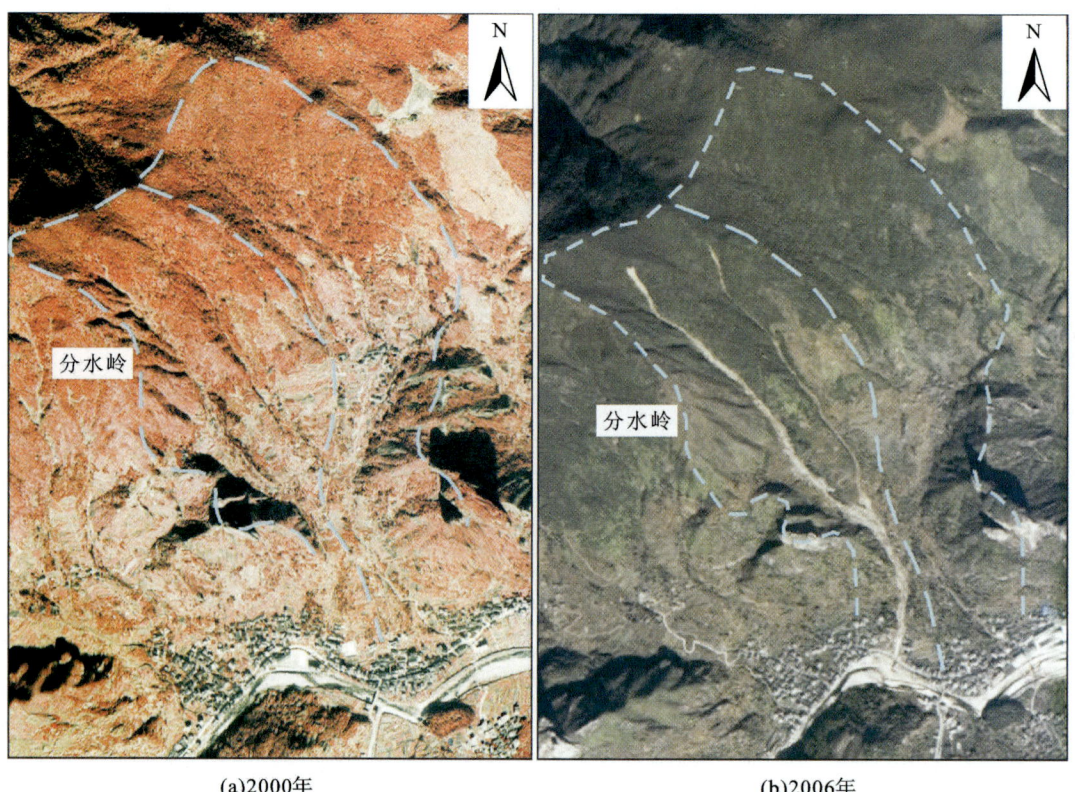

(a)2000年　　　　　　　　　　　(b)2006年

图4-10　仙人坦泥石流发生前后影像对比图

(1)地形高差大。区内最大高差达685m,势能大,运动过程中势能不断转化为动能,特别是在陡斜坡上经过多级瀑布后,能量增加得更快,运动速度加快,巨大的能量将西沟处东、西两条支沟交汇处重180余吨的巨石冲出数十米远(图4-11)。由此可见,巨大的高差为泥石流提供了巨大的能量。

(2)地形坡度陡。地形坡度的大小影响松散堆积物的分布、聚集和稳定性。通过统计发现,西沟、东沟坡度大于25°的山坡面积分别占山坡总面积的61.4%和65.2%(表4-2)。在这样的坡度条件下,坡面物质在特大暴雨的作用下易失稳成为泥石流物源。

图 4-11 仙人坦泥石流两条支沟交汇处巨石被冲出数十米远

表 4-2 仙人坦泥石流沟坡度统计表

沟名		西沟		东沟	
各沟面积/km²		0.439 4		0.717 5	
各坡度值面积占总面积比例/%	0～5°	0.7		0.8	
	5～10°	1.3		2.0	
	10～15°	9.7		6.0	
	15～20°	14.0		10.6	
	20～25°	10.2		15.4	
	25～30°	14.0		22.2	
	30～35°	18.1		22.9	
	35～40°	16.8	64.1	14.2	65.2
	40～45°	10.2		4.3	
	>45°	5.0		1.6	

(3) 纵比降大。沟道特征对泥石流的形成和运动影响很大,泥石流沟源地带纵比降为 589.8‰,在启动物源处多级瀑布纵比降高达 786.0‰。沟道纵比降越大,沟底越狭窄,越容易形成泥石流,且形成的泥石流运动速度越快,对沟底两侧松散物质的刨蚀和铲刮也越强,对建筑物的冲击力也越大。

2. 物源条件

1）启动物源

分水岭地带滑坡为泥石流的启动物源，岩性为石英正长斑岩，岩石风化强烈，全风化厚度估计超过 8m，已近土状，在全风化层中至少发育 3 组原生或其他成因的结构面，产状分别为 165°∠55°～75°、85°∠70°、255°∠80°。结构面上有黑色的铁锰薄膜，其中第一组结构面为顺坡结构面。滑坡位于近分水岭地带，距分水岭岭脊处约 160m，山坡坡度 23°～25°，顶部有一深 0.3m 的小冲沟，沟内及山坡上长满茂密的蕨菜和树径 5～10cm 的松树。从上至下大致可以分为 3 个工程地质层，上部为残坡积的粉质黏土混花岗岩巨石，巨石含量约为 30%，厚度 1～1.5m；中部为花岗岩的全风化层，中间夹有差异风化形成的全—中风化孤石，厚度大于 8m；下部为强—中风化的花岗岩。

该处在花岗岩全风化层中形成两个浅表层滑坡，两个滑坡的规模及成因基本相当，以其中之一进行分析。滑坡部分主滑面沿 165°∠55°～75°结构面滑动，倾角 25°～30°，两侧周界沿 85°∠70°、255°∠80°结构面滑动。滑坡体长约 9m，宽 8m，平均厚度 4m，体积约 300m³，前部剪出口呈束口状，剪出口位置之前为高 3m 的陡坎。

长时间的降雨已使全风化的土体处于饱水或过饱水状态，滑坡体已处于极限平衡状态，当再遇短历时、高强度的降雨时，山坡上部小冲沟中的地表水冲击力增大，滑坡失稳向下滑动，在滑动过程中滑坡解体越过前缘陡坎冲击下方坡面物质形成泥石流。

2）补给物源

区内第一斜坡上堆积了厚 4～8m 的老（古）泥石流堆积物，颗粒粗大，以漂石、块石为主，在第二斜坡上坡面泥石流的铲刮、冲蚀作用下补给泥石流固体物质，壮大泥石流规模。沟道内发育第四纪不同成因类型的沉积物，在泥石流的不断冲刷、淘蚀作用下，沟床内松散碎屑物被猛烈地掀揭、铲刮并与水体搅拌混合形成泥石流，随着泥石流的运动，沿程越来越多的固体物质被启动、翻滚和运动，成为泥石流固体物质的重要补给源，是现代泥石流的主要后备物源。

总的来说，区内重力侵蚀物（残坡积物、花岗岩全风化层）及（老）古泥石流堆积物，都有可能遭到泥石流的侵蚀和搬运，因此，这些物质的总量应该都是泥石流固体物质储备量。经估算，固体物质后备储量为 $422.5 \times 10^4 m^3$，其中东沟、西沟松散固体物质后备储量分别为 $285 \times 10^4 m^3$、$137.5 \times 10^4 m^3$。

3. 水源条件

勘查区水源条件主要是大气降水，据统计，2004 年 8 月 13 日 6 时之前 12h 之内的降雨量达 661.8mm，重现期达到 100 年一遇，其历史排位达到全省第一，属于仙人坦泥石流的重要诱发因素。

在上述暴雨条件下，斜坡上花岗岩全风化层已处于饱和状态，稍加外力即会失稳，而 13 日 3—4 时 1h 的暴雨强度就达 95.6mm，为雨强最大时段。大暴雨在斜坡上形成具有强大冲击力的地表水流，使本来已处于极限平衡状态的斜坡失稳而形成滑坡或坡面泥石流,进而形成沟谷泥石流。因此,泥石流的发生除与前期降雨量有关外,还与发生泥石流的短历时、高强度降雨有关。乐清市各雨量站短历时降雨资料较难收集,但从各雨量站过程降雨量与地质灾害点的关系来看,也只有福溪、仙溪至龙西一带崩塌、滑坡、泥石流现象最为发育,而各雨量站过程降雨量的时间大致相同(表 4-1)。也就是说,过程降雨量越大,短历时降雨量也就越大,当过程降雨量大于 500mm 时,就有群发性地质灾害发生。因此,推测激发灾害性泥石流的临界雨量为:过程降雨量在 500mm 以上,最大 1 小时降雨强度在 90mm 以上。

五、防治措施

在 2004 年 8 月 13 日泥石流发生以后,时任浙江省委书记的习近平同志于 8 月 17 日和 28 日先后两次前往仙人坦村、上山村查看灾情,慰问受灾群众,指导救灾工作,并作出了"把温暖送到群众心中去"的重要指示。19 年来,龙西乡一直秉承着红色精神引领,依托人防、物防、智防三大抓手全面筑牢群众生产生活安全底线;聚焦文旅融合、农旅融合,深入践行"两山"理论,谱写独具龙西特色的乡村振兴、共同富裕新篇章。

(1)人防。依托微网格全面汇集人防力量,组建由村干部、党员、民兵等力量为核心的村级防汛防台工作组,下设监测预警、人员转移、抢险救援、后勤保障、应急处置 5 支功能分队,每年对照防汛制度开展专门的业务培训并重点围绕村内地质灾害风险防范区域、小流域山洪灾害危险区组织防汛演练。

(2)物防。在村党群服务中心设立可容纳 30~50 人的避灾安置场所,并根据村级(山区、平原)物资配备标准,配合各类防护用品、预警通信设备以及救援救护设备。于 2018 年 4 月底,全面完成上山-仙人坦云娜台风泥石流塌方上游搬迁、谷沟疏浚、治理工程建设等系列工作,共建成 10 座拦砂坝、2 座谷坊、1 座固定流路工程、1 座护岸,从硬件方面全面保障历史灾害区域的民生安全。

(3)智防。针对小流域山洪点位专门设置声光监测设备,由乐清市水利局落实专门管护,可根据水位变化自动触发多级警报;在地质灾害高风险区、流域灾害风险区河道、疏浚拦砂坝等危险等较高、巡查难度较大的区域,布置 24 小时视频监控摄像头,对重点领域开展实时远程监测。针对上山-仙人坦云娜台风泥石流塌方上游新建的治理工程,安装建设 10 台自动表面监测仪、4 台泥水位检测仪、3 台位移加速度检测仪、3 台雨量计、2 台声光报警器、1 台室内报警器等系列自动化监测设备,确保风险预警及时到人。

六、结论与启示

1. 结论

(1)龙西乡仙人坦泥石流在 2004 年 8 月 13 日发生,造成 10 间楼毁坏、18 人死亡的严重损失。

(2)山高坡陡,高差悬殊,为泥石流的形成提供了有利的地形条件;物源区岩石风化强烈,全风化厚度超过8m,由于花岗岩差异风化,全风化层内及顶部存在许多孤石,丰富的固体物质为泥石流的再次暴发提供了物质条件。

(3)8月13日降雨属稀遇特大暴雨事件,短时间强降雨是本次泥石流最重要的激发因素。

2. 启示

(1)台风暴雨中心的地质灾害往往具有群发性,"暴雨中心在哪灾害就发生在哪"是台风暴雨型地质灾害的一个重要特征,在防台抗台工作中要加以重视。

(2)加强早期遥感识别对于地质灾害预警具有重要作用,类似仙人坦泥石流"三面环山,一面出口"的漏斗地形、斜坡上部存在岩性变化等情况,在地质灾害前期调查时应加以关注。

(3)浙东南泥石流地质灾害治理以拦挡为主,本次仙人坦泥石流西沟东侧支沟通过中游卡口的巨石拦挡消能后,该支沟下游物质未被激活而形成泥石流。

(4)应注重工程选址的科学性,尤其应尽量避开大型冲沟的沟口开展工程建设。

(5)岩浆岩地区冲沟沟道中往往覆盖较厚的松散堆积物,这些松散堆积物在强降雨作用下容易成为沟谷型泥石流灾害物源,应加强地质灾害巡查和监测。

第二节 泰顺县凤垟乡下湾泥石流

一、基本情况

2016年9月14日,受台风"莫兰蒂"影响,温州市国土资源局(现为温州市自然资源和规划局)发布地质灾害气象风险红色预警,泰顺县国土资源局(现为泰顺县自然资源和规划局)启动地质灾害一级应急响应,立即通知乡镇、村干部与群测群防员开展地质灾害隐患排查,将凤垟乡下湾村160户600余人转移至避灾场所。15日12时左右,泰顺县泗溪盆地普降特大暴雨,下湾村西侧后山发生群发性坡面泥石流,造成下方20间民房损毁,由于人员撤离及时未造成伤亡(图4-12)。

二、孕灾地质条件

1. 地形地貌

勘查区属浙东南侵蚀构造低山地貌,村庄分布在高程490m以下,东侧为西溪,西侧为斜坡,西侧最高点高程可达890m,最大高差可达400m,斜坡坡度陡峻,一般在35°~40°之间,斜坡冲沟或负地形较发育,冲沟流域形态呈扇形,横断面为"V"字形,斜坡浅表植被发育(图4-13)。

图 4-12 下湾坡面泥石流发生后的遥感影像图

图 4-13 下湾坡面泥石流概貌

2. 地层岩性

1）第四纪地层

区内第四纪地层主要为泥石流堆积体（Q^{ef}）、上更新统坡洪积层（Qp_3^{dl-pl}）和全新统冲积层（Qh^{al}）。

（1）泥石流堆积体（Q^{ef}）。主要分布在冲沟沟口附近，岩性以粉质黏土为主，土黄色，含凝灰岩碎块石，其中碎块石粒径0.2～30cm，少数粒径大于30cm，含量5%～15%，棱角状，层厚1～2m。

（2）上更新统坡洪积层（Qp_3^{dl-pl}）。主要分布在村庄一带，岩性为粉质黏土，土黄色、黄色，含凝灰岩碎块石，其中碎块石粒径0.2～40cm，含量10%～30%，棱角状，层厚0.5～1.0m。

（3）全新统冲积层（Qh^{al}）。主要分布于居民区前缘水田区，岩性为黄色粉细砂和黏土。

（4）斜坡浅表有残坡积分布，厚度较薄，一般不足0.5m。

2）前第四纪地层

（1）下白垩统西山头组（K_1x）。广泛分布于村庄北东侧，岩性为流纹质晶屑玻屑凝灰岩，灰褐色，风化较强烈，主要为全—强风化。

（2）下白垩统朝川组（K_1cc）。广泛分布于斜坡坡脚，岩性为流纹质晶屑玻屑凝灰岩，灰褐色，风化较强烈，主要为全—强风化。

（3）下白垩统馆头组（K_1gt）。广泛分布于斜坡坡脚，岩性主要为灰紫色—紫色砂岩等，砂状结构，厚层状构造，风化较强烈，主要为全—强风化。

3）侵入岩

钾长花岗岩（ξr_5^3）红褐色，花岗状结构，块状构造，主要由斑晶与基质组成，斑晶为钾长石，肉红色，长条状，自形—半自形，粒径大小1～2cm，基质为晶质结构。

三、泥石流发育特征

1. 泥石流基本特征

2016年9月15日11—12时，受台风"莫兰蒂"的影响，泰顺县凤垟乡下湾村后山山体发生泥石流群（图4-14、图4-15），分析如下。

P1沟道呈树枝状，受物源区的滑塌诱发启动，每条支沟都或多或少有一定的泥砂冲出，汇入主沟后，沿沟道一路土岩交界面呈直线快速下滑，至高程500m左右有下切刮铲，高程480m左右泥石流溢出沟道，继续沿直线向前滑移的同时向两侧呈扇形外扩，沿途将下方3幢木结构建筑物几乎损毁。

P2沟道呈"Y"字形，两条冲沟均在沟源附近受高位滑坡诱发启动，滑体沿土岩交界面快速下滑，汇入主沟后沿沟道呈直线快速滑移，至沟口附近越出冲沟，除继续沿直线向下滑移外，迅速向两侧呈扇形外扩，大量的泥砂冲入共约15间砖混民房内，所幸未造成人员伤亡或者民房倒塌。

图 4-14　台风"莫兰蒂"过后下湾村灾后俯瞰图

P3、P4 沟道同样形成坡面泥石流地质灾害,但幸运的是泥砂在沟口附近堆积,未对下方的建筑物造成明显破坏。

泥石流启动后,由于沟顶处边斜坡坡度较陡(坡度 35°~40°),沟顶处沟道较窄,所以泥石流启动能量集中,对沟道及其两侧产生强烈的冲刷作用,加之沟顶两侧有较多孤石裸露和覆盖有较厚残坡积层,物源在下泄中速度不断增大,对沟道两侧的撞击、刮擦不断增强,沟道两侧松散堆积物在块石的不断撞击刮擦作用下滑落于沟道内,小体积的滑坡启动物源在下滑过程中不断裹挟沟道内及沟道两侧的松散堆积物,壮大泥石流,最终形成规模较大的泥石流。最终,P1、P2、P3 和 P4 的下泄方量约 10 000m³。

2. 沟谷发育特征

泥石流沟谷既是泥石流物质来源的储存地,又是泥石流的输运通道。泥石流沟谷的发育状况直接决定泥石流物质组成、发生规模及发生频率。区内有冲沟发育,冲沟流域为扇形,冲沟横断面呈较典型的"V"字形切割,总体走向东北-西南,沟道较为顺直,冲沟总体上陡下缓,上部区域坡度较大,利于沟道内块石的搬运,而沟口处坡度较平缓,使得泥石流在沟口淤积而停下。

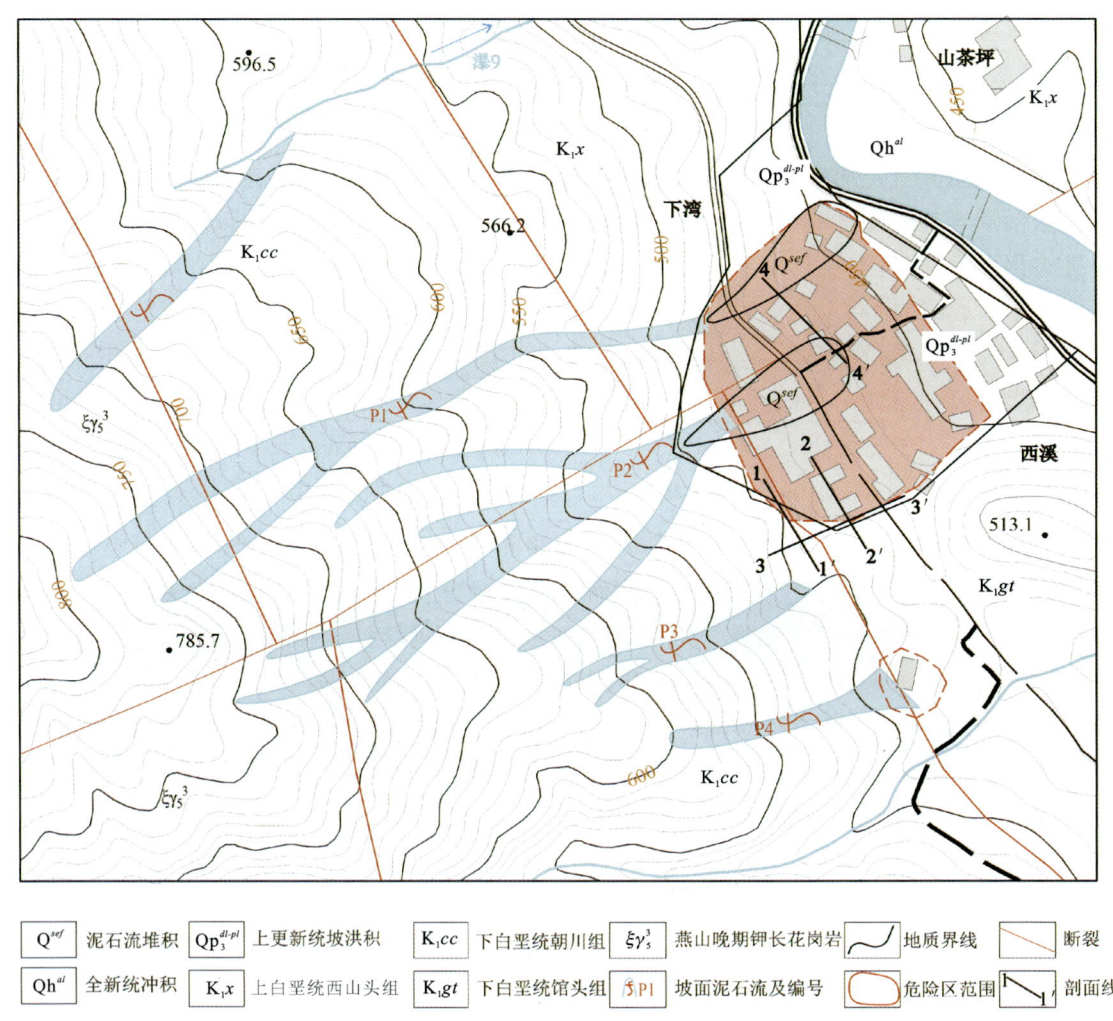

图 4-15 下湾坡面泥石流工程地质平面图

下湾村泥石流沟流域面积约 0.079km², 沟道最长 585m, 最大相对高差为 400m, 冲沟沟道平均纵比降为 469‰。沟道宽度 0.5~3.5m, 沟深 0.5~2.5m, 沟谷相对切割深度为 683.76m/km, 圆度系数为 0.23, 切割密度为 7.41km/km²。

冲沟总体上陡下缓, 坡度 35°~40°。沟道多有基岩出露和块石堆积, 出露基岩岩性为强—中风化凝灰岩, 沟道内堆积块石直径以 0.2~0.8m 为主, 最大块石直径约 1.5m。沟道宽度随高程增加逐渐变窄, 深度逐渐减小, 至沟顶沟道特征基本消失。沟道两侧边(斜)坡上陡下缓, 残坡积层厚度 0.5~2.0m。

P1、P2、P3、P4 坡面泥石流特征见图 4-16~图 4-21。

图4-16 P1坡面泥石流沟口刮铲堆积特征

图4-17 P1坡面泥石流造成木结构建筑损毁

图4-18 P2坡面泥石流泥砂大量堆积于建筑内

图4-19 P2坡面泥石流沟源处的松散层

图4-20 P3坡面泥石流冲毁竹林

图4-21 P4坡面泥石流概貌

四、成因机制分析

1. 地形条件

（1）有利的汇水、集物条件。在强降雨期间，能够快速地将流域内的降雨汇入到冲沟内，为泥石流的形成提供充足的汇水量。在强降雨等不利条件下，沟源两侧较陡边（斜）坡上的残坡积土层极易滑入冲沟沟道，成为泥石流的启动物源。

（2）地形特征。地形高差的大小决定了势能的大小，势能越大，形成泥石流的条件越充足。冲沟总体较陡，坡度35°～40°。高陡的地形特征为泥石流的形成提供了有利的地形条件。最大高差400m，为泥石流的形成提供充足的势能。

2. 物源条件

泥石流固体物质补给方式主要为重力侵蚀补给和沟道侵蚀补给，沟道中物质被铲刮冲蚀可能引发两侧边（斜）坡表浅部松散的堆积物发生滑塌汇入沟道内，从而壮大泥石流规模。

3. 降雨条件

泥石流的发生除与前期降雨量有关外，还与短历时、高强度降雨有关。前期的长时间降雨使岩土体饱和，抗剪强度降低，后期短时的高强度降雨诱发滑坡或崩塌的发生，短时暴雨使岩土体处于超饱和状态，重度加大，抗剪强度降低，从而形成泥石流。

受台风"莫兰蒂"的影响，2016年9月泰顺县普降暴雨到大暴雨，局部特大暴雨。据气象站数据统计，14日08时至16日08时面雨量为295.1mm。累计雨量最大站为国岭（446.8mm），共有19个站累计雨量超过300mm，28个站超过250mm。其中，风垟站最大1小时雨量102.8mm（15日12点），达百年一遇。

五、预警预报与治理措施

1. 预警预报

浙东南地处太平洋西岸，属于台风频繁过境地区，而台风暴雨的主要特征是短时间、降雨强度高且通常出现降雨量极值（100年一遇甚至更高），这样的短时暴雨气象条件多诱发群发性泥石流地质灾害。因此，如何在区域尺度上开展降雨诱发泥石流灾害的预警预报是一个关乎山地丘陵地区国土安全与人民生命安全的重要科学问题。

对于像下湾泥石流这样的突发性坡面泥石流灾害而言，其早期变形迹象与渐进式失稳过程并不明显，无法通过遥感、现场详查等手段进行有效的预警预报，而是应该重点关注气象信息。这需要自然资源与规划部门、气象部门、水利部门、乡镇（或村）政府等多部门开展联合协同工作，通过及时获取动态气象信息，科学合理且准确地评估特定地区的地质灾害危险性（或风险）等级，通过当地政府部门及群测群防人员的通力合作，及时发现存在隐患的地质灾害点，并预判是否需要及时撤离。

在本案例中,正是有了多单位(部门)的协同工作,温州市国土资源局才能在台风来临之前,准确评估并发布了地质灾害气象风险红色预警,而泰顺县国土资源局及时启动了地质灾害应急响应,乡镇、村干部与群测群防员开展地质灾害隐患排查,将风垟乡下湾村160户600余人转移至避灾场所。由于当地居民提前一天转移,因此当该泥石流灾害发生时,仅造成了部分民房被毁,没有造成人员伤亡。由此可见,下湾坡面泥石流属于浙东南地区突发性地质灾害预警成功的典型案例,具有积极的公众影响与社会意义。

基于下湾泥石流预警预报的成功经验,广泛开展气象预警是降低浙东南突发性地质灾害风险的有效途径,具体可以采取的措施有:①研究诱发不同类型地质灾害的降雨阈值,建立多级多尺度地质灾害降雨预警判据;②建立区域尺度地质灾害数据信息库,开发基于物理机制或大数据驱动的气象预警平台,通过链接气象信息来达到地质灾害实时动态评估与预警的目的。关于上述两点,浙江省第十一地质大队在浙江省地质灾害"整体智治"三年行动计划期间,已经完成了"温州市地质灾害动态预警综合平台项目"的建设,通过物联网监测预警、群专结合、暴雨型泥石流预报(警)分析研判、地质灾害疑似风险区分析、互联网地质灾害气象风险预报(警)发布、地质灾害运维管理等子系统,辅助形成了"即时感知、科学决策、精准服务、高效运行、智能监管"的地灾防治新格局,将突发性地质灾害预警预报研究走在了浙江省乃至全国的前列。

2. 工程治理措施

由于勘查区泥石流是由沟源地带滑坡或坡面泥石流启动后,带动沟道两侧大量固体松散物质形成的沟谷型泥石流,冲沟平面呈扇状,沟源地带均有可能发生滑坡或坡面泥石流,面积广且难以准确圈定,故难以对启动物源采用固源工程措施。由于边(斜)坡残坡积层较薄,泥石流隐患方量较小,可在村庄冲沟坡脚沟口处修建排导槽,冲沟高程约485m及471m处各修建一道拦砂坝,为防治泥石流冲刷坝基,应在拦砂坝上下游10m范围沟道修建护坦,拦挡后在沟道下游对现有沟道进行清淤并加以拓宽后进行排导。为防止再次发生滑坡启动泥石流,在隐患区域下方修建格栅坝及拦挡墙(图4-22、图4-23)。

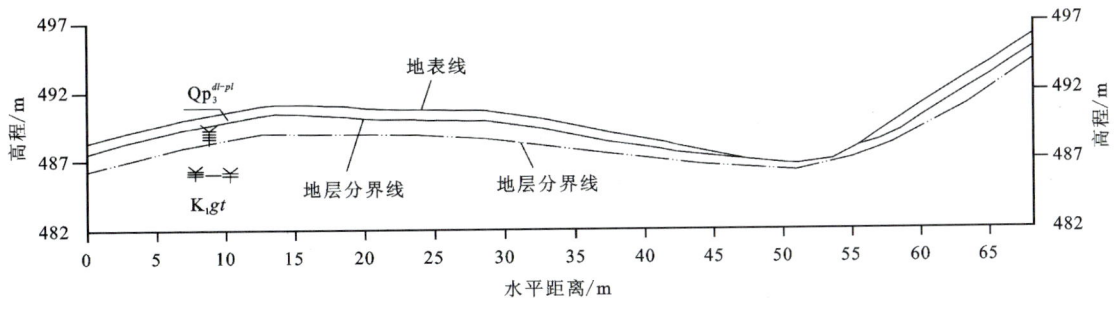

图4-22 下湾泥石流1-1′剖面工程地质图

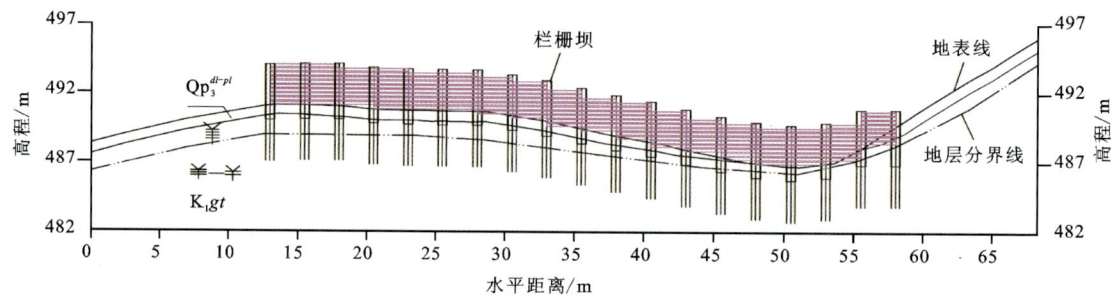

图 4-23 下湾泥石流 1-1′剖面防治工程布置图

六、结论与启示

1. 结论

（1）气象水文条件是泥石流发生的重要因素。勘查区属于亚热带海洋型季风气候区，降雨充沛，特别是梅雨期和台汛期，降雨量较大，容易引发泥石流。

（2）地形地貌对泥石流的发生和发展起着重要作用。勘查区的冲沟形态为扇形，沟道纵比降较大，加上沟谷侵蚀现象明显，使得泥石流发生频率较高。

2. 启示

（1）本次泥石流灾害成功避险得益于当地完善的风险隐患排查、预警、防范工作体系，基层群众自我防灾避险意识与能力的不断增强以及各部门应急响应在关键时刻发挥的重要作用。在山区乡村，基层群众处在地质灾害预警防御最前线，应不断提高群众防灾避险意识，做好群测群防工作。当发现险情后，各级部门应迅速响应、履职尽责、齐心合力，及时组织受威胁群众撤离并妥善安置。

（2）拦砂坝可有效治理短历时的坡面泥石流灾害。对于此类地质灾害，在加强预防的前提下，尚需积极进行治理，预防和治理相结合，才能达到最佳的防治效果。

（3）加强生态环境保护，保持植被的覆盖，特别是沟谷地区的植被，能够有效减少水土流失，降低泥石流的发生概率。

第三节 泰顺县泗溪镇汪山头泥石流

一、基本情况

2016 年受第 14 年台风"莫兰蒂"影响，泰顺县普降大暴雨，风垟雨量站最大一小时雨量为 102.8mm（9 月 15 日 12 时），达百年一遇，泗溪雨量站最大 3 小时雨量为 242.6mm。泗溪镇半溪村汪山头冲沟内发生泥石流地质灾害,泥石流方量约为5000m³,堆积于坡脚宽约50m的空地,并淤堵至空地外侧的S58省道,造成过往车辆受损,所幸无人员伤亡(图4-24)。

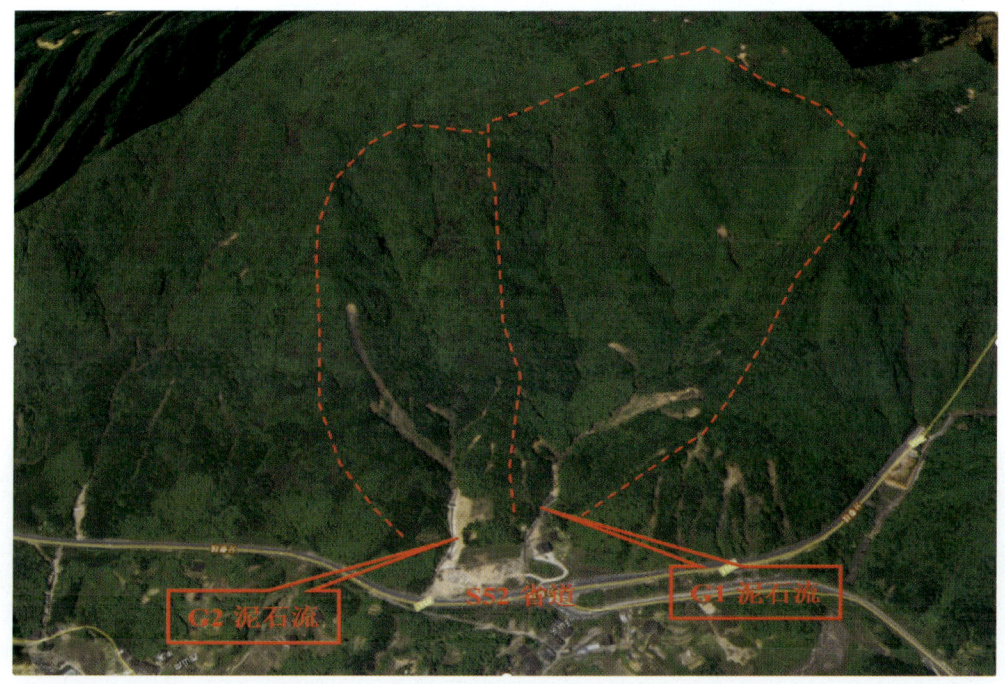

图4-24 汪山头泥石流发生位置遥感影像图

二、孕灾地质条件

1. 地形地貌

汪山头泥石流位于泰顺县泗溪镇半溪村南侧山体沟谷处(图4-25)。山体呈东西走向,斜坡地形坡度25°~50°,沟源最大高程约995m,坡脚空地高程约500m,相对高差约495m。流域范围为植被发育一般,沟源处基岩裸露,植被主要分布于中下游,为松树、毛竹、灌木及杂草。沟源地呈"V"形,谷宽10~30m,纵坡降在495‰左右。

2. 地层岩性

冲沟流域范围为出露地层主要为第四系全新统人工填土(Qh^{ml})、崩坡积层(Q^{col-dl})、下白垩统馆头组(K_1gt)和燕山晚期侵入岩-花岗斑岩(γ),岩性特征简述如下。

(1)第四系人工填土(Qh^{ml})。主要分布于坡脚空地,岩性为含黏性土碎块石,以灰黄色为主,松散,碎块含量60%~70%,粒径一般15~50cm,呈棱角状,中风化,碎块石间隙充填黏性土和少量砾石,厚度4.0~5.0m。由S58省道隧道施工弃渣堆积而成。

图 4-25　汪山头泥石流现状地形地貌

(2)第四系崩坡积(Qh^{col-dl})。分布于冲沟坡脚缓坡地带,岩性为碎(块)石,稍密状,碎块石含量60%～70%,粒径一般10～80cm,个别较大达150cm,呈棱角状,中风化,黏性土含量30%～40%,含少量砾石。

(3)下白垩统馆头组(K_1gt)。主要分布于沟口以下区域,岩性主要为沉凝灰岩、晶玻屑凝灰岩,沉凝灰岩岩质较软,易风化,晶玻屑凝灰岩岩质坚硬,节理裂隙较发育,岩石完整性一般。

(4)燕山晚期侵入岩-花岗斑岩(γ)。分布于斜坡区域,岩性为花岗岩,斑状结构,块状构造。新鲜基岩为肉红色,坚硬。全风化层呈砂土状,灰黄色,厚度一般1.0～2.0m;强风化岩呈灰黄色—浅肉红色,风化节理发育,较软弱,破碎,层厚约1.0m;中风化岩肉红色,坚硬,节理裂隙较发育,微张,隙面少量铁锰质渲染,密度1～2条/m,岩石完整性好。

3.气象水文

(1)气象。泰顺县气象特征参见本章第二节相关内容。

(2)水文。该区域地表水系不发育,主要发育有两条冲沟。其中一条冲沟位于场地的西侧5～10m处,长1.208km,宽3.0～6.0m,总体流向自南西向北东,沟道明显,冲沟中分布较大碎块石,具山区河流特征,枯水期水量贫乏、枯竭,丰水期水量较大,暴涨暴落,冲刷深度较大。调查时适逢枯水期,沟内水量枯竭,经调查访问该冲沟丰水期水深0.5～1.0m,水流量较大,冲刷作用较大。另一冲沟位于场地东侧,总体流向自南西向北东,有一定的汇水面积,沟道不是很明显,冲沟中分布较大碎、块石,该冲沟具山区河流特征,枯水期水量贫乏、枯竭,丰水期水量较大,暴涨暴落,冲刷深度较大。调查时适逢枯水期,水量枯竭,经调查访问该冲沟丰水期水深0.3~0.5m,具有一定的流量和冲刷作用。

三、泥石流基本特征

根据走访调查,汪山头冲沟曾暴发过泥石流地质灾害。此次泥石流暴发一次性冲积物约5000m^3。流域内物源丰富且松散,纵坡较陡,汇流条件较好,在降雨等条件下具备泥石流发生的地形、物源和水源条件。泥石流沟道由两条冲沟组成,分别为G1和G2(见图4-24)。

1. 形成区特征

G1沟道形成区由冲沟延伸至南侧山脊顶部,纵长约1.0km,横宽约0.4km,流域面积约0.35km^2,占整个汪山头泥石流(G1)流域面积的92%。平面形态呈瓢状,地势南侧高、北侧低,且地势陡峻,高程550~995m,相对高差约445m。形成区平面投影呈树枝状,主要由一条主沟及2条支沟组成,其中主沟长约700m,支沟长400m,冲沟切割深度一般为1~2m。纵坡坡降较大,一般为300‰~495‰,两侧山体坡度为25°~45°,局部超过60°。形成区为自然斜坡较陡,基岩面陡,破坏形式主要为"剥皮"与滑塌,此种地段易形成物源,亦是汪山头泥石流物源主要分布区。

G2沟道形成区由冲沟延伸至南侧山脊,纵长约0.9km,横宽约0.2km,流域面积约0.18km^2,占整个汪山头泥石流(G2)流域面积的90%。平面形态呈瓢状,地势南侧高、北侧低,且地势陡峻,高程560~995m,相对高差约435m。形成区平面投影呈舌状,主要由一条主沟及1条支沟组成,其中主沟长约600m,支沟长370m,冲沟切割深度一般为1~2m。纵坡坡降较大,一般为300‰~495‰,两侧山体坡度为25°~45°,局部超过60°。形成区为自然斜坡较陡,基岩面陡,破坏形式主要为"剥皮"与滑塌,此种地段易形成物源,亦是泗溪镇半溪村汪山头小流域泥石流物源主要分布区。

综上所述,汪山头泥石流形成区在地形地貌上具备山高沟深、地形陡峻、沟床纵坡坡降较大、流域形状便于汇水等特点,为泥石流的物源和水源发育提供了地形地貌条件。

2. 流通区特征

G1流通区纵长约0.2km,横宽约0.01km,流域面积约0.03km^2,占整个汪山头泥石流流域面积的6%。平面形态呈长条形,地势上南北两侧高,地势陡峭,分布广。沟内高程分布在500~550m之间,相对高差50m。泥石流冲沟够宽一般5~15m,横断面呈"V"形,纵坡坡降约250‰。沟两侧植被较发育,但受滑坡及崩塌影响,山坡多处植被出现破坏。沟谷谷底受泥石流冲积作用直接出露中风化基岩。

G2流通区纵长约0.2km,横宽约0.01km,流域面积约0.01km^2,占整个汪山头泥石流流域面积的8%。平面形态呈长条形,地势上南北两侧高,地势陡峭,分布广。沟内高程分布在500~560m之间,相对高差60m。泥石流冲沟够宽一般5~15m,横断面呈"V"形,纵坡坡降约300‰。沟两侧植被较发育,但受滑坡及崩塌的影响,山坡多处植被出现破坏。沟谷谷底受泥石流冲积作用直接出露中风化基岩。

综上所述，汪山头泥石流流通区在地形地貌陡峻，沟床纵坡坡降以及冲沟宽度较大，为泥石流的运移发育提供了地形地貌条件。

3. 堆积区特征

G1堆积区纵长约0.2km，横宽约0.01km，流域面积约0.02km²，占整个汪山头泥石流流域面积的2%。平面形态呈扇形，地势上西侧高、东侧低，高程490～500m，相对高差约10m，地势较平坦。堆积区北侧为S58省道，路基排水沟一般宽约0.4m，排导能力小，且排水沟下方涵洞较小，高约2m，宽约2.5m，直接影响了泥石流冲积物向沟外的排导，致使泥石流冲积物主要堆积于S58省道及原居民点范围内。

G2堆积区纵长约0.2km，横宽约0.01km，流域面积约0.01km²，占整个汪山头泥石流流域面积的1%。平面形态呈扇形，地势上西侧高、东侧低，高程490～500m，相对高差约10m，地势较平坦。堆积区北侧为S58省道，路基排水沟一般宽约0.4m，排导能力小，且排水沟下方涵洞较小，高约2m，宽约2.0m，直接影响了泥石流冲积物向沟外的排导，致使泥石流冲积物主要堆积于S58省道及原居民点范围内。

综上所述，汪山头泥石流堆积区地形地貌上较平坦、面积较小，不利于泥石流冲积物的排导，且原有水沟较窄，公路涵洞断面面积过小，严重制约了泥石流冲积物的排导，致使泥石流冲积物主要堆积于S58省道及原居民点范围内。

四、成因机制分析

1. 地形陡峻

在泥石流形成过程中，沟域内地形陡峻，沟谷纵坡大为水源和泥砂的汇聚提供了有利的地形地貌条件，主沟中下游地段强烈的崩滑现象和震后水土流失的加剧以及沟道内大量的沟道堆积物为泥石流的发生提供了丰富的松散固体物源，而暴雨则是泥石流形成的主要引发因素。

2. 稳定性较差的上部土体

据调查，G1、G2沟道的形成区和流通区地势陡峻，覆盖层厚度较大，崩塌、滑坡等不良地质体发育。滑坡堆积物源及滑坡体周边物源为汪山头泥石流的主要物源，主要位于泥石流沟南侧山坡。根据现场调查，将勘查区分为4个滑坡物源点，分述如下。

(1) 汪山头泥石流主沟下游左岸处发育的HP1滑坡（G1冲沟）（图4-26）。①地貌形态。根据已有的滑坡迹象及地形图测量，已滑滑体位于山坡中下部，平面上呈"Y"字形，横向宽约50m，平面投影长约100m，面积约4563m²，滑移方向为145°，高程分布在595～685m之间，相对高差90m；总体坡度25°～35°，局部40°。②边界条件。滑坡后壁为边界，高程约685m。前缘以泥石流沟为界，高程约595m，堆积体平均厚度为2m，滑坡纵向相对高差约90m，滑坡左、右两侧有明显滑坡周界。③滑坡体。滑体物质成分以含块（碎）石黏性土为主,块(碎)石含量30%～40%,最大直径1.0m,土层厚度2.0～3.0m,平均厚度约2.5m,体积约11 408m³。

(2)汪山头泥石流主沟下游右岸处发育的HP2滑坡(G1冲沟)(图4-27)。①地貌形态。根据已有的滑坡迹象及地形图测量,已滑滑体位于山坡中下部,平面上呈舌状,横向宽约10m,平面投影长约20m,面积约159m²,滑移方向为340°。高程分布在260～271m之间,相对高差11m,总体坡度25°～35°,局部40°。②边界条件。滑坡后壁为边界,高程约271m,前缘高程约260m,堆积体平均厚度约1m,滑坡纵向相对高差约11m,滑坡左、右两侧有明显滑坡周界。③滑坡体。滑体物质成分以含块(碎)石黏性土为主,块(碎)石含量30%～35%,最大直径约0.5m,土层厚度1.0～3.0m,平均厚度约2m,体积约540m³。

(a) 2016年9月

(b) 2021年12月

图4-26　HP1滑坡堆积物源

(a) 2016年9月

(b) 2021年12月

图4-27　HP2滑坡堆积物源

(3)汪山头泥石流主沟下游左岸处发育的HP3滑坡地貌形态(G2冲沟)(图4-28)。①地貌形态。根据已有的滑坡迹象及地形图测量,已滑滑体位于山坡中下部,平面上呈舌状,横向宽约20m,平面投影长约150m,面积约3000m²,滑移方向为335°,高程分布在560～

640m 之间,相对高差 80m,总体坡度 25°～30°,局部 40°。②边界条件。滑坡后壁为边界,高程约 640m,前缘高程约 560m,堆积体平均高度为 2m,滑坡纵向相对高差约 80m,滑坡左、右两侧有明显滑坡周界。③滑坡体。滑体物质成分以含块(碎)石黏性土为主,块(碎)石含量 30%～35%,最大直径约 1.0m,土层厚度 1.5～2.5m,平均厚度约 2m,体积约 6000m³。

(a) 2016年9月　　　　　　　　(b) 2021年12月

图 4-28　HP3 滑坡堆积物源

(4) 汪山头泥石流主沟中游左岸处发育的 HP4 滑坡(G2 冲沟)。①地貌形态。根据已有的滑坡迹象及地形图测量,已滑滑体位于山坡中下部,平面上呈舌状,横向宽约 5m,平面投影长约 60m,面积约 300m²,滑移方向为 70°,高程分布在 560～605m 之间,相对高差 45m,总体坡度 35°～45°,局部 50°。②边界条件。滑坡后壁为边界,高程约 605m,前缘高程约 560m,堆积体平均高度为 2.0m,滑坡纵向相对高差约 45m,滑坡左、右两侧有明显滑坡周界。③滑坡体。滑体物质成分以含块(碎)石黏性土为主,块(碎)石含量 20%～30%,最大直径约 1.0m,土层厚度 1.5～2.5m,平均厚度约 2.0m,体积约 600m³。

3. 强降雨

沟域内地下水不丰富,不构成引发泥石流的主要水源,沟域内没有水库、湖泊等集中的地表水体,因此暴雨形成的地表径流是引发泥石流的主要水源。该区地处亚热带湿润气候区,处于河流流域的暴雨集中区,多年平均降雨约大于 2000mm,具备引发泥石流灾害的降雨条件,且 G1 沟域面积 0.38km²,G2 沟域面积 0.21km²,沟内地形较陡,有利于地表降水的径流和汇集,这些因素为汪山头泥石流的形成提供了有利的水源条件。

各支沟泥石流在暴雨作用下大量汇集于沟道,汇流过程中将坡面松散泥砂及坡面的各类松散堆积物源携带进入沟道,并顺沟而下,通过沟道揭底冲刷卷动沟道内松散堆积物源,并将两侧沟岸松散固体物质带走,以滚雪球的方式下向游运动,从而暴发泥石流灾害。各支沟的汇流大部分进入主沟,主沟的水流量远大于支沟,而支沟泥石流的固体物质则部分停积于沟口平缓开阔地段,部分汇入主沟,因而支沟泥石流往往在汇入主沟后被大大稀释,重度降低,而流量则从上游向下游逐步增大,冲刷能力增强,并将主沟两岸及沟底的松散固体物质带向下游。因此,主沟主要为黏性泥石流。

综上所述,汪山头泥石流流域内不良地质现象较发育,泥石流固体物源量较多,泥砂沿程补给充分,补给长度比90%,沟谷纵坡降300‰~495‰,总体较大,特别是沟源段有利于泥石流的形成。泗溪镇位于区域构造活动强烈区,沟谷下切和侧蚀作用强烈,地震活动强烈,有利于泥石流的发育。流域内虽植被总体上覆盖率较高,平均植被覆盖率大于60%,但局部地段坡面结构较松散,坡面滑塌现象发育,植被破坏严重,水土流失可能加剧,可为泥石流的发育提供一定的固体物源。区内主要出露第四系全新统人工填土(Qh^{ml})、崩坡积层(Q^{col-dl})、下白垩统馆头组(K_1gt)和燕山晚期侵入岩-花岗斑岩(γ)等,沿沟松散物总储量丰富,产砂区松散物平均厚度2~3m,松散物源丰富,沟岸山坡坡度一般为25°~35°,产沙区沟槽横断面为平坦型,有利于物源和水源的汇聚和泥石流的形成。G1沟域面积0.38km²,G2沟域面积0.21km²,相对高差445m,沟谷堵塞程度较严重。

五、防护措施

1. 防治方案

在2016年9月15日泥石流发生之前,坡脚工程建设对两条工程进行了工程治理,均采用了排导槽的治理措施,并在G1下游设置一道拦砂坝,但由于发生的泥石流规模较大,冲击力强,修建的拦砂坝和排导槽无法满足要求,直接导致了泥石流淤满拦砂坝,损坏排导槽,堆积至沟口空地和道路上。

泥石流发生后,经过重新勘查、分析泥石流发生的机理,测算最大一次冲出量,分别扩大了两条冲沟排导槽的尺寸以及提高材料的强度,并在G1冲沟内增加至4道拦砂坝,G2冲沟内增加一道拦砂坝,对泥石流进行治理(图4-29~图4-31)。

2. 防治效益分析

泥石流发生前修建的拦砂坝和排导槽无法满足泥石流的体量要求,因此在泥石流发生后重新设计并修建了更多的拦砂坝。目前拦砂坝的总库容可以消除至少一半以上的泥石流冲出量,经过拦挡之后粗粒物质被拦在库内,细粒通过排导槽可以顺利排向下游。该治理工程保护了泗溪镇数千人的生命财产安全,使当地居民能安居乐业,具有重要的社会效益和经济效益。

六、结论与启示

1. 结论

(1)汪山头泥石流地质灾害主要受台风暴雨的影响,地形地貌、物源条件和水源条件是泥石流发生的主要影响因素。

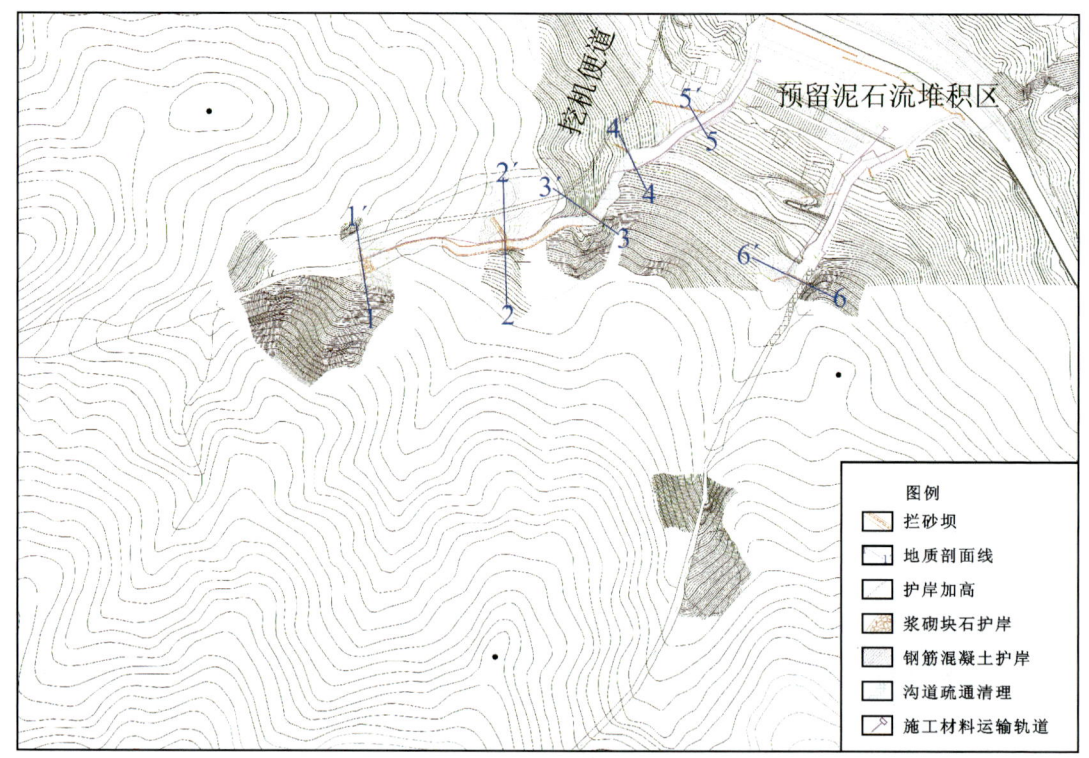

图4-29 汪山头泥石流防治工程平面布置图

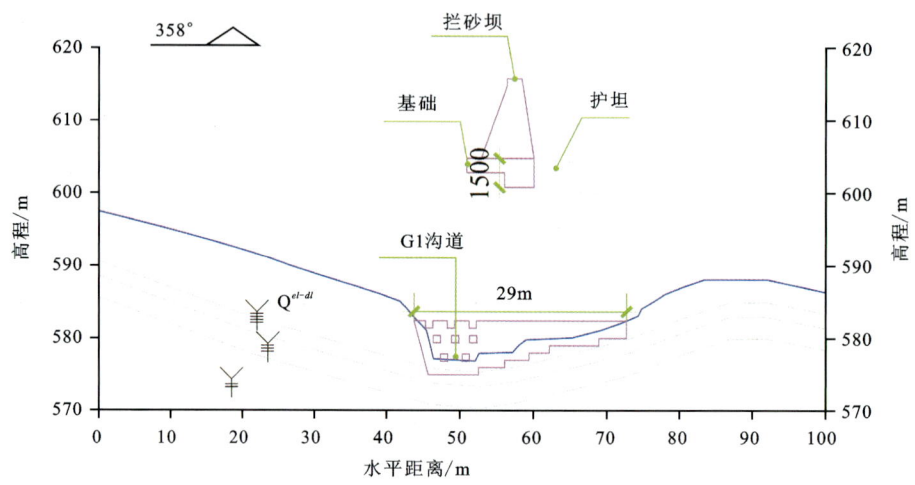

图4-30 汪山头泥石流G1沟防治工程剖面图

(2)流域范围内出露燕山晚期花岗岩,形成区地形坡度陡,基岩裸露,存在大量的崩塌危岩体,经过长期的风化、雨水的浸润,形成大量的崩塌堆积于沟道内,为泥石流的形成提供了大量的物源。

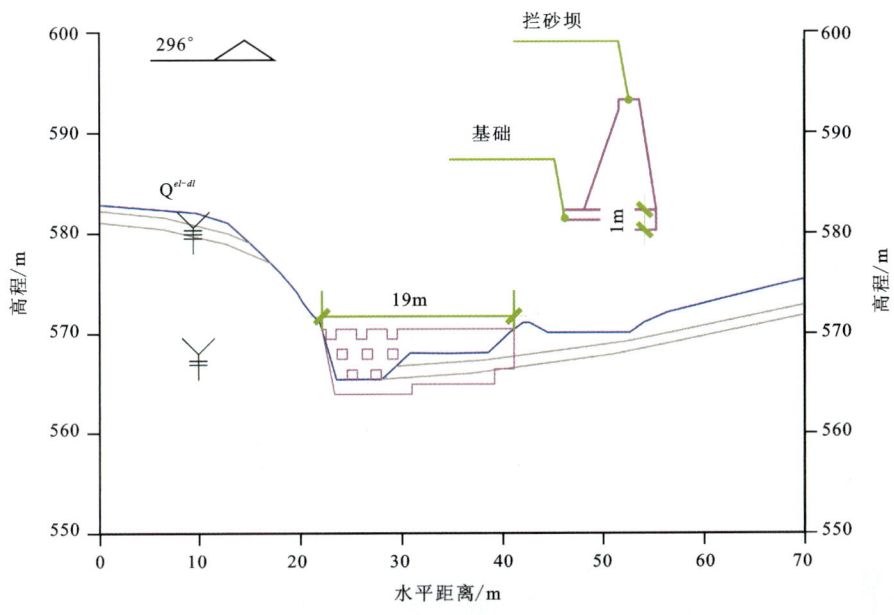

图 4-31 汪山头泥石流 G2 沟防治工程剖面图

（3）形成区地形两侧谷坡上分布一定厚度的松散层，地形坡度较陡，在强降雨的影响下，两侧谷坡上部形成滑坡，在下滑的过程中沿途铲刮坡面表层的残坡积土和下伏的破碎强风化基岩，形成坡面泥石流，汇入到沟道内，启动沟道内原有的堆积物形成泥石流。

（4）沿斜坡走向，在坡脚分布 S52 省道，沟口处由于坡度较缓，向内开挖整平场地进行工程建设，使得拟建工程挤占沟口，泥石流发生后直接对拟建场地造成危害，并对道路造成影响。

2. 启示

（1）主动防灾减灾。在工程建设和村庄规划前期，须开展地质灾害危险性评估，从源头控制并有效预防地质灾害的发生。

（2）从静态到动态，从历史角度分析。在地质灾害防治中，不仅要考虑当前的地质条件，还要考虑历史上的灾害发生情况，从而更好地预测和防范未来的灾害。

（3）在设计地质灾害防治工程方案时，要重视前期的勘查工作，查明地质灾害的形成机理、破坏形式以及一次性的最大冲出量，有针对性地开展设计方案编制，否则无法起到有效的防护作用，可能造成更加严重的损失。该冲沟沟口的工程在当时尚处于地块整平阶段，未投入使用，若发生泥石流时已投入使用，后果将不堪设想。

（4）系统防治的理念。地质灾害的防治不应仅仅依靠单一的措施，而是要采取系统性的防治措施，包括搬迁避让、监测预警、工程治理、生态和周边景观的和谐等方面，以提高地质灾害的综合防范能力。

第四节　永嘉县岩坦镇山早滑坡

一、基本情况

2019年8月10日凌晨,受超强台风"利奇马"带来的特大暴雨等因素影响,山早村发生重大自然灾害,位于村东约200m处的山早溪北侧山体发生滑坡。滑体坐标:东经120°40′18.6″,北纬28°32′6.4″。滑体纵长160～200m,横宽80～120m,平均厚度约5m,属于浅层滑坡,总方量约48 000m³,属于小型浅层滑坡。滑坡剪出口位于斜坡坡脚公路开挖边坡上,开挖边坡高度3～9m,坡度45～65°,裸露未进行支护,坡体以强—中风化基岩为主。

图4-32　山早滑坡地理位置图

图 4-46 房屋淹没水位高度

四、成因机制分析

1. 滑坡影响因素

(1) 地形陡峭。滑坡发生区域斜坡陡峭,坡度达 37°,为滑坡下滑提供了强大的势能。其次,滑坡启动于斜坡转折端,而在转折端部位应力集中。

(2) 岩体风化强烈。滑体岩土体物质组成主要为残坡积层和强风化凝灰岩,斜坡存在明显的差异风化界面(节理面)。残坡积层土体孔隙发育,遇水易软化,强风化岩体结构碎裂,泥化特征明显,裂隙为降雨入渗提供了快速通道。地下水在强弱风化界面下渗受阻,形成软弱滑带。

(3) 发育不良结构面。滑体区发育两组呈"V"形的顺坡向节理,产状 185°∠50°、243°∠46°,其次发育一组顺坡向的节理,产状 119°∠58°。3 组节理组合为滑体启动提供了优势结构面。

(4) 极端降雨。短时间强降雨是山早滑坡的直接诱发因素,滑坡发生前期 3 小时降雨量接近 135mm。滑坡区域表层残坡积层和强风化岩体结构松散,渗透性好,底部弱风化岩体结构完整,渗透性差,在滑面附近容易形成软弱滑带,极大地降低岩土体抗剪强度。使用 Abaqus 计算了实际降雨条件下的滑坡稳定性特征(位移、应力及塑性区)(图 4-47~图 4-49),结果表明,在上述降雨条件下,山早斜坡会发生明显变形及失稳破坏,且塑性贯通区与实际滑动带基本一致。由此可见,短时间的极端降雨是山早滑坡发生的最重要影响因素。

(5) 人类工程活动。滑坡区坡脚为县道,依山而建,由于地形陡峭,公路修筑时形成了高度 5~8m 的人工边坡,揭露了岩体的差异风化界面,使斜坡下部的岩土体失去支撑,从人工边坡高度的 3~5m 处发生剪出破坏。

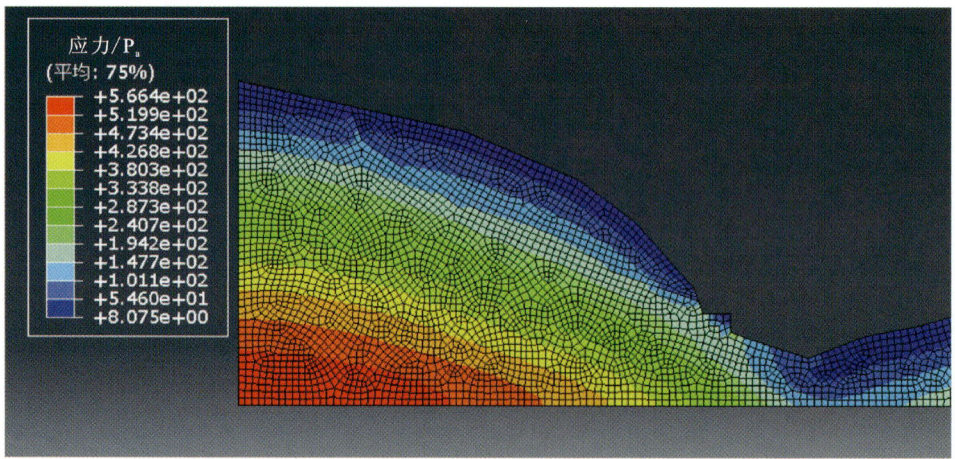

图 4-47 暴雨工况下山早滑坡应力分布图

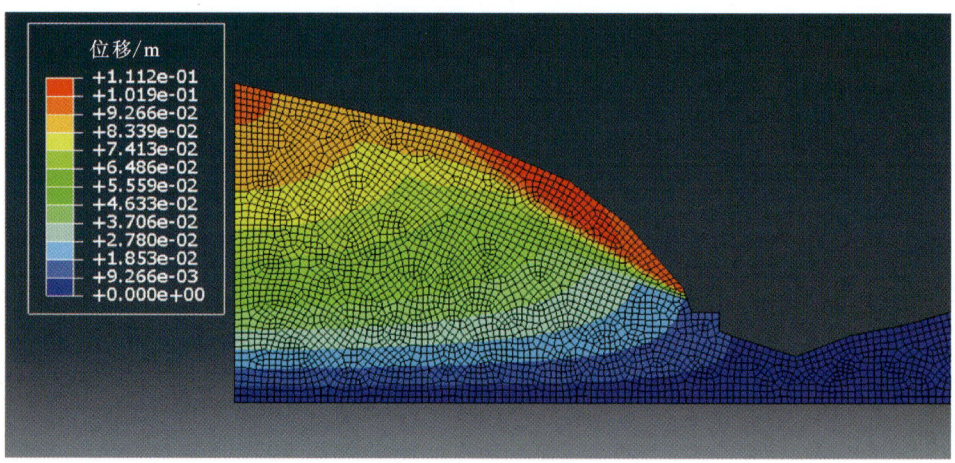

图 4-48 暴雨工况下山早滑坡位移分布图

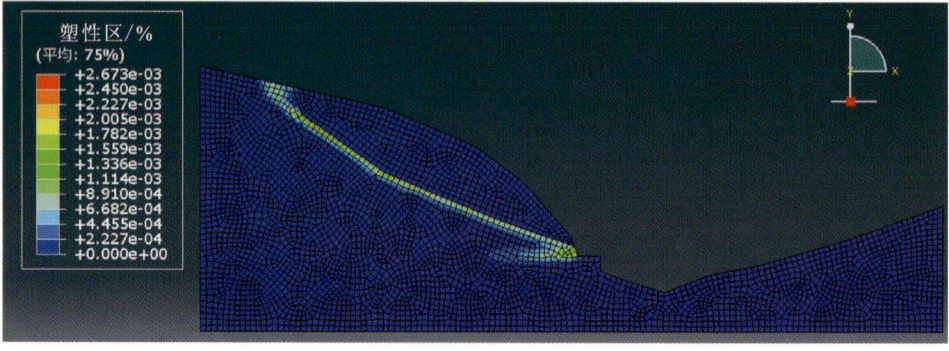

图 4-49 暴雨工况下山早滑坡塑性区分布

2. 成灾机制综合分析及稳定性评价

台风过境带来的极端降雨(过程降雨量547mm,3小时降雨量135mm,1小时最大降雨量66mm)一部分在坡体转折端汇聚成高强度的地表径流,冲刷斜坡表层的残坡积土体,形成洪流;另一部分沿狂风摇曳杉树松动的根系裂缝、表层残坡积土体孔隙及强风化凝灰岩裂缝逐渐下渗,导致土体软化、黏聚力及抗剪强度下降,地下水到达强弱风化界面下渗受阻,形成光滑的下垫面。10日4时左右,在重力作用下,坡体转折端浅表层的残坡积及强风化凝灰岩土体沿呈梯形顺坡向的3组节理面发生蠕动滑移,产生变形破坏,形成滑坡。滑体在坡脚高陡切坡中上部剪出,迅速冲入河道,形成高10m的堆积体堵塞河道,使山早溪上游水位迅速上涨至14m,淹没上游的山早村,形成灾害,导致人员伤亡,后又在洪流的不断冲刷作用下,10~20min以后,堆积体被洪流冲刷失稳,大量堆积体被带离河道,洪流倾泻,水位迅速降低。

利用有限元软件Geostudio对降雨前后的滑坡稳定性进行了定量评价,使用滑坡发生前的实际降雨量作为边界条件,模拟结果如图4-50~图4-53所示。当没有降雨时,滑坡剖面的稳定性系数为1.220,属于稳定状态。但是当添加降雨之后,滑坡的稳定性系数变为0.965,位移最大1.16m,表明坡体会失稳滑动。需要说明的是,由于Geostudio软件属于有限元软件,无法直接分析地表大变形,因此1.16m的位移值表明滑坡体变形较大。

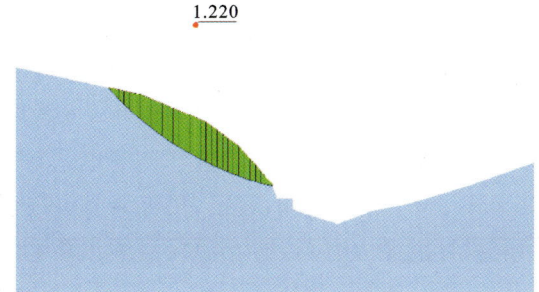

图4-50 降雨前的滑坡稳定性模拟结果

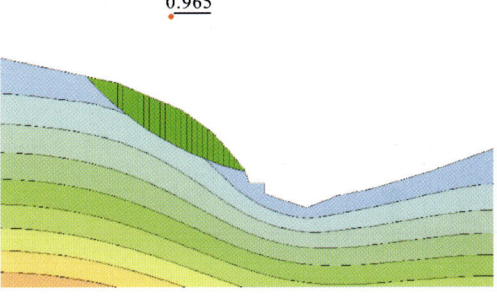

图4-51 降雨后的滑坡稳定性模拟结果

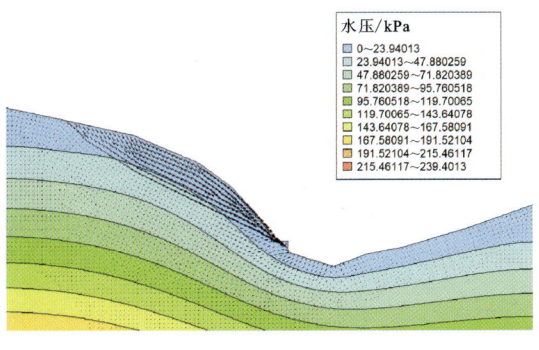

图4-52 降雨工况下坡体内渗流场

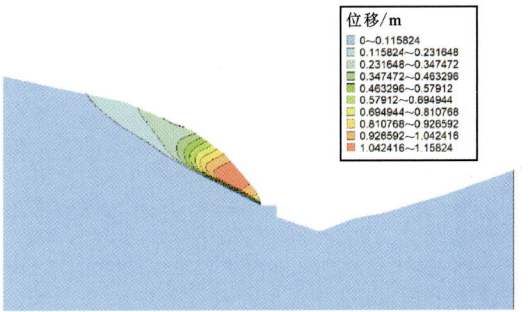

图4-53 降雨工况下坡体位移模拟结果

五、结论与启示

1. 结论

山早滑坡是小型浅层岩质滑坡,其发生主要受到地质构造、岩体风化、降雨等因素的影响。滑坡的发展过程可以分为山体开裂、滑移剪出、滑体堆积、停止滑动等阶段。堆积体堵塞山早溪,淹没村庄内位于岸边低矮处的房屋,是造成人员伤亡的直接因素。本次滑坡灾害是一次强降雨引发山体滑坡和山洪,滑坡堆积体堵塞河道致水位暴涨,从而致灾的典型链式灾害形成过程,对于浙东南强降雨引发的滑坡及次生灾害链具有重要的研究意义与价值。

2. 启示

(1)加强地质灾害的监测预警预报。在地质灾害易发区,特别是地质灾害隐患密度高的村庄,应做好降雨雨强的监测,在超过区内预警的降雨阈值,特别是雨强突破历史极值时,应做好人口集聚区内的人员临时避让与撤离。

(2)加强地质灾害链深入研究工作,做好综合避让措施。在地质灾害易发区、危险区和风险区段,有地质灾害可能引发其他次生灾害,形成链式灾害,存在造成人员伤亡可能的,应根据不同灾种做好相应避让和防治决策,减少次生灾害造成人员伤亡。

(3)强化地质环境保护意识,提高全民防灾减灾能力。在人口集聚区附近,有人类工程活动的地质灾害易发区应做好地质灾害危险性评估工作,并按要求做好相应地质灾害防治措施。在桥隧施工过程中,严禁无序挖掘,应时刻注意对周边地质环境的破坏和影响。在桥隧完工后,严禁将弃渣置于斜坡和沟谷之中。对于有一定流域规模的河道,要经常性开展河床沉积物评估工作,避免因人为因素造成河道堵塞或行洪能力减弱,防止河床自然淤积和人为堆积造成水位高涨。

(4)引导政府开展区域综合治理工程。在地质灾害易发区、危险区和风险区高度重合叠加区,特别是存在地质灾害极高、高风险区的重点地质灾害风险防范区,政府应结合国土空间规划、全域土地综合整治、生态修复、水利工程等,采取以避让搬迁为主、工程治理和专业监测相结合的区域综合治理,从源头上降低地质灾害风险。

(5)扩大地质灾害防治知识的宣传教育面。地质灾害防治相关知识不仅是受威胁范围内的普通老百姓需要了解掌握,参与工程活动的政府组织、法人机构、社会团体和零散施工团队等更加需要掌握,可以有效帮助其在山区土建工程、桥隧工程、水利工程等作业时,对于单体工程引发地质灾害的可能性进行提前预判,从而减少或避免地质灾害的发生。

第五节　遂昌县苏村滑坡

一、基本情况

受台风"鲇鱼"集中强降雨的影响,2016年9月28日17时28分,遂昌县北界镇苏村(破崩坛自然村)东北侧山体发生滑坡,滑坡物质滑动过程中沿途刮铲并推动山麓地带原有崩积物,冲毁和掩埋下方村庄,堆积至对岸山体,堵塞河道形成堰塞湖(图4-54)。滑坡纵长约950m,横宽100~340m,总平面积约$18.4 \times 10^4 m^2$,总体积约为$154 \times 10^4 m^3$,为一大型中深层岩质滑坡,造成26人死亡、2人失联,毁坏房屋31栋,冲毁坡脚汤苏公路、桃源溪河道约450m,直接经济损失超2000万元,属特大级灾情。

滑坡发生前部分已撤离人员返回家中做晚饭导致被掩埋。滑坡发生后,浙江省委省政府和各级人民政府高度重视,武警部队官兵连夜赶赴灾区,上百台重型装备进驻苏村搜救被困人员,同时开展应急抢险工作,疏通河道,修建道路,至10月25日,前缘桃源溪渠道挖通,应急救援工作结束。

图4-54　苏村滑坡交通位置图

二、孕灾地质条件

1. 地理位置

苏村滑坡位于遂昌县北界镇苏村,滑坡体前缘有县道直通S222省道及龙丽高速公路,交通较为便利。

2. 地形地貌

勘查区位于构造侵蚀低山区,区内最高高程965.5m(位于滑坡体北东侧),坡脚村庄处高程303～317m,相对高差约660m,总体地形上陡下缓,上部自然坡度30°～45°,局部可达60°以上,坡脚及坳沟地段坡度15°～25°。

滑坡区高程介于320～780m,相对高差460m。地形上陡下缓,高程420m以上自然地形坡度一般在25°～50°之间,高程420m以下地形坡度相对较缓,坡麓处为村庄、梯田。滑坡前表层植被较发育,除村庄、梯田及局部基岩裸露处外,其余均被植被覆盖,滑坡后地表地形改造强烈,形成一长条状沟槽,表部植被破坏殆尽。

3. 地层岩性

勘查区出露地层有第四系松散层以及燕山期侵入岩,各地层岩性特征简述如下。

1)第四系松散层

(1)残坡积层Qh^{al-dl}。主要分布于勘查区山体缓坡平台及坡麓地段,以灰黄色含碎砾石粉质黏土为主,结构松散,厚度一般1～2m,局部可达3m以上。

(2)全新统冲洪积层Qh^{al-pl}。主要沿桃源溪呈狭长条带状分布于河床及两侧阶地,由灰黄色砾石、砂砾石组成,含漂(孤)石,磨圆度较好,分选性较差,结构松散,两侧阶地表层多覆盖有薄层耕植土。该层厚度一般2～4m。

(3)崩积层Qh^{col}。主要位于桃源溪北岸山体斜坡中下部,南岸少见,以棱角—次棱角状块石为主,块石直径以0.2～1.0m为主,最大可达10m,岩性多为肉红色细粒花岗岩,少量为浅肉红色二长花岗岩,厚度变化较大,滑坡区附近厚度3～8m,其余区段小于2m。

(4)滑坡堆积物。主要分布于苏村所在区域及北侧和西侧山体斜坡区、南侧桃源溪两侧,岩性主要以碎块石为主,密实度较差,杂乱无章,以中风化细粒花岗岩为主,夹杂流纹岩、玄武玢岩及二长花岗岩等,块径0.3～1.0m,局部巨石可达10m,呈棱角状和块状,碎块石含量60%～80%,其余为砂,粉质黏土含量稀少。

2)侵入岩

(1)斑状中粗粒二长花岗斑岩。分布于勘查区南西侧,浅肉红色,斑状结构,基质具细粒半自形—他形粒状结构,块状构造,斑晶含量约占60%。矿物成分主要为钾长石、酸性斜长石、石英,钾长石斑晶多呈半自形短柱状粒度2.5～7.5mm,最大可达15mm;酸性斜长石多呈半自形板条状,粒径2～7mm,基质由钾长石、石英及黑云母组成,可见少量的磷灰石。新鲜岩石致密坚硬,抗风化能力较强,山凹及缓坡面岩石风化较强烈,呈砂土状、砂夹块石状出露。

(2)斑状细粒花岗岩。分布于勘查区北东侧,肉红色,斑状细粒花岗结构,块状构造。矿物成分主要为钾长石(30%～40%)、斜长石(25%～30%)、石英(30%～35%)及微量黑云母等,粒径1～1.5mm。岩石结构致密坚硬,苏村东北侧一带受断层影响,岩体节理发育,破碎。根据区域地质资料,两者呈侵入接触关系,后期的斑状细粒花岗岩以高角度侵入早期的二长花岗岩之中。

此外,勘查区及周边共见4条岩脉,主要为闪长玢岩脉、霏细斑岩脉、流纹岩脉和玄武玢岩岩脉,玄武玢岩岩脉主要存在于滑坡体后壁,闪长玢岩脉、霏细斑岩脉出露于滑坡体外围双溪口村的北西、北东侧公路边坡处,流纹岩脉沿F2断裂上盘侵入,岩脉一般出露宽度0.5～1.0m,个别可达十余米,侵入接触面较陡。

4. 气象水文

本区多年平均降雨量在1515～1878mm之间,相对多雨期为每年的3—6月、9—10月,约占全年总降雨量的68%。滑坡发生前,据邻近王宅桥雨量站(直线距离苏村约1km)2016年9月28日—10月5日期间的监测数据资料,过程总降雨量为189.8mm,单日最大雨量近120mm(9月28日),如图4-55、图4-56所示。

滑坡体前缘为桃源溪,为灵山港支流,属钱塘江水系。桃源溪流域面积约74km²,主沟长18.6km,滑坡所处河段宽10～20m,平时水深0.3～0.5m,水流量0.5m³/s,雨季时水流量较大,水深1～3m,水流量较大,村庄附近河道两侧采用浆砌块石护岸。

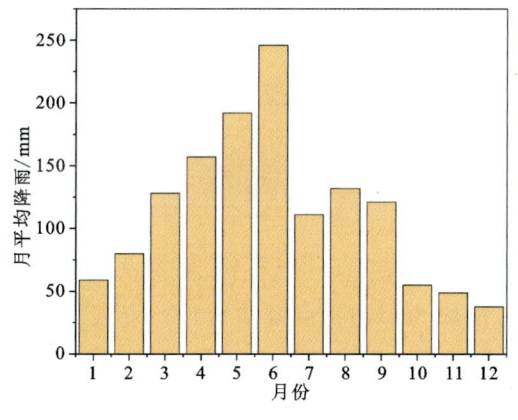

图4-55 苏村多年平均月降雨量

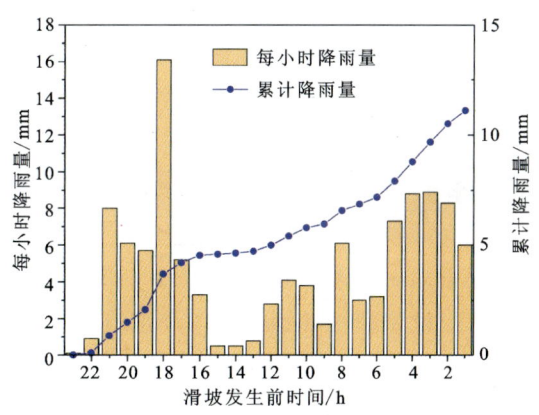

图4-56 苏村滑坡发生前24h降雨量

三、滑坡发育及运动特征

根据形成和运动过程的阶段性特点可将滑坡划分为滑移-崩塌区和滑动-堆积区两个区域(图4-57、图4-58)。

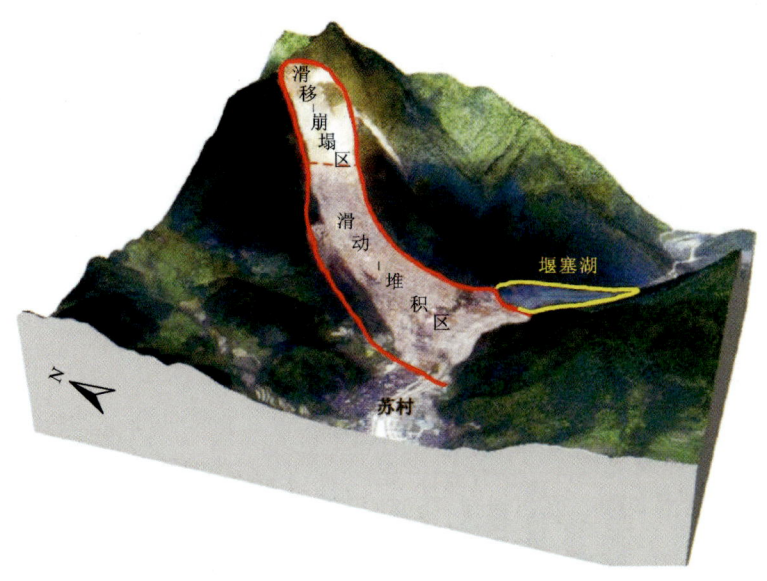

图 4-57　苏村滑坡分区示意图

1. 滑移-崩塌区特征

1）位置范围及规模

滑坡滑移-崩塌区位于苏村北西侧标高在 590~780m 山体斜坡中上部，相对高差在约 190m，上部地形坡度相对较缓，前缘临空面坡度在 40°~55°之间，坡面南北长约 220m，东西宽 70~150m，面积约 $2.1×10^4 m^2$。参照 1∶10 000 地形图及滑动前照片复原滑动前的地形，可估算滑移崩塌总体积约 $58×10^4 m^3$，滑动后上部残留 $34×10^4 m^3$，已下滑岩土体约 $24×10^4 m^3$。

2）变形破坏特征

根据多时相遥感影像图（图 4-59）及前期的现场照片（图 4-60）分析，滑坡区后缘分布半圆弧形拉张裂缝，断断续续，局部有下错和连通，前缘为一凸出的陡峭岩壁。受长期降雨影响，自 2016 年 7 月上旬开始，滑坡后缘裂缝持续扩展、连通和下错，南西侧周界初步形成，9 月 26 日南西侧周界与后缘贯通，周界处岩石受挤压沿冲沟坍塌，至滑坡发生当日后缘及两侧裂缝完全贯通。随着降雨大量下渗，滑坡体自重增加，滑动面抗剪强度降低，再加上部岩土体失稳滑移挤压和自重等综合作用，滑坡体整体失稳下滑，前缘凸出的岩体沿顺坡向结构面剪出、坠落，形成一圈椅状地形。

滑动后，前缘岩土体沿临空面剪出，后缘仍残留了大量岩土体，根据其所处的位置、滑动变形特点等分为 YH1、YH2 两个区域（图 4-61）。

（1）YH1 特征。位于滑移-崩塌区北部，现状高程 705~780m，表部呈台阶状，整体错动形成两级滑坡平台，错动方向约 180°。该区轴线长约 100m，宽 55~95m，面积约 $7500m^2$，滑坡体厚度 13~25m，平均厚约 18.0m，隐患体积约 $13.5×10^4 m^3$。

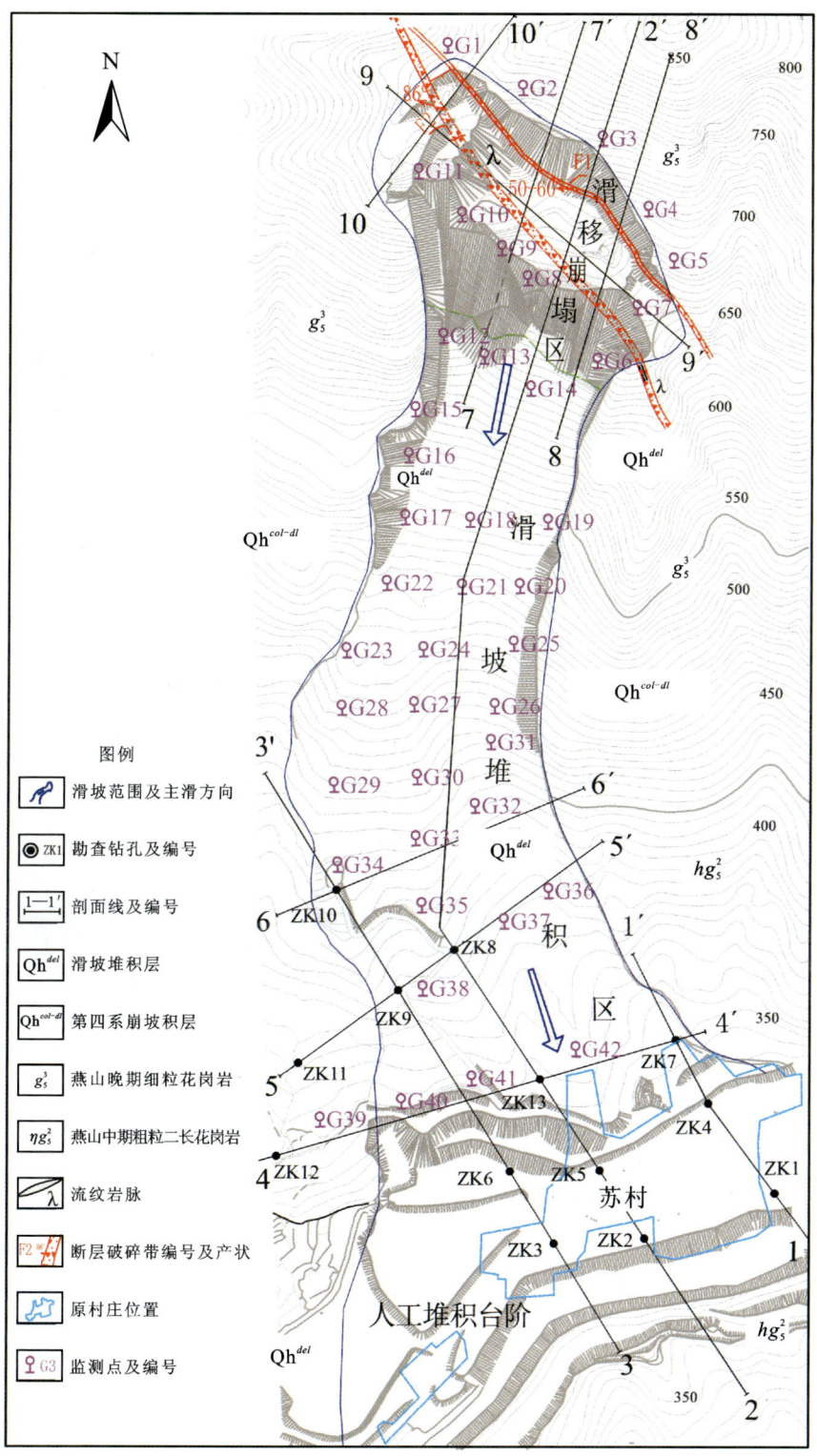

图 4-58 苏村滑坡工程地质平面图

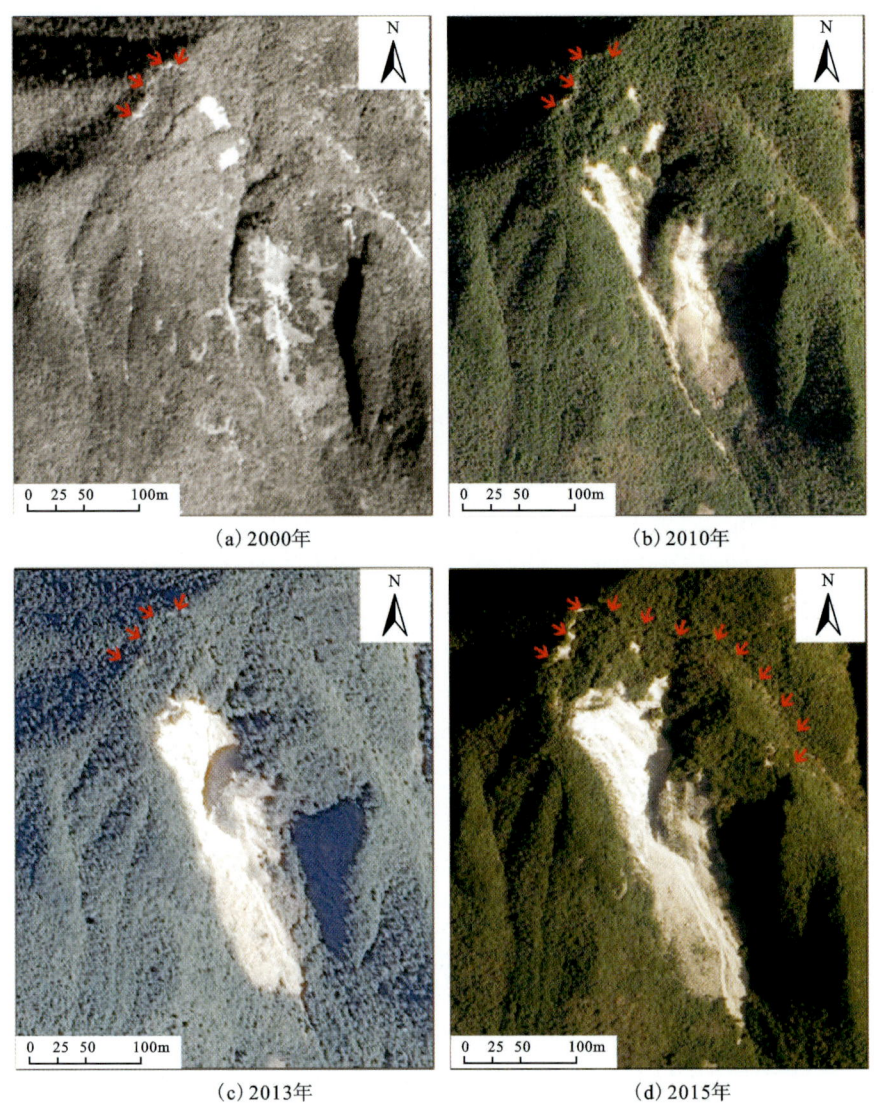

图 4-59　苏村滑坡多时相遥感影像图(Ouyang et al. 2018)

YH1 变形特征主要表现为一系列拉张裂缝、滑坡台阶及岩土体碎裂变形(图 4-62)：①滑坡裂缝(台阶)。均位于滑坡台阶处，共发现 9 条，裂缝延伸长 8～60.0m，宽 0.1～2.0m，最大可见深度 1.0m，总体走向近东西，裂缝性质均为张性，除靠近台阶边缘处为新裂缝外，其余均为老裂缝再次错动形成。②滑坡后壁。位于山脊部位，后壁高 2～14m，走向近东西，断续延伸长约 60m，倾角 65°～75°，顶部第四系残坡积层厚 0.8～1.5m，其下为中等风化状的细粒花岗岩，岩石较破碎，节理裂隙发育，根据现场调查，该滑坡壁上部岩石表面灰暗，底部岩石面较新鲜，推断该滑坡壁为老滑坡壁再次下错形成。③滑坡边界。滑坡体西侧临空，边界沿下伏较完整基岩面分布，东侧边界沿 F1 断层壁展布，舒缓波状，走向北西，高 14.8～44.6m，倾角 45°～55°。

第四章 台风暴雨诱发地质灾害典型案例

(a) 启动区滑坡前全貌

(b) 南侧边界 (2016年7月8日)

(c) 周界逐渐贯通 (2016年9月26日)

(d) 冲沟处岩石塌坍 (2016年9月26日)

图 4-60 苏村滑坡滑动前至滑动后的现场照片

图 4-61 苏村滑坡滑动后滑移-崩塌区全貌

107

图 4-62 苏村滑坡滑移-崩塌区 YH1 区域宏观变形现场照片

②YH2 特征。位于滑移-崩塌区的南部,宽约 150m,轴向长约 90m,面积约 $1.35 \times 10^4 m^2$,滑坡体平均厚约 15.2m,隐患体积约 $20.5 \times 10^4 m^3$。

YH2 变形特征主要表现为拉张裂缝、滑坡台阶、滑坡洼地及岩体挠曲变形等(图 4-63):①滑坡裂缝(台阶)。主要位于南端滑坡形成的小山包处,共发现 8 条,裂缝延伸长 6~37.0m,宽 0.2~2.5m,最大可见深度大于 3.0m,其余地段表部均为碎块石,裂缝不明显。裂缝以拉张裂缝为主,为滑动时速度不同而形成,②-5、②-8 为剪切裂缝,且裂缝两侧有明显的落差,擦痕明显,为滑动时内部不同区块边界裂缝。②滑坡洼地。位于滑坡后壁下方,呈长条状,长约 40m,宽 5~8m,深 1~2m。③滑坡后壁。滑坡后壁沿 F1 断层面展布,呈舒缓波状,产状 260°~275°∠50°~60°,高 14.5~61.1m,顶部残坡积层多小于 1m,基岩为肉红色细粒花岗岩,岩石完整,节理裂隙不发育,滑坡壁局部可见断层泥,厚度 0.1~0.2m,干燥后易剥落。④滑坡边界。滑坡体北侧边界与 YH1 相连,南侧边界位于原山脊处,由于滑动挤压,原山脊处基岩严重变形、碎裂,靠冲沟一侧基岩崩落,沿冲沟堆积,堆积体体积约 $1.0 \times 10^4 m^3$。⑤岩体挠曲变形。位于前缘临空面南端,发育顺坡向节理(产状 250°∠52°),线密度 5~8 条/m,沿后壁下错受阻后,节理面发生挠曲变形,出现膝形褶曲。

3)滑坡体物质组成

YH1 上部分布有厚 1~3m 不等的含碎石粉质黏土,其下均为碎裂岩体,完整性差,呈碎裂状、碎块状,块径 0.5~2.0m 不等,灰色、灰黄色,新鲜岩面为肉红色,岩性为细粒花岗岩,F2 断层通过处夹流纹岩岩脉,脉宽 0.5~2m。

YH2 顶部有厚 0.5~2.0m 的含碎石粉质黏土,靠近后壁处为断层泥,其下为碎裂岩体,呈碎裂状、碎块状、散体状,灰色、灰黄色,新鲜岩面为肉红色,岩性为细粒花岗岩,局部夹流纹岩岩脉。

4)滑动带及滑床特征

YH1 滑移带深埋于地下,前缘与 YH2 相连,剪出位置难以确定。滑坡体为碎裂、碎块状岩体,根据物探解译结果,底部完整基岩显示为高阻,而上部破碎岩体显示为低阻,综合推断滑移面近似呈圆弧形,前缘与 YH2 滑移带相接(滑动面为高低阻界面),纵向上上陡下缓,横向呈两边高中间低的弧形。滑坡体滑床岩性由相对较完整的细粒花岗岩组成,岩质坚硬。

YH2 经过剧烈滑动后,周界清晰,对比滑坡发生前后的照片,前缘临空面靠近 8—8′剖面处基岩未滑动,其上部发育一条与临空面小角度斜交的节理,倾角较缓(15°~20°),滑动后部分被破坏,部分被岩土体覆盖。根据坡面岩石变形、地表裂缝发育情况,结合物探解译成果推断,滑坡体后缘受 F1 断层面控制,底部沿顺坡向节理面剪出。滑移面上陡下缓,上部倾角 40°~50°,下部变缓至 15°~20°,横向上呈北高、南低的勺形。滑床由相对较完整的细粒花岗岩组成,岩质坚硬(图 4-64)。

2. 滑动-堆积区发育特征

1)位置范围及规模

滑动-堆积区前缘临空面至桃源溪对岸堆积区域,现状高程在 320~620m 之间,相对高差约 300m,纵长约 750m,横向宽 100~340m,面积约 $15.0 \times 10^4 m^2$,平均堆积厚度约 8m,体积约 $120 \times 10^4 m^3$。

图4-63 苏村滑坡滑移-崩塌区YH2区域宏观变形破坏现场照片

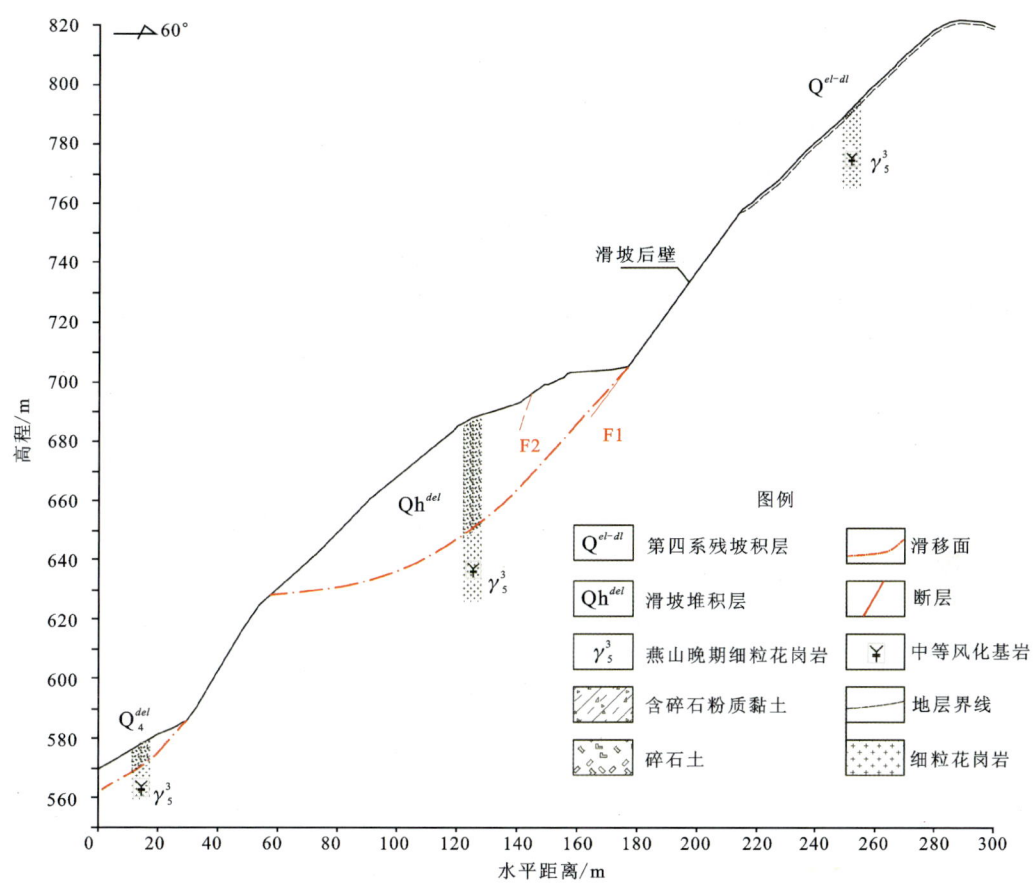

图4-64 苏村滑坡位移-崩塌区7—7'工程地质剖面图

2)岩土体特征

上部滑坡体滑动致使前缘凸出的岩体部分崩塌剪出、坠落,形成巨大的冲击力,引发下部原崩坡积层滑动,在该区中后部南西侧形成一槽形洼地,北东侧形成一垄状的翻边堆(图4-65),上部再次坠落的岩土体沿该洼地下滑、裂解和破碎,由于惯性作用和岩土体运动速度差异等,槽内沿途堆积松散岩土体,后缘由于不断塌落碎石土堆积,洼地形状已不明显。该区堆积岩土体有明显分区特征,中下部以大岩块为主,块径多大于0.5m,最大可达10m以上,小于5cm的少见,上部以碎块石为主,块径0.1~0.5m占50%以上,小于5cm的占30%~40%,大于1m的不足10%。

前缘堆积区滑坡体均由碎块石组成,原岩以细粒花岗岩为主,夹少量的粗粒二长花岗岩、流纹岩及玄武玢岩等,结构松散。碎块石块径大小不一,总体而言,前缘及中部主要由原崩积碎块石土流动后形成,加之搜救及应急排险时翻挖作业,呈碎块石夹砂土、粉质黏土等,靠近原河床部位,有冲积砂砾石充填其中,灰黄色,块径以0.2~0.6m为主,后缘均为滑动、裂解的块石,块石的大小主要受原岩内部节理面控制,块径以0.5~1.0m居多,最大可达

(a)南西侧槽形洼地　　　　　　　　(b)北东侧翻边埂

图 4-65　苏村滑坡滑动-堆积区现状

10m 以上。目前,前缘堆积体台阶式整平,河道以上共分为 5 个平台,平台宽度 6~45m,部分岩土体就近堆积,整平后堆积体厚度 5.9~17.6m(图 4-66)。

3)滑动带及滑床特征

滑坡上部大体积岩石滑动剪出、坠落,形成巨大冲击力,致使下部原崩坡积成因的碎块石土形成碎屑流。根据钻孔 ZK1~ZK8、ZK13 岩芯揭露,均未发现残坡积层含碎石粉质黏土层。碎块石层下均为全强风化砂土,而位于翻边埂及外围的钻孔 ZK9~ZK12 表部均有厚度不一的残坡积层含碎石粉质黏土层,推断下部堆积区滑坡体滑动时沿全强风化层顶部滑动,致使厚度较薄的含碎石粉质黏土层滑动,充填至上部的碎块土中,岩芯无法取出。因此,推断全强风化层顶面即为堆积区滑坡体的滑移面,纵向上后缘较陡(18°~22°),中部较缓(5°~12°),前缘反倾至桃源溪对岸山体,横向上呈舒缓波状,中间低、两侧高。

滑床由全强风化密实状砂土组成,透水性较差,呈灰黄色,滑床岩性稳定性较好。滑坡体纵向滑床从后缘至前缘由陡逐渐变缓,前缘反倾。

4. 苏村滑坡运动特征

使用颗粒流离散元软件 PFC 对苏村滑坡的运动特征展开模拟分析,利用滑坡发生前后的地形数据获得滑体,并分别建立了二维和三维地质模型(图 4-67、图 4-68)。在二维模型中,对崩塌区和铲刮区采用 0.3 的孔隙率随机生成颗粒,滑床采用规则排列的方法生成颗粒,最终滑床生成颗粒总数为 1 678 433,滑体颗粒总数为 8164。在三维模型中,孔隙率固定为 0.3,颗粒半径范围在 0.2~2m 之间,滑源区共生成 92 665 个球体。同时,为了更细致地分析滑体的运动特征,在二维模型中设置了多个监测颗粒,能够获得每个颗粒在不同时刻的位移和速度。

PFC 中采取平行黏结模型,使用双轴压缩试验进行宏观和细观参数的标定(图 4-69、图 4-70)。PFC 中的双轴试验要进行建模、伺服,继而加载,经过大量调试,最终参数标定结果如表 4-3 所示。对 PFC 模拟的宏观参数与实测宏观参数进行对比发现,二者差别在可接受范围之内,所以模拟苏村滑坡时可以使用标定的细观参数。

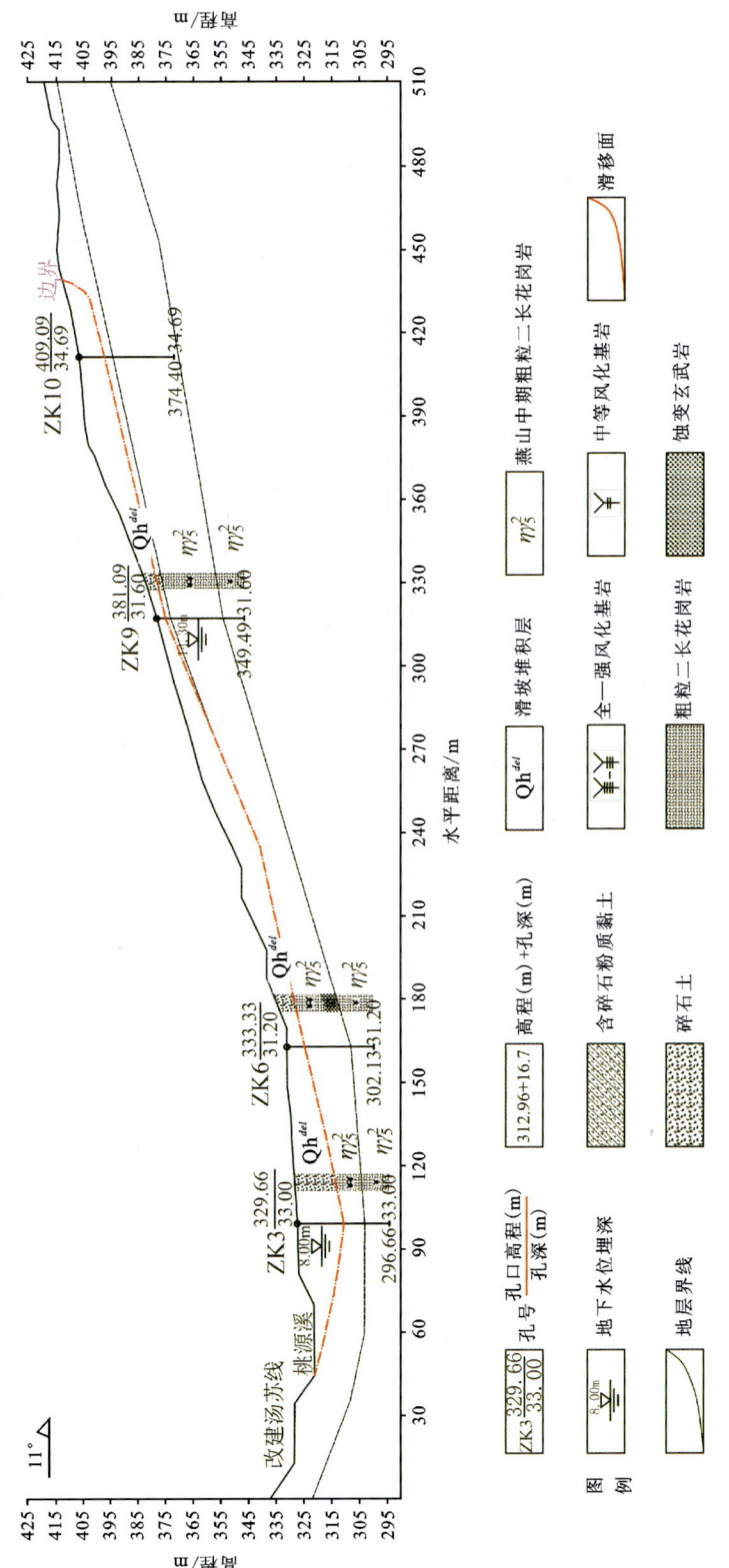

图 4-66 苏村滑坡滑动-堆积区 3—3′工程地质剖面图

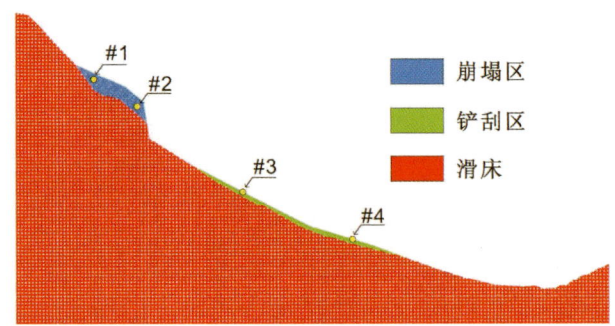

图 4-67 PFC 中苏村滑坡二维建模示意图

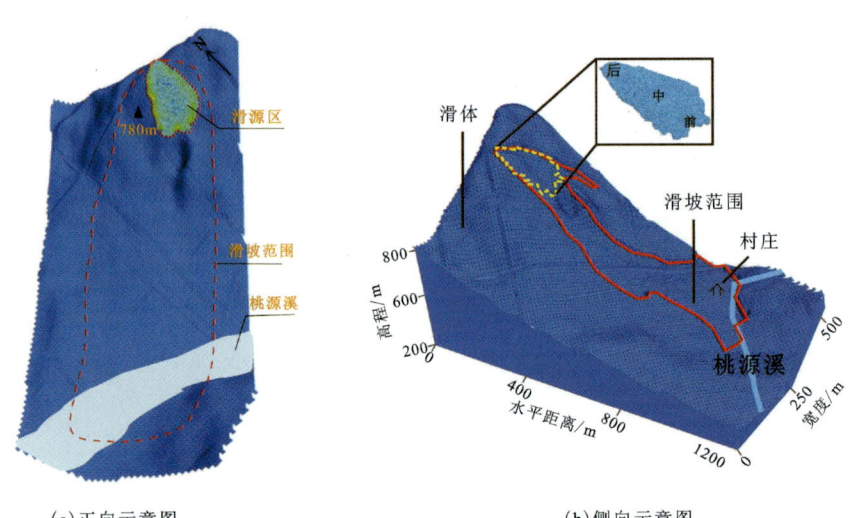

(a) 正向示意图　　　　　　　　(b) 侧向示意图

图 4-68 PFC 中苏村滑坡三维地质模型

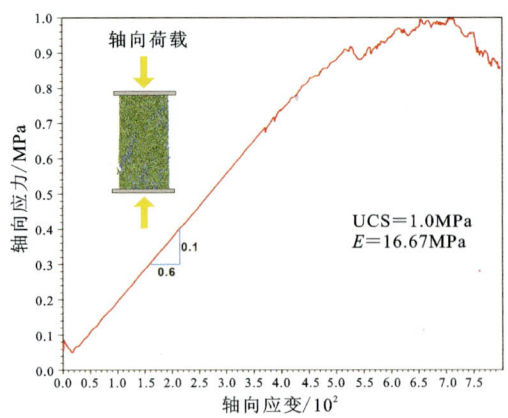 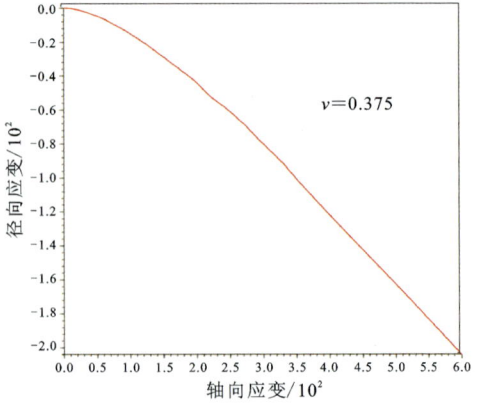

E. 弹性模量；UCS. 单轴抗压强度　　　　　　v. 泊松比

图 4-69 苏村滑坡 PFC 双轴压缩　　　图 4-70 苏村滑坡 PFC 径向应变-
试验应力-应变图　　　　　　　　　轴向应变图

表 4-3　苏村滑坡 PFC 模拟参数

宏观参数	密度/(kg·m^{-3})	内摩擦角/(°)	黏聚力/kPa	体积模量/MPa	剪切模量/MPa	泊松比
	2100	28	25	22.5	5.56	0.32
细观参数	密度/(kg·m^{-3})	有效模量/Pa	法向与剪切刚度比	黏结强度/kPa	抗拉强度/kPa	内摩擦角/(°)
	2100	1.0×10^8	3	5	3	28

使用 PFC 模拟苏村滑坡二维运动中选取了 4 个时间点观察滑坡的运动情况（图 4-71、图 4-72）。可以发现，当时间 $t=30s$ 时，滑体水平运动距离已经达到了近 800m，而在 30~100s 的时间范围内，滑坡的运动距离较小，这说明滑坡在运动的前 30s 内速度明显大于后半段速度。当 $t=100s$ 时，滑坡已经停止不动并且堆积在河道内。而速度的模拟结果显示，滑坡在运动开始后速度逐渐增大，在前 20s 的时间内，监测颗粒的速度均呈现较快速增长，且速度最大可达到约 60m/s（颗粒#2），但是随后颗粒的速度逐渐减小，在 80s 之后，所有颗粒的速度几乎停止。上述滑坡运动距离与速度的模拟结果与实际情况均较为相符，最终苏村滑坡水平运动距离约为 1km，最大速度达 10m/s，呈现出大型高速远程滑坡的特征。

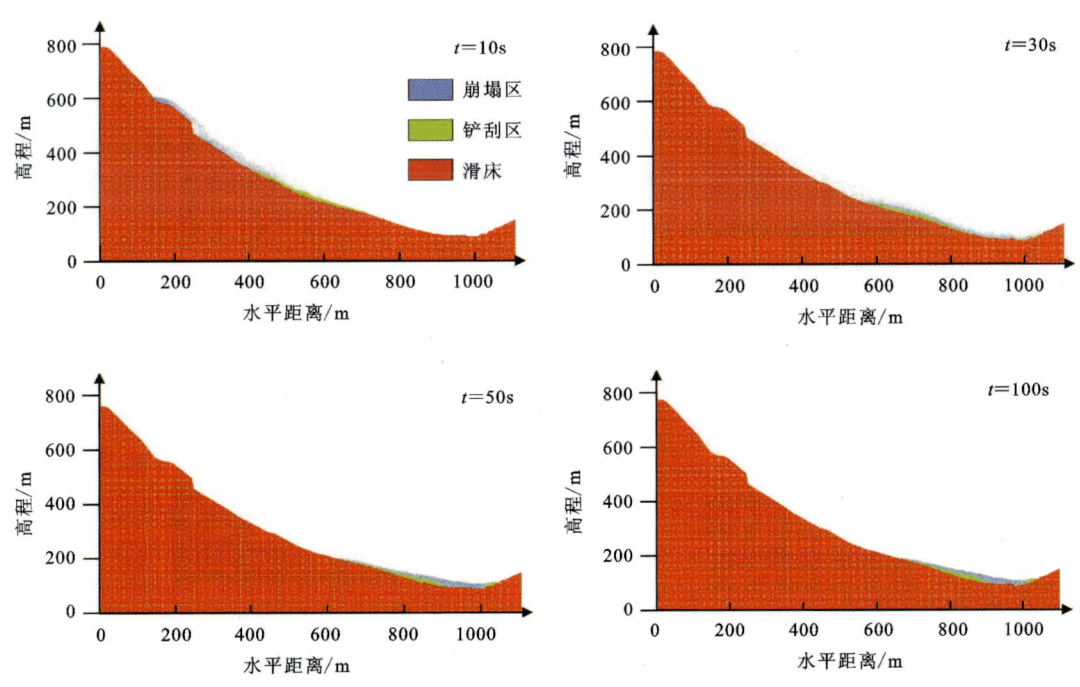

图 4-71　不同时刻苏村滑坡二维运动过程模拟结果图

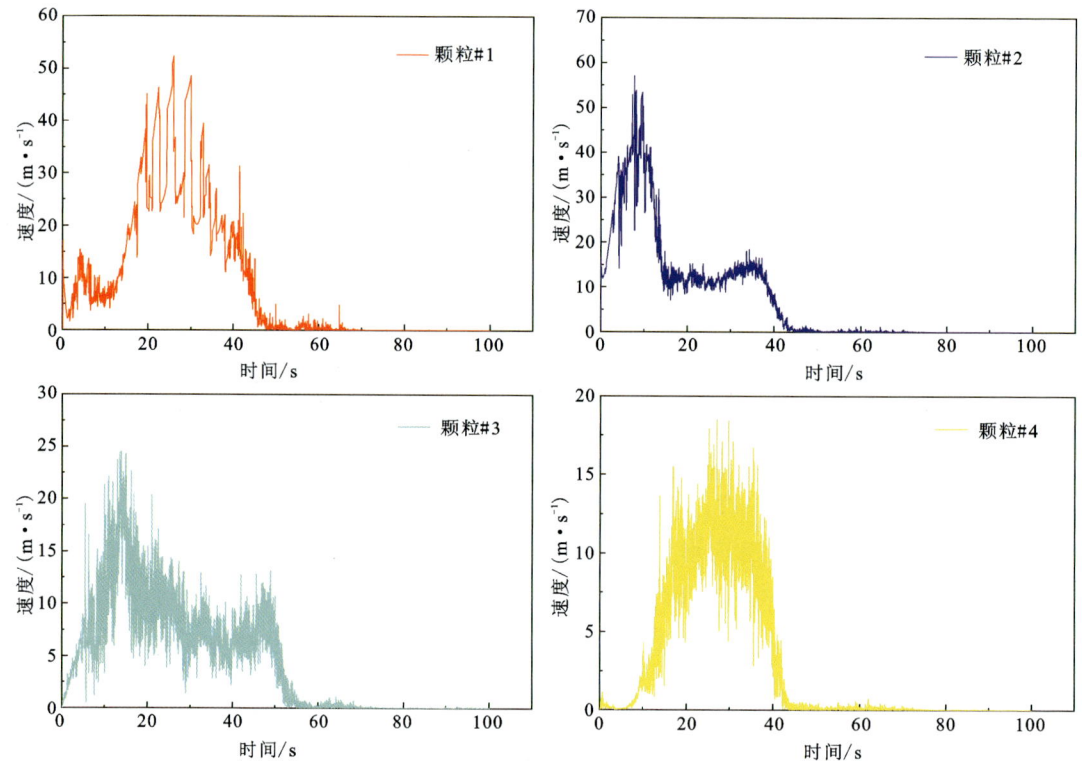

图 4-72　苏村滑坡 PFC 模型中 4 个监测颗粒的速度随时间变化的特征图

而苏村滑坡运动过程的三维模拟结果显示,在滑坡运动 30s 之后,滑源区滑体几乎已经全部下滑,当运动时间为 80s 时,除了少数颗粒还具有较大速度,绝大部分颗粒已经停止并堆积。与真实情况下滑坡堆积区范围的对比表明,滑坡模拟结果较为符合实际情况。特别是在滑坡主体范围的左侧以及右侧,有两个在地形上相对"突出"的位置,模拟结果也能够较为准确地模拟出这两个位置(图 4-73)。

四、成因机制分析

1. 地形地貌条件

苏村滑坡位于侵蚀构造低山区,山体斜坡相对高差大,坡度较陡,自然地形坡度 25°～40°,局部陡于 45°,特别是滑坡区存在凸出的陡峭岩壁,地形地貌有利于滑坡的发生。

2. 地层岩性条件

根据调查,滑坡区中上部为细粒花岗岩(新铺岩体),发育不利结构面,滑坡所在区发育多条断层,使得岩体呈碎裂状、碎块状结构,完整性差,极易发生崩塌、滑坡等地质灾害。下部均为崩坡积成因的碎块石土,结构松散,上部加载时易顺坡下滑。

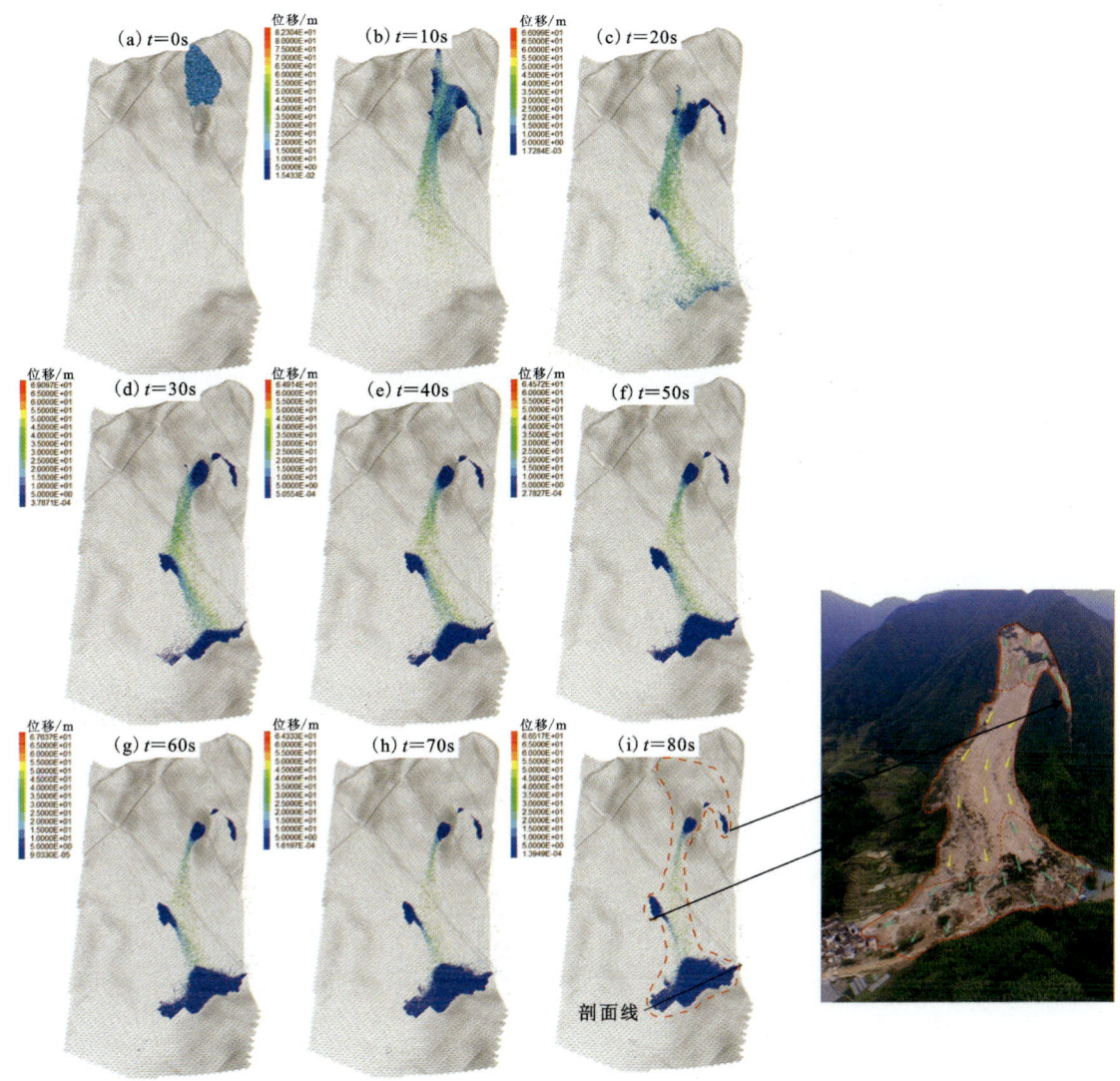

图 4-73 苏村滑坡三维运动特征

3. 地质构造条件

滑坡体上部发育 F1、F2 2 条断层。F1 断层倾向与山体坡向近一致，下盘岩石完整性好，上盘岩石完整性差，滑坡岩土体均位于该断层上盘，加之 F2 断层从滑坡体中部通过，致使滑坡区岩石愈加破碎，两侧陡倾节理切割，形成良好的边界，前缘临空面发育缓倾的不利结构面，从而引发滑坡。因此，地质构造也是该滑坡形成的重要内在因素。

4. 气象水文条件

滑坡发生当日，本区的日降雨量达 120mm，为大暴雨级别，降雨强度大且雨量集中，在雨水或地表水入渗作用下，滑坡区上部松散岩土体和破碎岩体自重增加，性质变差，后缘发生下错和局部失稳下滑，再加上水流入渗以后浸润软化滑动面使其抗剪强度变差且形成较大的水压力,进而引发滑坡。

为定量评估降雨条件对苏村滑坡稳定性的影响,在 Abaqus 软件中建立滑坡二维地质模型,使用实际降雨条件作为边界条件,模拟得到了在暴雨工况下苏村滑坡的应力、位移和塑性变形区的分布情况(图 4-74~图 4-77)。结果显示,在添加完 120mm 降雨边界条件后,滑坡后缘和坡脚的变形最大,且滑坡塑性区贯通,此时滑坡发生,模拟得到的塑性贯通区与实际剖面的滑动面情况相符。而根据 Abaqus 中强度折减系数确定此时滑坡的稳定性系数为 0.92,这表明在 120mm 日降雨量的条件下,苏村滑坡会发生失稳破坏。

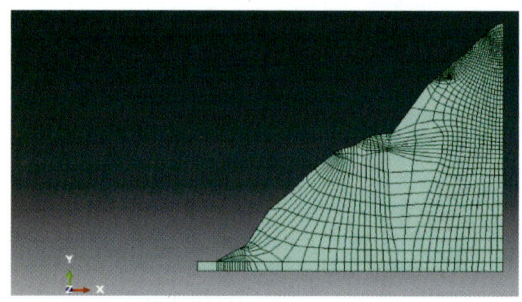

图 4-74　Abaqus 中的苏村滑坡地质模型

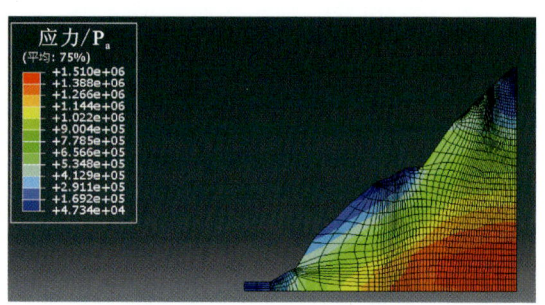

图 4-75　降雨条件下的苏村滑坡应力分布

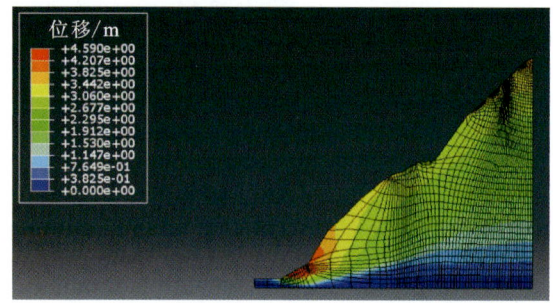

图 4-76　降雨条件下的苏村滑坡位移分布

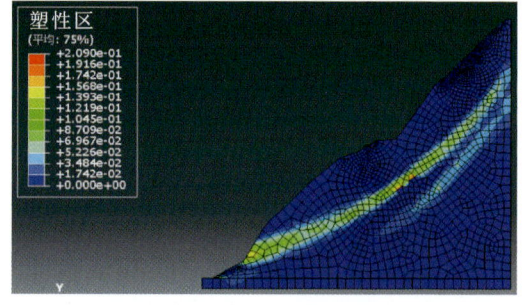

图 4-77　降雨条件下的苏村滑坡塑性变形区贯通

5. 滑坡成因机制综合分析

经过调查、访问,收集滑坡发生时及发生前后视频、照片对比分析发现,苏村滑坡为链式灾害过程,可分为山体开裂→滑移剪出→崩塌冲击→激发老崩坡积体滑坡→摧毁苏村→堵塞河道 6 个阶段,具体表现为上部(滑移-崩塌区)岩体受断层及节理互相切割形成碎裂状岩体,经过长期蠕动变形,周界逐渐贯通,在强降雨触发下,前缘部分凸出岩体沿顺坡向结构面崩塌剪出、高位坠落,形成巨大的冲击力,致使老崩坡积层碎石土沿下部基岩面(全强风二长花岗岩)流动,沿途形成槽形洼地,北东侧边缘形成长条状翻边埂,碎屑流摧毁了苏村,阻塞了桃源溪,至对岸山体受阻后壅高堆积。同时,后缘滑坡体继续挤压前缘岩体,致使前缘凸出岩体全部崩塌剪出,沿槽形洼地滑动,大部分岩块滑落至碎屑流后部裂解堆积,少量沿途堆积,后缘滑坡体下滑错动,形成高陡滑壁。整个过程不到 1min,垂直位移 300 多米,水平滑动距离在800m以上,平均滑动速度超过20m/s,垂直位移与水平位移比约0.5,属于大型高速远程滑坡。

五、滑坡治理措施

1. 防治措施

苏村滑坡的治理工程总体方案为:通过削方减载、坡面加固结合截排水、生态恢复等工程,确保上部滑移-崩塌区残留隐患体整体稳定,防止其大规模下滑造成下部滑坡堆积体失稳;中下部堆积区设置格宾石笼拦挡坝,减小后缘滑体削方量,利用滑坡南东侧天然冲沟修建溜槽提高削方运输效率,填方区设施挡墙防护,表部及边缘设置截排水沟,减少地表水下渗,填方区内部设置渗沟,快速排除地下水,并覆土种树等生态恢复措施提高滑坡的整体及局部稳定性(图4-78)。

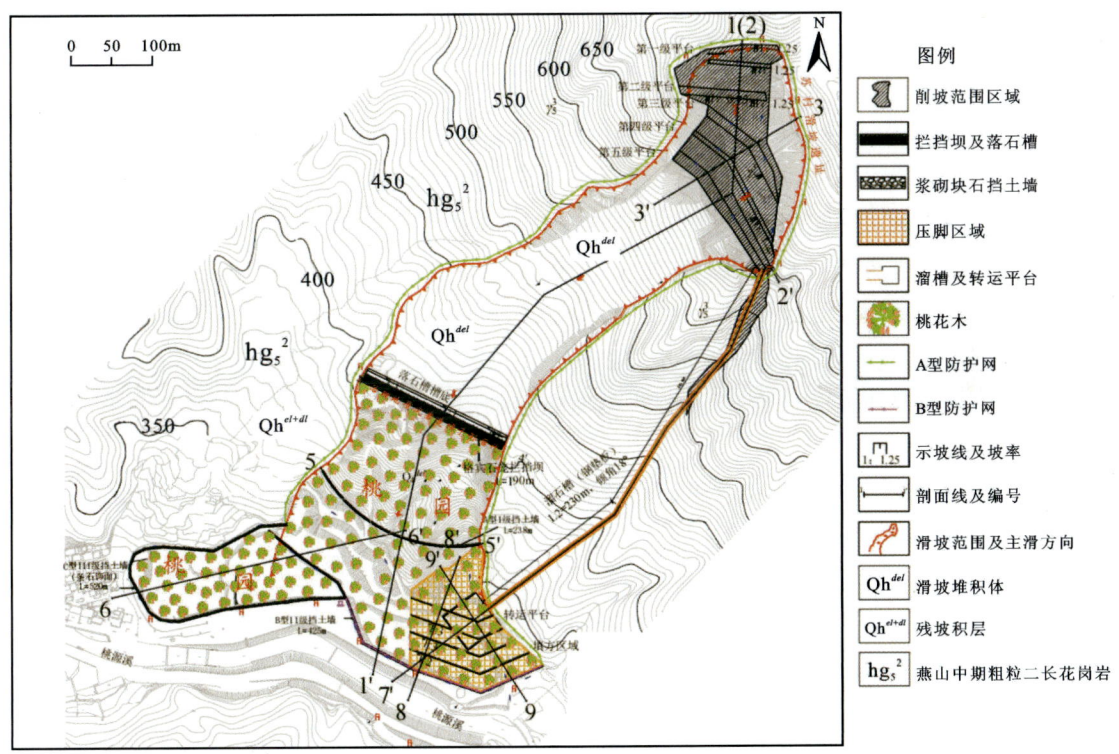

图4-78 苏村滑坡防治工程布置平面图

2. 滑坡防治后效应评价

自防治工程实施后,该滑坡的稳定性得到了保证,有助于当地社会的稳定和人民群众的安居乐业,为创建美丽浙江与美丽丽水打下了坚实的基础。

此外,治理工程有效改变了滑坡区表部地质环境条件,减少了水土流失,治理区周边生态环境也得以保护,坡脚堆积平台可复垦,环境效益良好。同时,随着地质灾害警示教育基地在苏村滑坡遗址上的建设及运营,当地村民也获得了可观的旅游收入。

六、结论与启示

1. 结论

(1)苏村滑坡是一次大型中深层岩质滑坡,其发生受到地质构造、岩体风化、短时间强降雨等因素的影响。

(2)滑坡可以分为滑移-崩塌区和滑动-堆积区两个区域。

(3)滑坡的危害程度评价为一级,造成了直接经济损失和人员伤亡。

2. 启示

(1)相关部门发布台风红色预警后,苏村滑坡受威胁人员撤离,但是因为避灾场所生活条件较差,撤离人员返回家中做饭,导致灾难的发生。由此得出教训,避灾安置场所应保证生活便利和设施齐全。

(2)地质灾害应急救援非常重要,应呼吁社会各界参与及时开展救援,体现社会担当。目前地质灾害救援主要依赖政府,成立地质灾害专业救援队迫不及待。

苏村滑坡案例对于类似滑坡灾害的防治工作具有重要的参考意义。通过对该案例的分析可以更好地了解滑坡的成因机制和诱发因素,从而采取相应的预防和防治措施。同时,该案例也提醒我们要加强对地质环境的监测和预警,及时采取措施减轻灾害的影响。在滑坡治理过程中,应注重保护周边生态环境,提高社会和经济的可持续发展能力。最重要的是,该案例提醒我们要加强应急响应能力,提高对灾害的应对能力,以保障人民群众的生命财产安全。

注:案例资料来源于浙江省第三地质大队,在此特别感谢浙江省第三地质大队的支持和帮助。

第六节 瓯海区泽雅水库公路崩塌

一、基本情况

泽雅镇位于温州市瓯海区西部山区,为有着温州"西雁荡"之美誉的省级风景名胜区,是温州市和周边省、市居民旅游首选景区。泽雅镇距市区 18km,距温丽高速仰义枢纽和温州南站均不超过 14km,交通便利,镇内的泽雅水库公路是连通外界的必经之路,因此泽雅水库公路是泽雅镇最重要的交通线路。

泽雅环库公路自建成以来,每年道路沿线均有不同规模的崩塌、滑坡地质灾害发生,尤其是在1999年的强降雨和2005年5号台风"海棠"期间,道路沿线群发了大量的地质灾害,据不完全统计,每次达20处以上,对过往车辆和行人造成威胁。2010年8月8日,泽雅环库公路的下庵段发生崩塌,崩积物方量约为12m³,砸毁一辆教练车,造成了一人死亡、2人受伤,其中一人重伤。瓯海区泽雅环库公路是温州山区道路建设的典型代表,具有道路等级低、地质环境条件差、施工不规范、加固不合理的特点。

二、孕灾地质条件

泽雅水库修建于1996年,水库四面环山,周边斜坡的最大高程为520m,环库公路所在高程为120~140m,相对高差约400m,地形坡度20°~45°,局部呈陡崖状。由于切坡开挖,环库公路沿线形成大量高陡的人工岩质边坡,边坡高度一般在5~100m之间,坡度一般60°~85°,局部呈反倾、陡崖状,间断分布于公路内侧。

泽雅水库周边出露基岩主要为下白垩统火山凝灰岩,分别为高坞组(K_1g)、西山头组(K_1x)凝灰岩。第四纪地层主要为残坡积层(Qh^{al-dl})和冲洪积层(Qh^{al-pl})。残坡积层主要分布于山坡表层,岩性为含角砾、碎石(粉质)黏土,灰色、灰黄色,厚度变化较大,一般1~3m,局部陡坡缺失。冲洪积层主要分布于四周斜坡上冲沟沟口处,岩性为碎石、碎块石夹有粉细砂、粉土等,厚度一般在1~5m之间。

泽雅水库主要有东西向和北东向两条小断裂通过,东西向形成藤桥江,北东向形成西岸溪和西山溪,江和溪在泽雅水库处交汇,为水库的形成提供了有利的地形条件。北东向断裂破碎带宽3~20m,断面倾向西,局部倾向东,倾角60°~80°。断面清楚,呈舒缓波状,断面上见有擦痕、阶步,擦痕倾伏角16°SE,据阶步与擦痕判断断裂为右行扭动。带内岩石强烈破碎,具有明显的挤压特征,并见有构造透镜体。断裂性质为压扭性。东西向断裂破碎带宽20~50m,断裂倾向向南,倾角60°,断面清楚,常呈陡崖,见有阶步及镜面,带内岩石受挤压破碎,断裂力学性质为压性。

三、崩塌基本特征

周边的斜坡上除村庄分布区域内有农业耕种外,其余斜坡均保持原有山坡形态,农业耕种主要有梯田、果园等。在水库大坝的右侧岸坡附近,由于当初修建大坝开山采石对该区域的山体进行爆破,岸坡山体破碎,破碎层厚度最大可达8m。

公路沿线的边坡以岩质边坡为主,仅在边坡顶部覆盖一层残坡积土,厚度小于3m,局部缺失,为含角砾、碎石的(粉质)黏土,结构较为松散,植物根系发育。边坡岩性主要为下白垩统高坞组(K_1g)、西山头组(K_1x)凝灰岩。边坡上部以强风化为主,顶部局部夹全风化基岩,节理、风化及爆破裂隙较为发育,一般呈碎裂—镶嵌结构,局部可达碎裂—散体结构,厚度为

5～60m,是崩塌发生的主要区域。边坡底部为中风化基岩,节理及风化裂隙发育一般,呈块状结构。

泽雅水库环库公路沿线共有11处崩塌地质灾害,占泽雅镇89处地质灾害的16.8%,全部分布于修路切坡形成的高陡人工边坡之上。经统计,边坡上的崩塌一般发生在强降雨期间或长期降雨之后,尤其是台风暴雨期间或台风过后,发生在边坡上部较为破碎的区域,以坠落式、滑移式以及两者相结合和坡面浮石掉块为主(图4-79～图4-82)。崩塌的规模较小,体积一般5～50m³,具有突发性、隐蔽性,难以预测,一旦发生,造成的损失较大。

图4-79 石林环线44K+080～44K+120 滑移式崩塌

图4-80 石林环线44K+350～44K+400 坠落式崩塌

图4-81 石林环线44K+350～44K+400 滑移和坠落相结合式崩塌

图4-82 石林环线44K+350～44K+400 坡面浮石掉块

三、崩塌成因机制分析

泽雅水库沿线存在地质灾害隐患的边坡受结构面、风化裂隙以及爆破影响,坡面(尤其是边坡上部)岩体破碎。边坡岩质崩塌灾害类型主要分为以下 3 类。

(1)强风化岩体崩塌。由于爆破、风化等原因,坡面上岩体破碎,呈碎裂结构,局部呈散体结构,如泽雅镇瓯湖线 23K+200～23K+350,边坡表层岩体呈散体结构,较为破碎,在不利的条件下易发生崩塌,单体体积较小,一般小于 10m³,以坠落式、掉块为主(图 4-83)。

(2)不利结构面对岩体进行切割破坏形成的崩塌。边坡上发育顺坡向或小角度相交的结构面,加上其余结构面及爆破裂隙的共同影响,结构面张开,切割岩体的各结构面已贯通,形成楔形体或前缘临空的危岩,体积一般在 10m³ 以上,多以滑移式崩塌为主,如林岙村瓯湖公路边坡崩塌(图 4-84),由两组结构面 160°∠60°和 260°∠62°相互切割形成楔形体,沿结构面发生滑移式崩塌。

图 4-83　瓯湖线 23K+200～23K+350 崩塌　　　图 4-84　林岙村瓯湖公路边坡崩塌

(3)受结构面控制形成的悬空岩体发生崩塌。该破坏模式主要表现为早期边坡上岩体沿着结构面已发生了崩塌,但由于结构面或爆破裂隙的影响,岩体从中部断裂,上部残留在坡体上形成悬空岩体。悬空的岩体受结构面切割贯通,在不利的条件下沿结构面或爆破裂隙面脱离母岩发生崩塌,以坠落式为主,如泽雅镇石林环线 44K+350～44K+400(图 4-85)崩塌,悬空的岩体由于受结构面的切割,易发生坠落式崩塌。

泽雅环库公路边坡上的崩塌成因均不是上述单一的某种,而是由 3 种类型组合而成,造成上述成因主要有以下几个方面的因素。

图 4-85 林岙村瓯湖公路边坡崩塌

1. 地形地貌

由于修建道路对山体进行开挖，形成的边坡高度大、坡度陡，均为一坡到顶，形成高陡临空面，且裸露未支护，为崩塌的形成提供了有利的地形条件。

2. 岩体工程地质特征

岩体工程地质特性及其组合关系是边坡变形破坏的物质基础，不仅控制着崩塌、崩滑、变形体的发育与分布，同时在很大程度上影响着其活动方式和规模。区内边坡岩体节理较发育，尤其是边坡上部及表部岩体呈镶嵌碎裂、碎裂状结构，完整程度为较完整—较破碎，同时，区内岩体结构属不稳定结构，往往由几组陡倾结构面和缓倾（顺坡向）结构面将边坡岩体切割成相对独立的块体，块体容易在不利荷载条件下与母岩脱离发生崩塌。

3. 地下水

区内边坡基岩裂隙水较发育，使得岩体结构面容易被软化而降低抗剪强度，同时，高强度暴雨使裂隙中的孔隙水压力升高，对边坡的稳定性起到了较为不利的影响。

4. 其他因素

其他因素主要包括卸荷、强降雨、植被根劈及人类工程活动等方面。

（1）卸荷。区内边坡为高边坡，应力在沿坡面倾向出现卸荷松弛，边坡坡面多处发育卸荷裂隙，对边坡岩体稳定起不利作用。

（2）强降雨。强降雨是区内危岩失稳的重要诱发因素，尤其是台风所带来的强降雨往往容易诱发地质灾害。

（3）人类工程活动。人工开挖（爆破震动）形成了高陡的临空面，临空面局部塌落形成凹腔，尤其是开挖过程中的爆破震动使区内危岩体的变形进一步加剧，岩体稳定性进一步降低。

综上所述，区内边坡高陡、岩体结构面的不利组合使边坡岩体发育有大量潜在失稳岩石块体，而风化、卸荷、强降雨、地下水以及人工开挖加剧了崩塌灾害的发展。

四、崩塌稳定性分析

泽雅环库公路边坡均属高陡岩质边坡,采用定性分析和定量分析两种方法对其稳定性进行分析。其中,定性分析采用工程地质分析法和基于赤平极射投影分析法。

1. 定性分析

1）工程地质分析法

泽雅环库公路沿线的岩质边坡呈强—中风化状,虽然岩体中节理裂隙较发育,但无较大规模的顺坡向贯通软弱结构面,存在的边坡破坏均为局部现象,影响边坡岩体的局部稳定性,对边坡整体稳定性影响较小,因此公路沿线的岩质边坡整体稳定性较好。受爆破、开挖等人类工程活动的影响,边坡表浅部（坡面）岩体较为破碎,坡面上卸荷裂隙、松动块石、变形裂缝较为发育,坡面分布危岩体,使得边坡坡面岩土体稳定性较差,在不利的条件下,边坡坡面发生掉块、危岩体坠落以及沿着结构面发生滑移式崩塌。

2）赤平极射投影分析法

由于岩质边坡的地质结构、结构面抗剪强度指标获取十分困难,尤其是群体型的危岩,无法真正进行稳定性的定量计算,因此对泽雅水库沿线公路边坡的稳定,主要考虑危岩体的岩性、结构面组合、可能的变形破坏模式等因素,并结合赤平极射投影法进行综合分析。

表 4-4 石林环线 44K+080～44K+120 崩塌代表性危岩体稳定性分析表

编号	石林环线 44K+080～44K+120		与坡脚高差	8m
危岩体全貌	赤平极射投影图			
危岩体几何特征	估算体积	15m³	岩性	凝灰岩
	坡面（倾向/倾角）	P:180°/85°	破坏模式	滑移式破坏
	控制结构面产状	L1:260°∠67° L2:162°∠58° L3:20°∠62°	稳定性分析	强风化岩体,岩体两侧被结构面L1和L2切割,后缘顶部受控于结构面L3,形成楔形体下滑,稳定性差

2. 定量分析

1）计算模型与方法

（1）计算模型。选取典型剖面作为计算模型，计算模型是在现场调研和室内综合分析的基础上建立的，区内边坡失稳破坏模式为边坡表部岩体沿不利结构面组合发生崩塌掉块，主要计算危岩体的稳定性。

（2）计算方法。由于危岩体的边界条件、裂隙贯通深度难以准确确定，只能把一些不确定的因素理想化地进行定量分析计算。区内危岩体破坏失稳形式主要为滑塌式、倾倒式和坠落式3类，其中坠落式以小单体掉块为主，在此不予计算。以下根据破坏模式选择稳定性计算公式。

①滑移式稳定性计算。滑移式危岩体计算模型见图4-86。其中 e 为重力力矩（kN·m）；e_1 为静水压力力矩（kN·m）；O 为危岩体中心。利用块体极限平衡理论进行稳定性计算，计算公式如下：

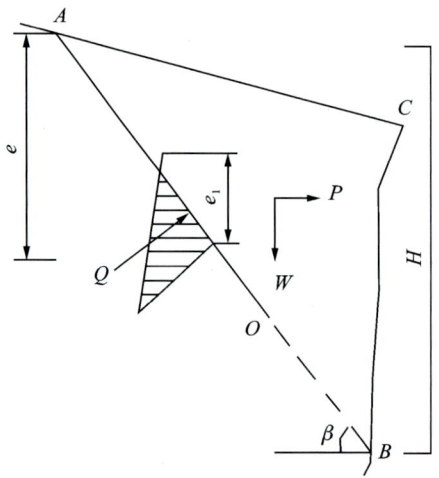

图4-86 滑移式危岩体计算模型

$$F_s = \frac{(W\cos\beta - P\sin\beta - Q)\tan\varphi + \dfrac{cH}{\sin\beta}}{W\sin\beta + P\cos\beta}$$

式中：F_s 为稳定性系数；W 为危岩体重力（kN/m）；P 为地震作用力；Q 为裂隙水压力（kPa）；c 为滑动面黏聚力（kPa）；H 为危岩体高度（m）；β 为滑动面倾角（°）；φ 为岩体内摩擦角。

对于工况一（天然工况），稳定系数为

$$F_{s1} = \frac{(W\cos\beta)\tan\varphi + \dfrac{cH}{\sin\beta}}{W\sin\beta}$$

对于工况二（饱水工况），裂隙水压力与稳定性系数分别为

$$Q = \frac{1}{18}\gamma_w e^2$$

$$F_{s2} = \frac{(W\cos\beta - Q)\tan\varphi + \dfrac{cH}{\sin\beta}}{W\sin\beta}$$

② 倾倒式稳定性计算。倾倒式危岩体计算模型如图 4-87 所示,计算公式为

$$K_f = \frac{M_{抗倾}}{M_{抗覆}}$$

在天然工况下(不考虑水压力),危岩体重心在倾覆点内侧,且忽略地震加速度的影响,其倾覆力矩为零。在饱水工况下,裂隙水压力与稳定性系数分别为

$$Q = \frac{2\gamma_w e^2}{9\sin\beta}$$

$$K_f = \frac{81\sin\beta[(Wa + f_{ok}l_b)\sin\beta + f_{lk}(H-e)]}{2(9H-7e)\gamma_w e^2}$$

式中:γ_w 为水的重力(kN/m);W 为然岩体重力(kN/m);a 为重心到潜在破坏面的水平距离(m);l_b 为然岩体底部主控结构面尖端到潜在破坏面的距离(m);f_{ok} 为危岩体与基座之间的抗拉强度标准值(kPa);f_{lk} 为抗拉强度标准值(kPa)。因危岩体数量较多,选择典型的楔形体危岩体剖面,建立计算模型如图 4-88 所示。

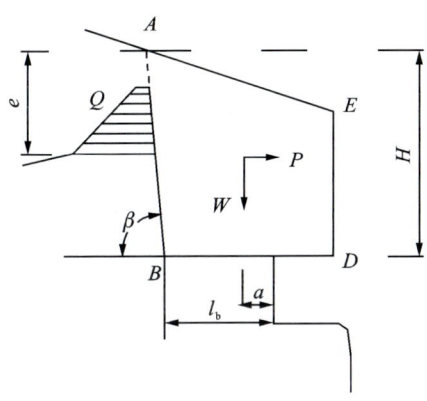
图 4-87 倾倒式危岩体计算模型

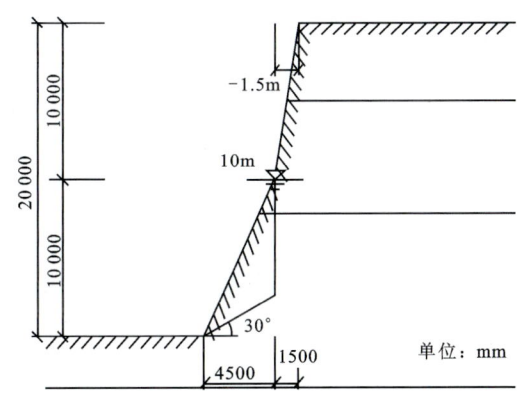
图 4-88 楔形破坏危岩体剖面计算模型

2)计算方案与参数选取

(1)计算工况。稳定性计算时,由于泽雅水库位于区域地壳稳定区,因此不考虑地震荷载的作用,主要考虑天然工况和饱水工况两种情况,饱水工况裂隙水压力高度取裂隙深度,天然工况不考虑裂隙水压力。

(2)稳定性系数。边坡的安全等级为Ⅱ级,根据《滑坡防治工程勘查规范》(GB/T 32864—2016)中的要求,危岩体的稳定性评价等级按表 4-5 确定。

(3)计算参数选取。本次参数选取主要参考《工程岩体分级标准》(GB 50218—2014)中的建议值,同时结合场地实际情况,考虑到坡面岩体受爆破震动等影响,结构面抗剪强度大幅降低,因此予以折减。折减后边坡岩土体物理参数见表 4-6。

表 4-5 危岩体稳定性评价标准

崩塌类型	不稳定	欠稳定	基本稳定	稳定
倾倒式	$F_s<1.0$	$1.0\leqslant F_s<1.3$	$1.3\leqslant F_s<1.5$	$F_s\geqslant 1.5$
滑塌式	$F_s<1.0$	$1.0\leqslant F_s<1.2$	$1.2\leqslant F_s<1.3$	$F_s\geqslant 1.3$

表 4-6 边坡岩土体物理参数表

工程地质层	类别	工况	重度/(kN·m^{-3})	黏聚力/kPa	内摩擦角/(°)
强风化凝灰岩	岩体	天然	25	500	30
	结构面	天然		55	25
中风化凝灰岩	岩体	天然	26.5	1500	45
	结构面	天然		85	30

3）稳定性计算结果

利用上述计算模型、计算参数和计算工况，采用理正边坡稳定性分析软件 V6.0 计算，泽雅水库沿线公路的岩质边坡危岩体的稳定性在天然工况下一般处于基本稳定状态，在饱水工况下一般处于基本稳定—欠稳定状态。

五、治理措施

泽雅环库公路岩质边坡的整体稳定性较好，存在的变形破坏均为局部现象，影响边坡岩体的局部稳定性。受结构面的相互切割以及爆破、开挖等人为因素的影响，坡面岩体破碎，卸荷裂隙、松动块石、变形裂缝较为发育，使得表层岩土体稳定性较差，在不利因素的影响下，边坡坡面发生掉块、危岩体坠落以及沿着结构面发生滑移式崩塌，且崩塌的单体方量一般较小于 50m³。

鉴于泽雅环库公路边坡整体稳定性好，主要以小规模崩塌为主，因此对沿线的公路边坡上的崩塌主要采用主动防护网＋锚杆进行加固，辅以坡面上松动块石清理、局部支撑的防护措施；对个别坡脚有足够安全距离的边坡，坡脚设置被动防护网进行拦挡；对个别有削方条件的边坡，采用削方卸荷的防治措施。

六、结论与启示

1. 结论

（1）泽雅环库公路沿线的地质条件、地形地貌是此处崩塌灾害发生的主要影响因素，而沿线人类工程活动严重破坏其地质环境条件，为崩塌的发生提供了有利条件。

波隆起（Ⅲ7）区丽水断陷盆地的西北侧。里东滑坡位于龙泉—宁波大断裂边缘，区内断裂交错，发育一系列脉岩，基岩节理发育，岩石较为破碎（图5-4）。

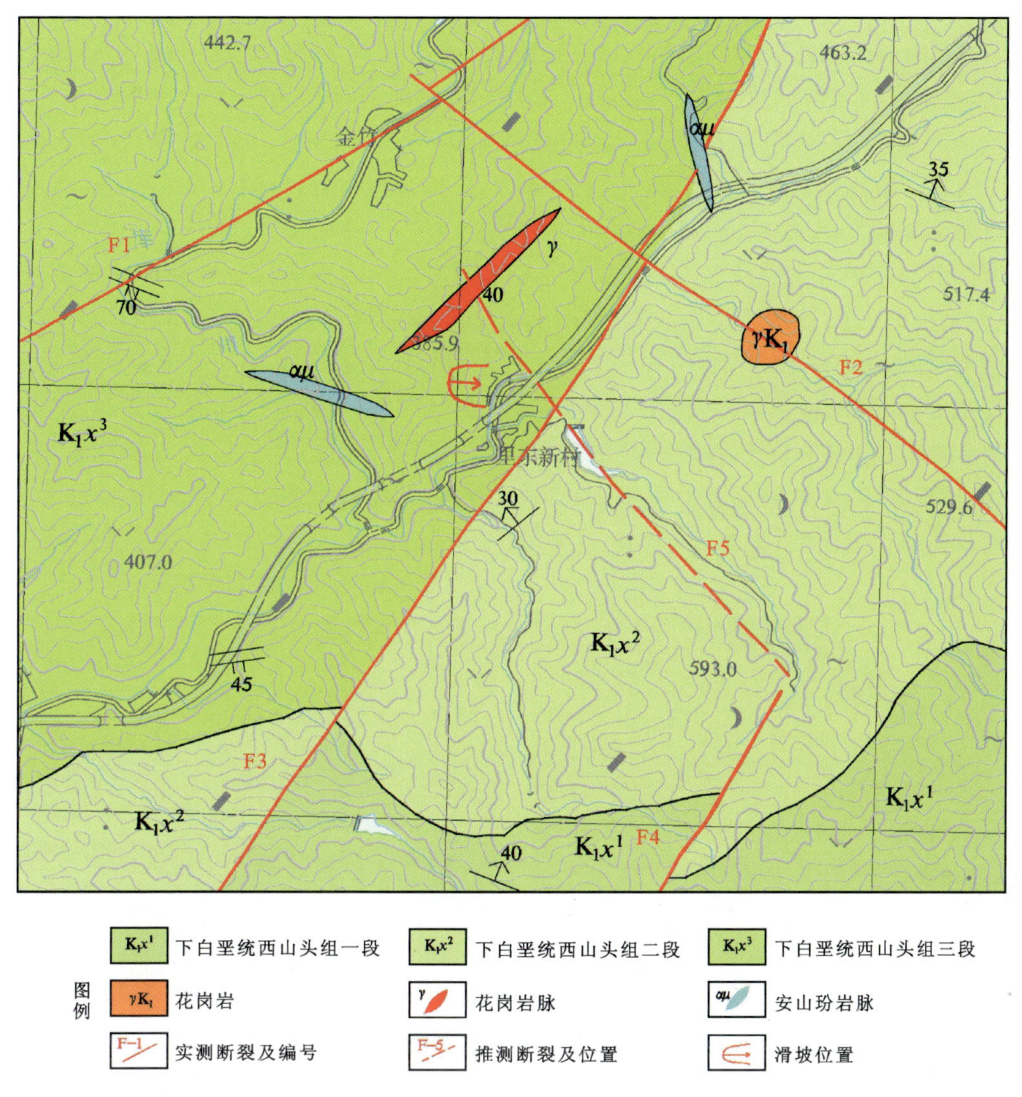

图5-4 里东滑坡所在区域构造图

1）北东向构造

（1）区域性F1（龙泉-宁波大断裂带）。该断裂主体走向呈北东向，全长约200km。主要发育在下白垩统中，后多次切割燕山晚期花岗岩体，断面呈舒缓波状。该断裂从里东村北西侧金竹村经过，距里东村直距约600m。

（2）F3断裂。该断裂主体走向呈北东向，为F1断裂带次一级构造，顺河谷发育，从里东村东侧100m处经过，被北西向断裂F2错断。

(3)F4断裂。该断裂同为F1断裂带次一级构造,错断西山头组一段地层,断裂北东端位于梅树弄,与里东村直线距离约1km。

2)北西向构造

(1)F2断裂。该断裂整体走向北西—南东,断面倾向不定,倾角60°～85°。形成于燕山中晚期,白垩纪后期活动较为强烈,错断北东向F1、F3断裂,位于里东村北东侧约400m。

(2)F5(里东-梅树弄)断裂。该断裂为推测断裂,与F2同期且与F2近平行,遥感影像解译较为明显。沿里东村北西侧山坳,过里东水库,延伸至梅树弄,推测长度1.5km,与滑坡体直线距离150m。

滑坡滑动范围内主要发育3条断层构造以及部分节理裂隙等。里东滑坡处于构造交切部位,为断层F1、F2切割形成楔形体,断面呈倒三角,局部为倒梯形。

F1断层走向北东东,产状160°～170°∠58°～73°,断续长大于400m,断层破碎带发育,具强褐铁矿化、绿泥石化、高岭土化及糜棱岩化,宽2～5m,在滑坡北帮见断层崖、断层三角面长约150m,高约3～15m,擦痕发育。断层上盘为灰绿(青灰)色晶屑岩屑凝灰岩,下盘为灰紫(局部呈灰绿)色熔结晶屑岩屑凝灰岩和绿(青灰)色晶屑岩屑凝灰岩,构成滑坡北侧帮。从擦痕及构造形迹判断,该断层性质为正断层(图5-5)。

图5-5 里东滑坡面北帮F1断层面

F2断层走向北北东,产状0°～9°∠41°～50°,断层面与地层产状基本一致,断续长大于350m,断层破碎带发育,具强褐铁矿化、绿泥石化、高岭土化及糜棱岩化,宽0.5～3m,在滑坡南帮见断层崖、断层三角面长约100m,高约2～10m,有擦痕发育。断层上、下盘岩性均为灰绿(青灰)色晶屑岩屑凝灰岩,断层面构成滑坡南侧帮及底部(图5-6)。

除上述断层外,滑坡区域内还见有节理及裂隙发育。节理以近东西向及南西向两组较发育,多具一定规模,尤其在滑坡体岩层较破碎。在滑坡所在区域北西部山梁一带,见有裂隙(缝)发育,宽1～10cm,长0.3～3m,多不连续,走向以80°～130°为主,无规律性。

图 5-6 里东滑坡面南帮 F2 断层面

4. 气象水文

滑坡区属亚热带季风气候,温暖湿润,四季分明,雨量充沛,具有明显的山地立体气候特征。受西北高压和东南暖湿气流影响,全年气温变动幅度较大,多年平均气温 14.9℃,历史最高气温可达 43.5℃,最低气温 -7.7℃,年平均降水量近 1500mm,汛期为 5—9 月,连续最长降雨天数可达 21d。

滑坡区水系属瓯江水系小安溪的支流,河流宽 515m,水位涨落迅速,属典型的山区性河流特点。枯水期水深 0.5~1.0m。

场地地下水类型主要有孔隙潜水、基岩裂隙水和承压水,各类型地下水具体特征如下。

(1) 孔隙潜水。含水层岩性由第四系残坡积、坡洪积成因的含碎石黏性土、含黏性土碎石等构成,结构较为松散,黏粒含量较高,赋水性及渗透性较差。该类地下水补给源以大气降水补给为主,地形低洼处及周边接受基岩裂隙水补给,顺地形坡度在孔隙中径流,最后在地形低洼处以渗水的形式排泄,部分被蒸发。

(2) 基岩裂隙水。主要赋存于下白垩统西山头组晶屑凝灰岩的风化裂隙、构造裂隙及层间裂隙中,主要接受大气降水和松散岩类孔隙水补给,沿风化裂隙、节理(层理)裂隙渗流,循环交替条件相对较差,水量较贫乏,在山麓坡脚、沟谷附近以泉或渗水的形式排泄。

(3) 承压水。滑坡地层结构较为复杂,滑坡区地层主要有 5 层,各地层间渗透性差异较大,形成了多个隔水层(相对)和透水层(相对)交叉间隔的坡体结构。雨水、灌溉用水等通过后缘及两侧破碎带(断层 F1、F2)渗入坡体,成为地下水的主要来源。从破碎带汇集的地下水主要通过渗流通道向坡体前缘流动,自前缘坡脚向小安溪支流排泄。

5. 人类工程活动

滑坡所在区域主要人类活动为居民房屋建设、居民饮水工程、公路建设,植被破坏等对自然生态环境的影响较为严重。村民房屋大多依山而建,削坡对滑坡体的稳定性极为不利,易产生地质灾害。引水灌溉后地表水下渗直接影响滑坡的稳定性。G25高速公路修建对滑坡稳定性和安全性也造成一定的影响。

三、滑坡发育特征

1. 滑坡变形历史

里东滑坡所在区域属于老滑坡,此次滑坡发生前,原始地貌后缘呈圈椅状,中部见早期滑坡堆积形成的平台,且滑壁外围长有高大树木,马刀树多见。2012年6月14日,受多日连续强降雨的影响,里东村西侧山体局部发生滑坡;2012年8月5日,受台风"海葵"的影响,该滑坡隐患进一步扩大;2012年8月15日,当地村民在滑坡隐患后缘发现了多处裂缝,滑坡挤压造成坡脚多幢民房墙体倒塌、灶台裂缝、地面上拱开裂等。滑坡体两侧及后缘均有连续裂缝,总长约500m(图5-7、图5-8)。滑坡前缘坡面出现滑塌,局部乔木连根拔起。

图5-7 滑坡侧缘剪张裂缝　　　　　图5-8 滑坡后缘拉张裂缝

2015年3月,该滑坡开展治理工程施工,至滑坡发生时,正在进行抗滑桩挖孔施工;2015年11月12日坡面有少量滚石滚落,滚至施工项目部附近;2015年11月13日22时50分许,滑坡发生大规模滑动。

2. 形态特征

里东滑坡为岩质推移式滑坡,滑坡体堆积于坡体中部及坡脚。根据勘查现场测绘,滑坡周界清晰可见,后缘以山脊线为界,两侧以断层F1、F2构成的滑壁为界,剪出口位于坡脚内侧。

滑坡平面形态呈圈椅状(图5-9),滑坡总体滑向东,方位角90°。后缘标高约344.66m,前缘标高200.42m。后缘宽约80m,前缘宽约110m,平均宽89m,长约270m,平面面积24 000m²,滑体厚3~43.5m,平均厚度21m,原总方量约$50.3 \times 10^4 m^3$,应急排险处置堰塞湖疏通外运$7 \times 10^4 m^3$,目前堆积物方量约$43.3 \times 10^4 m^3$,规模属于中型。

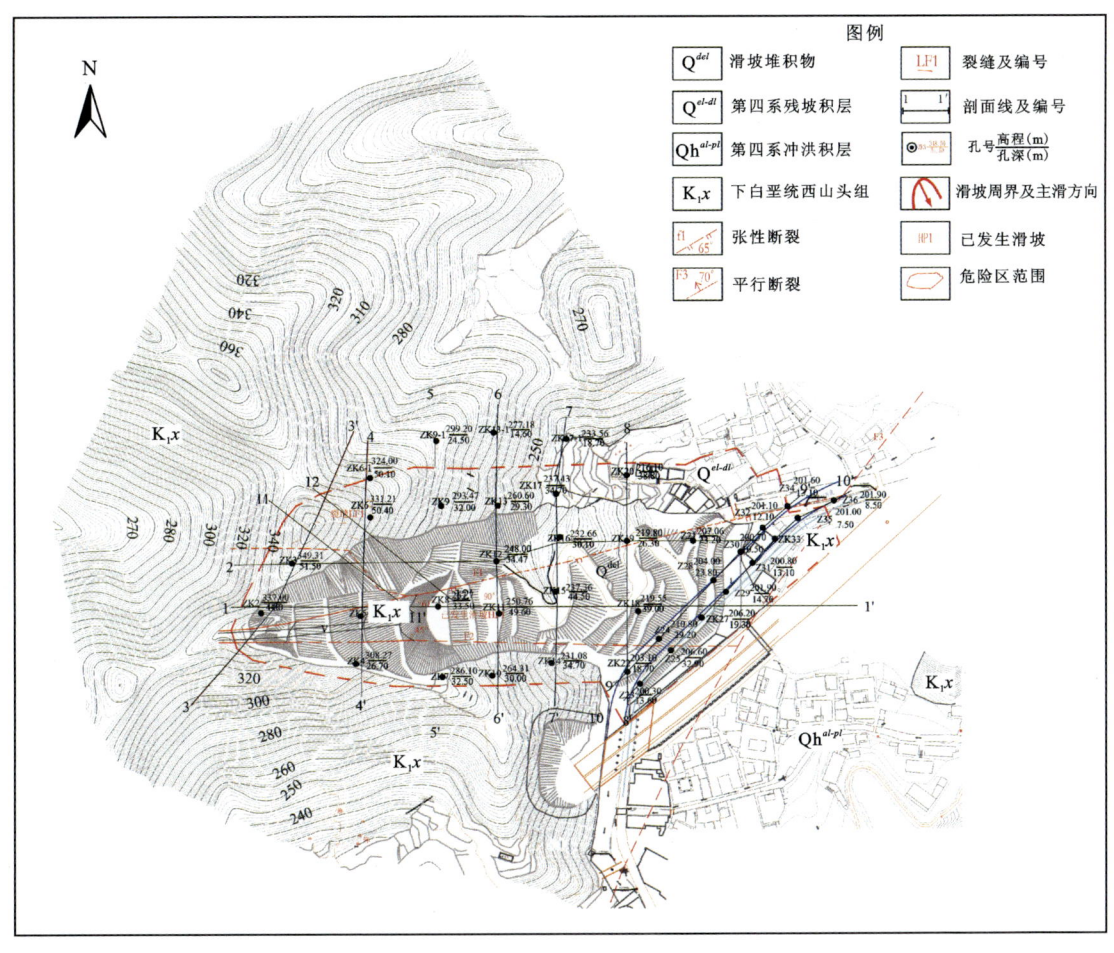

图 5-9　里东滑坡工程地质平面图

3. 滑坡体工程地质特征

工程地质测绘及勘探孔资料表明，滑坡物质主要由残坡积层、强—中风化晶屑凝灰岩及岩体结构中的软弱夹层（破碎带）组成（图 5-10）。

（1）滑坡堆积含黏性土碎石。分布于滑坡中下部，原为全强风化凝灰岩，钻探揭露厚度 5～32.5m，杂色，稍湿，松散，主要为块石、碎石、砂、黏性土等，碎块石含量 30%～70% 不等，上部含量少，下部含量高。上部多为黏性土，下部多为全强风化晶屑凝灰岩。

（2）残坡积含碎石黏性土。广泛分布于斜坡表层，钻探揭露厚度约 0.6～6.8m，一般为黄色，松散—稍密，干燥—稍湿，碎石含量 10%～30% 不等，少数地方达 40%～50%，上部含量少，下部含量高，粒径一般在 10～50mm，碎石多为棱角-次棱角状，干燥，多为松散—稍密状态磨圆度差，下部粗砂含量较高，主要以粉质黏土充填。

（3）全风化晶屑凝灰岩。钻探揭露厚度 1.7～6.0m。黄褐色，原岩结构清晰可见，岩芯呈土状夹碎块状、碎块状，碎石含量 15%～30%，直径以 2～6cm 为主，节理裂隙发育，6～8 条/m。

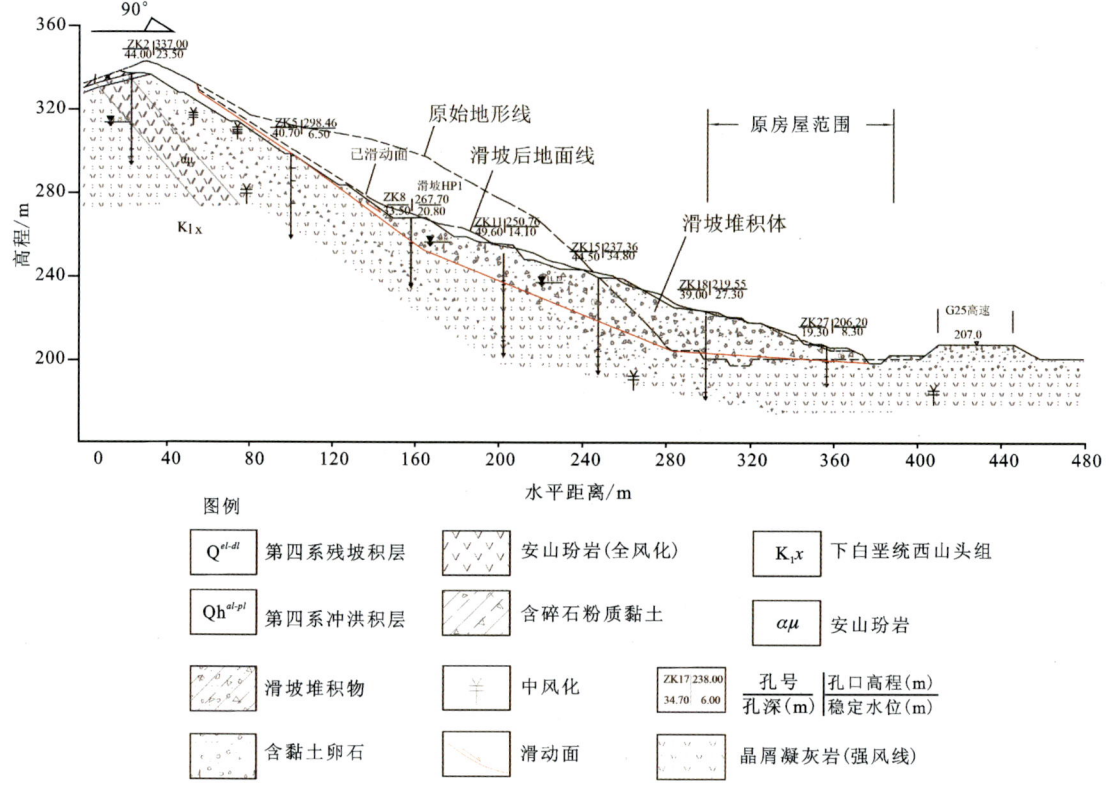

图 5-10　里东滑坡 1-1′工程地质剖面图

(4) 强风化晶屑凝灰岩。钻探揭露厚度 3.3~20.2m。灰紫色、灰褐色、青灰色，岩芯呈碎块状，局部为短柱状，块径以 2~6cm 为主，节理裂隙发育，6~8 条/m，裂隙面可见铁锰质浸染。

(5) 破碎带。绝大部分位于强风化与中风化晶屑凝灰岩接触部位或断层带附近，层厚 0.7~2.7m，局部可达 10.7m。青灰色、灰黄色，薄—中层状构造，节理裂隙发育，岩芯极其破碎，呈碎块夹土或碎块状，岩质软，岩芯表部滑感强，遇水易软化。

4. 滑动带特征

滑带两翼为 F1、F2 断层破碎带，底部为风化破碎岩与完整基岩接触面，横断面呈倒梯形。岩性主要由蚀变（高岭土化、绿泥石化）的凝灰岩组成，呈碎块夹土或碎块状，岩质软，岩芯表部滑感强，滑带厚度 0.7~2.7m（图 5-11、图 5-12）。

5. 滑床特征

根据钻探揭露，滑床岩性主要为中风化晶屑凝灰岩，青灰色，块状构造，节理裂隙发育，1~3 条/m，裂隙面多填充方解石，可岩芯以柱状为主，节长 5~20cm，少量碎块状，岩石强度高，抗压强度 70.0~74.9MPa。

图 5-11　里东滑坡滑动带擦痕　　　　图 5-12　里东滑坡滑带土(高岭土化)

四、成因机制

1. 滑坡变形机制分析

现场调查及测绘发现,里东滑坡坡体堆积了厚度较大的松散堆积物,且前缘局部较陡,坡度可达 40°以上,局部稳定性较差。

(1)坡体中强风化晶屑凝灰岩与中风化晶屑凝灰岩之间有一层软弱破碎带,当坡体遇暴雨时,大量的地表水下渗进入坡体,软弱破碎带遇水后,物理力学性质变差,上部坡体物质极易沿此层发生向下的滑动。

(2)底部中风化晶屑凝灰岩的透水性较差,为相对隔水层,滑体物质松散体饱和,地下水的动水压力和对滑体物质的软化作用进一步加剧坡体变形失稳,易产生滑坡。

(3)滑坡前缘出露优势裂隙,产状 101°～118°∠15°～20°,微闭合状,为不利结构面,表现出似层状且产状坡向近一致,因而该灾害点所在的边坡为顺层坡。

综上所述,坡体在坡脚临空面处易发生沿软弱夹层发生顺向滑动,故该斜坡的变形破坏机制为推移式的蠕滑-拉裂变形破坏机制。

2. 滑坡影响因素及稳定性评价

里东滑坡的发生受到了内在因素与外在因素的共同耦合作用,具体分析如下。

1)内在影响因素

(1)地形因素。本区第四纪以来的新构造运动地壳以间歇性上升为主,在新构造运动和河流侵蚀作用下易形成陡坡地貌。坡体内部原有的应力状态随着斜坡形体和高度变化过程的进行而发生变化,在坡体内出现一系列与坡面平行的裂隙,向斜坡的临空面方向张开,形成不利结构面。滑坡所处山体为长条状近东西向的山脊,自然地形坡度从后缘至前缘顶部由平缓逐渐陡,坡体前缘临空,地形条件不利于坡体稳定。

(2)岩土体性质及地质结构因素。滑坡区地层岩性主要为下白垩统西山头组凝灰质砂岩、含角砾晶屑凝灰岩,岩体破碎严重,中下部的晶屑凝灰岩软弱层(破碎带)物理力学性质较差;软弱层在滑坡前缘出露,微闭合状,表现出似层状岩体变形破坏特征。整个坡体表现出沿此软弱夹层的蠕滑-拉裂变形破坏特征。因此,地质与构造条件是本滑坡形成的主要内在因素。

2)外在影响因素

(1)降雨。滑坡后缘边界附近及两侧存在有多条拉张裂缝,降雨可直接沿裂缝及结构面下渗进入滑体或至滑动带,对坡体整体稳定性产生不利影响,因此暴雨或持续降雨期,是滑坡发生滑动的主要外在诱因。

(2)地下水。滑坡区地下水类型主要有分布于斜坡体上的松散层孔隙潜水,接受大气降水补给,水量小,降雨入渗转化为地下水沿斜坡方向向下径流,影响滑坡稳定;滑坡后缘及前缘出露的泉水会向坡体渗入,增强了水力联系,也影响滑坡稳定。

(3)人类工程活动。村民果园,村民的引水灌溉增大了坡体自重。G25 高速公路从滑坡区东南侧通过,在施工过程中,爆破震动及运行时重型车辆通过产生的震动均会对当地地质条件造成扰动;局部坡体人工开挖成较陡坡脚,致使山体斜坡原有的应力平衡发生改变,为滑坡失稳创造了有利条件。

2)稳定性评价

为了评估不同外在因素对滑坡稳定性的影响,使用 Geostudio 有限元软件开展天然工况、暴雨工况、坡脚开挖工况、坡脚开挖+暴雨工况滑坡的稳定性评价,最终计算出来的稳定性系数分别为 1.585(天然)、1.230(暴雨)、1.120(坡脚开挖)、0.956(坡脚开挖+暴雨)(图 5-13~图 5-16)。这说明在天然工况和暴雨工况下,滑坡处于稳定状态,但是当坡脚开挖时,滑坡会变为欠稳定状态。当暴雨和坡脚开挖同时存在时,滑坡的稳定性最差,此时滑坡会失稳。对于里东滑坡而言,它发生在旱季(11 月),发生时降雨量较小,但是坡脚开挖仍然会使得滑坡稳定性下降较大。

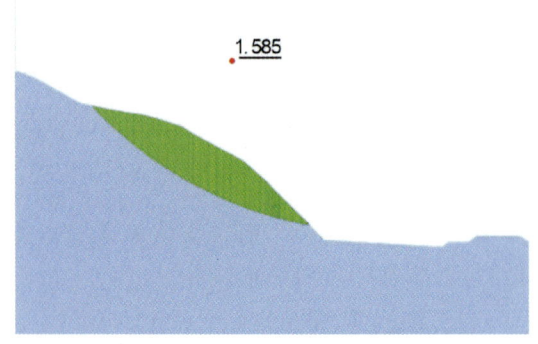

图 5-13 里东滑坡天然工况下稳定性系数

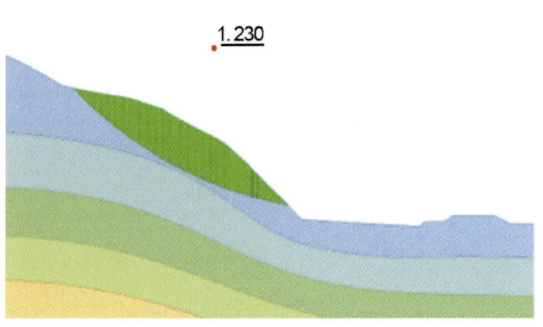

图 5-14 里东滑坡暴雨工况下稳定性系数

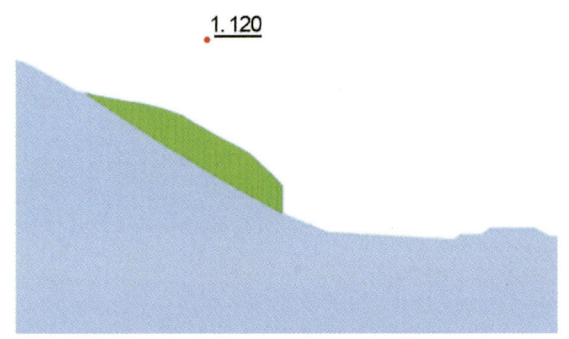
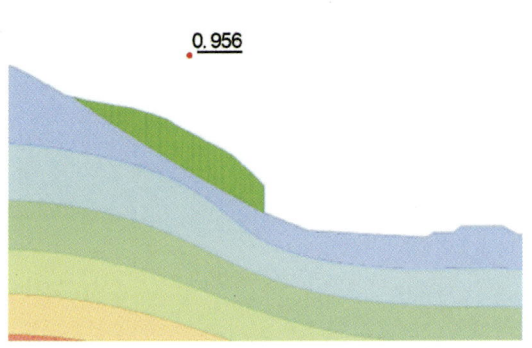

图 5-15　里东滑坡坡脚开挖
工况下的稳定性系数

图 5-16　里东滑坡坡脚开挖+暴雨
工况下的稳定性系数

五、灾后治理措施

1. 治理思路及方案

通过上述数值模拟计算得到里东滑坡的稳定性系数，发现天然工况和暴雨工况下滑坡均处于稳定状态，但坡脚重建河道及公路需开挖堆积体前缘，开挖卸荷后天然工况、暴雨工况下滑坡需进行治理。综合考虑自然资源、水利及当地交通等因素，此地的规划河道采用明渠形式较为合理，而规划道路将从河道东侧通过。因此，确定里东滑坡以削坡+抗滑桩为主的治理思路，即通过削坡降低下滑段荷载，同时考虑一定的安全储备，不足的剩余下滑力采用抗滑桩提供。此外，滑坡后缘经应急排险形成6级坡，各级坡高约15m，坡率约1:1.5，平台宽3.5～5m，坡面以强、中风化凝灰岩为主，现状稳定，因此本次不予处理，仅清坡后播撒草籽绿化。滑坡南侧大光面，局部高陡，整体稳定，存在小规模崩塌、掉块的可能，对该区域进行修坡处理。

在上述思路的基础上，最终提出的滑坡治理方案为削坡+抗滑桩+系统排水+绿化+随机锚固+挡墙护岸。具体措施为：①对滑坡后部堆积体进行台阶式削坡，局部破碎区段增加随机锚固，削坡弃渣堆场选择西南侧距滑坡体约5km的坳沟中，尽可能确保挖填土石方的平衡；②滑坡堆积体削坡卸荷后，采用抗滑桩阻滑；③河岸开挖后采用挡墙护岸；④系统绿化、排水；⑤滑坡治理区、弃渣堆积及周边实施综合截排水工程；⑥设立监测点、监测站实施滑坡治理过程及治理后的监测。

2. 防治效益分析

上述滑坡防治措施自2016年施工并投入使用以来，已经历多次暴雨及周边人工切坡等工程活动的考验，抗滑桩未出现损坏、失效现象，治理后的监测数据也显示滑堆积体及后缘隐患区未出现明显失稳变形现象。里东滑坡灾害经过综合治理后，至今所带来的经济效益十分显著。首先由于综合治理措施较好地遏制了滑坡灾害的再次发生，防止了滑坡对周边基础设施、村庄的巨大损害,保护受滑坡威胁区内里东村数百人的生命财产安全;其次,滑坡经治理后不仅遏制了水土流失,同时还保证了滑坡附近河道和交通道路的安全运营,保护了过往行人的生命安全;最后,有效地保护了附近村民果园及耕地,进一步促进当地的农业发展,取得了较大的经济效益。

六、结论与启示

1. 结论

(1)里东滑坡是在地形高陡、地质构造复杂、岩石风化破碎和降雨长期作用下形成的特大型地质灾害。灾害发生前,该区域正在实施地质灾害隐患综合治理工程,划定了危险区和影响区,危险区内人员已避让搬迁。但由于治理工程实施各方对滑坡区地质条件复杂性和灾害风险的认知不足,已实施的削坡、锚固工程未能有效改善坡体的稳定性,施工安全监测预警不到位,从而未能完全避免地质灾害的发生。

(2)断裂构造影响是里东滑坡形成的主要控制性因素。

2. 启示

(1)许多大型滑坡受断裂构造的影响较大,因此在地质灾害勘查和治理方案设计中要充分考虑区域断裂的作用。

(2)工程施工过程中,有必要加强边坡监测预警,一旦发现滑坡隐患点,危险区内人员需全部撤离,且施工人员也不能居住在危险区内。

(3)里东滑坡发生后,浙江省举全省之力驰援丽水,救援及时。这次救援体现了基层党组织和党员干部身先士卒、舍我其谁的担当精神,体现了部队官兵攻无不克、战无不胜的战斗精神,体现了浙江军民心手相连、鱼水情深的团结精神,体现了社会各界一方有难、八方支援的最美精神。

注:资料来源于浙江省第七地质大队,在此特别感谢浙江省第七地质大队的支持和帮助。

第二节 平阳县鳌江镇山外滑坡

一、基本情况

该滑坡位于浙东南平阳县鳌江镇荆溪山,处于东面山坡南麓,山前为海积平原,行政上隶属于鳌江镇山外村,于1990年10月1日发生滑动(图5-17~图5-19)。滑坡共造成1073间房屋和470亩农作物损毁,100余人伤亡(6人死亡,13人重伤,轻伤100多人),直接经济损失达1100万元。此滑坡属于土质滑坡,滑坡发生后,后缘斜坡有开裂变形迹象,并形成了新的变形体。变形体具有高差大、坡面陡峭、风化层厚等特性,对当地居民的生命和财产安全造成威胁。

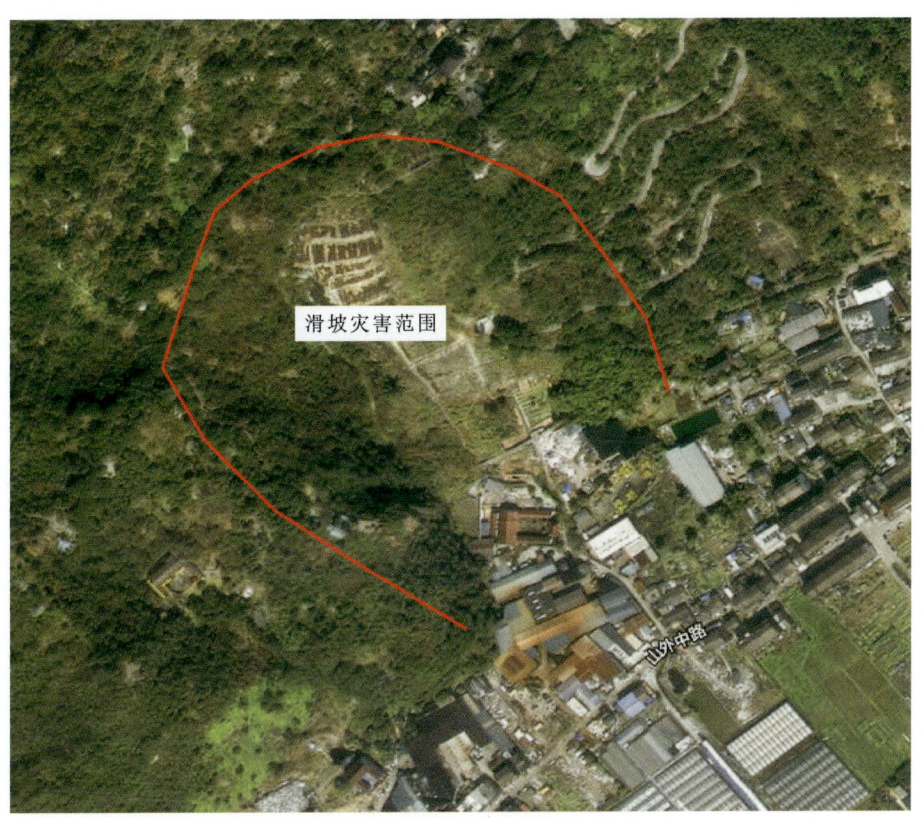

图 5-17 山外滑坡遥感影像图

图 5-18 山外滑坡概貌
(摄于 1990 年 10 月)

图 5-19 山外滑坡概貌
(摄于 2016 年 4 月)

二、孕灾地质条件

1. 地形地貌

荆溪山山体走向整体由西南向东北,地势北高南低,向南西逐渐尖灭,平面上呈尖嘴状。滑坡所在区域位于荆溪山南麓东南面山体,山体最高点高程为441.12m,山体相对高差150～440m,地形坡度为20°～50°,属丘陵地貌,微地形主要为冲沟、负地形和台坎。总体上以高程200～300m为分界线,分界线以下为中坡区,以上为缓坡区。中坡区地形相对较陡,平均坡度30°～40°,植被发育,土壤较厚;缓坡区地形相对较缓,平均坡度为20°,土壤较薄(小于0.5m)。由于岩体为花岗岩,发育的原生柱状节理和球状差异风化使孤石、滚石随处可见,直径可达十几米至二十几米。荆溪山四周为海积平原,地势平坦,高程一般3～5m。

2. 地层岩性

区内出露地层主要有燕山晚期钾长花岗岩($\xi\gamma_5^3$)、第四系残积层(Qh^{d-dl})和全新统海积层(Qh^m)。

(1)燕山晚期钾长花岗岩($\xi\gamma_5^3$)。呈浅肉红色,中粒—粗粒花岗结构,块状构造,岩性成分为钾长石(65%)、石英(30%)、斜长石与黑云母(3%～5%),绿帘石等少量。受区域性断裂构造及风化作用的影响,岩体以全—强风化岩为主,全风化层较厚,地表揭露全风化层厚度可达10～20m。斜坡下部钻孔揭露厚度可达60m以上,为黄褐—灰黄色,结构基本可辨,呈粗砂—砂砾状,局部含黏粒,中密—密实,差异风化程度较大,所形成的中风化块石粒径大小不等,可达十几米以上;斜坡上部公路开挖边坡局部出露有红土。勘查区内局部出露强—中风化基岩,其中强风化岩体节理裂隙较发育,呈镶嵌碎裂状,完整性较差。下部为中风化岩,岩石节理裂隙稍发育,完整性较好,呈整体—块状。所出露岩体均发育有两组共轭X型剪节理,其中产状为140°～150°∠80°～90°的节理较为稳定,延伸大于15m,间距0.01～3.0m,在构造破碎带密集分布;产状为25°～35°∠75°～85°的节理倾向有偏转,延伸大于15m,间距0.5～2.0m。

(2)残积层(Q^{d-dl})。分布于山体斜坡表部,岩性为粉质黏土含碎石。厚度0.5～2.5m,在山顶区局部缺失,平缓地带较厚,一般为黄褐色,松散—稍密,湿—饱和,碎石含量10%～30%,粒径一般20～50mm,次棱角—次圆状。主要分布于斜坡负地形、冲沟沟口以及斜坡坡脚,沟道内分布大量孤石及碎块石,块石粒径0.5m至十几米不等,形状不规则。下部岩性主要为碎石土和粉质黏土含碎石,一般为黄褐色,松散,湿～饱和,碎石含量30%～50%,粒径一般20～100mm,次棱角—次圆状。

(3)海积层(Qh^m)。分布于荆溪山南麓的平原区,岩性为淤泥、淤泥质砂土、黏土等,饱和,软塑或流塑状,物理力学性质差,厚度大于5m。

3. 气象水文

本区属亚热带海洋性季风气候,全年四季分明,气候温和,年平均气温14～18℃,无严寒酷暑,多年平均降雨量为1 670.10mm。降雨量集中于4—6月的梅雨期和7—9月的台风期,最大连续降雨量为23d,最大日降雨量达330.2mm,荆溪山周边年平均暴雨(日降雨量大于50mm)日数约为4.5d。枯水期为11月至次年1月。勘查区属鳌江水系,山体内发育多条常流水型和季节型冲沟,流量受大气降水的控制。

三、滑坡发育特征

1. 山外滑坡特征

山外滑坡产生于山外村后山斜坡的花岗岩全风化层中,滑坡前、后缘高程分别为5m和105m,主滑方向为142°,最大滑距为250m。滑坡体平面长388m,宽88～150m,平面面积约$4.96×10^4 m^2$,厚度为6～16m,总体积约$45×10^4 m^3$,属中型推动式滑坡(图5-20)。

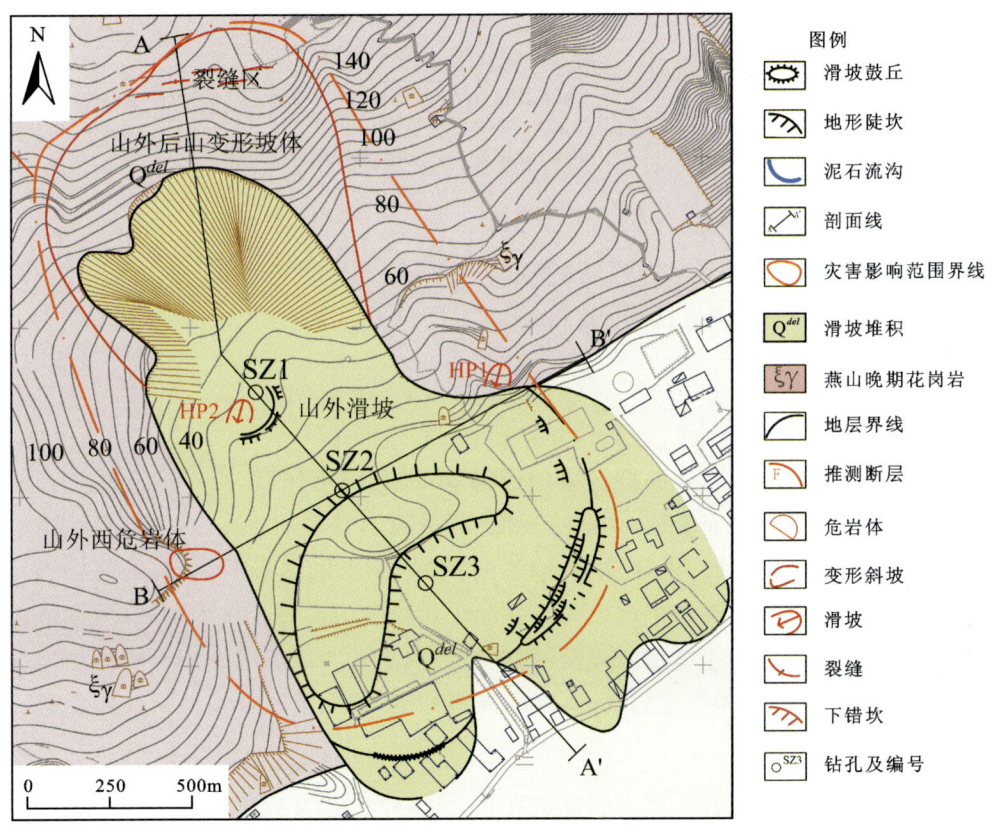

图5-20 山外滑坡及后山变形体工程地质平面图

滑体成分为土黄色、浅棕黄色、灰黄色砂土、砂质黏土夹碎块石,颜色、成分较杂,结构较松散,后部滑体中仍保留有相对完整的花岗岩全风化土体。滑带土厚度为0.38～3.5m,岩性为灰黑色、灰色淤泥质砂土和砂质黏土,颜色及成分较杂,局部含有植物根系,此层中的植物碎屑已炭化变黑,岩芯断面上有摩擦镜面及擦痕现象。滑床物质主要为全风化花岗岩(图5-21)。

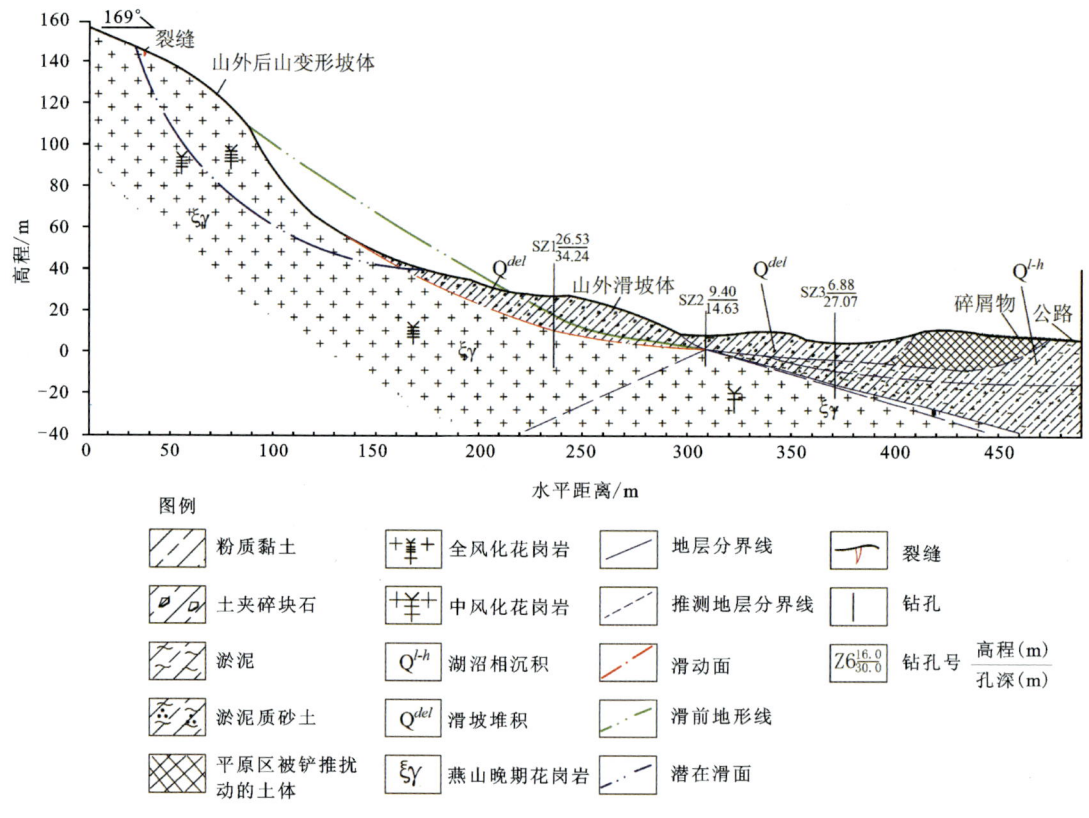

图 5-21 山外滑坡 A-A' 工程地质剖面图

该滑坡属高速远程滑坡,在斜坡区呈槽形滑动,进入平原区后,由于地形平坦、开阔,能量突然释放,滑体充分解体而变薄,并向三面散开,平铺于平原区地表。在平原区,由于地形平坦,滑坡运动时,高速运动的滑体像推土机一样将平原土区的表土刮起,向前推进。由于滑坡的平推铲刮作用,前缘滑体形成系列的弧形垅状地形和反坡台坎。滑坡运动时,因前缘滑体受被铲刮的土体阻挡,速度逐渐减慢,而最终停积下来。但表层的细碎物质因惯性作用裹胁着空气越过被铲刮土体形成的垅岗,继续向前抛洒,增大了滑坡灾害的破坏范围。

2. 后山变形体特征

滑坡发生后,后缘斜坡有开裂变形迹象(图 5-20),并形成了新的变形体。该变形体由山外滑坡后壁以及后壁上方斜坡构成,为山外滑坡所引发的次生灾害。由于山外滑坡发生距今已有 34 年,滑坡后壁又未进行任何支护,经过长时间的风化侵蚀,后壁边界不断向后扩张,现场调查可见滑坡后壁。目前滑坡后壁平面上呈折线形,顶部高程 90~133m,底部高程 35~45m,最大高差约 98m,坡度 45°~60°。后壁上方斜坡地形介于 30°~40°,微地貌主要为负地形和台坎,坎高 1.0~2.0m。斜坡坡度 25°~60°,局部较陡,可达 40°~50°。斜坡体岩性主要为全风化花岗岩,坡表分布孤石、滚石较多,直径大小不等,最大可达 20m。斜坡植被发育,以灌木、乔木、杂草为主。

据以往调查,后缘斜坡在高程 140~150m 一带出现了系列的横向张裂缝,裂缝长 16~30m,走向 80°~100°,宽度 10~20cm,下错高度 0.2~1.2m,可见深度约 1m,目前坡体上裂缝大部分已被土层和植被覆盖。变形体周围未见有新的变形破坏迹象,仅局部可见疑似老裂缝迹象。变形体后缘裂缝应为后壁张拉裂缝,主滑方向与此裂缝垂直,综合判定主滑方向介于 170°~190°。结合以往资料,确定山外滑坡发生时产生的裂缝为变形体可能的后缘边界,滑坡后壁底端为剪出口,故该变形体前后缘高程分别为 40~50m 和 140~160m,平面上大致呈"U"形,横宽 140~180m,纵长 90~100m,平面面积约 $2.2 \times 10^4 m^2$。

3. 变形破坏特征

(1) 地表裂缝。据现场调查,变形体及变形体后方斜坡上共发现多条裂缝。其中,变形体上有 3 条裂缝,裂缝 1(图 5-22)高程约 151m,走向约 90°,延伸约 8m,缝宽 0.5~1.5cm,为地面不均匀沉降引发;裂缝 2(图 5-23)位于滑坡后壁顶部台坎下方,高程约 140m,局部可见裂缝张拉征,该台坎走向约 80°,延伸约 108m,推测为以前山外滑坡发生时所形成的拉裂缝;裂缝 3 在 HP1 顶部,总体走向 150°,为后缘张拉裂缝,平面呈折线状,缝宽 10~40cm,缝深小于 1.0m,从底部延伸至斜坡上部尖灭,总长约 30m。

图 5-22 山外滑坡裂缝 1 概貌　　　　图 5-23 山外滑坡裂缝 2 概貌

(2) 地表台坎与凹坑。在变形体东高程 105m 处有一陡坎,陡坎延伸大于 10m,高差大于 4m,分布于高程 115~140m 之间。斜坡坡面孤石错乱分布,局部孤石下方有凹坑。变形体范围内微地貌多为陡坎,坎高 0.5~2.0m 不等,宽度不等,多数为早期人工改造梯田,局部较高陡坎由孤石形成。另外,局部台坎疑似因 1990 年张拉裂缝形成。陡坎出露全风化花岗岩,厚度基本与坎同高。

(3) 不良地质现象。变形体范围内共发生多处滑坡,基本为浅表层小规模滑坡,其中 HP1、HP2 两处滑坡规模相对较大(即工程地质平面图中的 HP1 和 HP2)。HP1(图 5-24)位于变形体东侧、公路上方,为浅表层滑坡,滑向 200°,后壁坡度 60°~80°,高差 9~16m,滑体物质主要为全风化花岗岩,堆积体坡度约 50°,厚度 1~1.5m,宽约 15m,体积 300m³。HP2(图 5-25)位于变形体西侧冲沟处,为浅表层滑坡,滑向190°,高差10～25m,后壁坡度40°～50°,滑体物质主要为全风化花岗岩,堆积体坡度约50°,厚度1～2m,宽约30m,体积700m³。

图5-24 山外滑坡HP1概貌

图5-25 山外滑坡HP2概貌

4. 岩性结构特征

根据地表和钻孔揭露,变形体处于全风化层超厚区,岩性均为全风化花岗岩。全风化花岗岩虽风化较完全,但仍可分辨出原岩的结构与矿物成分,呈砂土—砂砾状,稍湿—湿,中密—密实,局部含黏粒,呈可塑—软塑状。风化层差异风化程度大,风化残余块石为强—中风化块石,直径0.5m至十几米不等。变形体上孤石、块石堆积。

根据现场调查,结合钻孔资料,勘查区内岩土体按成因时代、物质组成、岩石风化程度、工程地质特征总结如下。

(1)杂填土(Q^{ml})。主要分布于公路底部,为修建公路回填形成。灰褐—灰黄色,以粗粒为主,局部黏粒含量较高,松散,湿—稍湿,其中1.45～1.95m处局部为中风化花岗岩块石。钻孔揭露厚度2.5～8.35m。工程地质性质差。

(2)砂土夹碎块石(Q^{del})。主要分布于山外滑坡,为1990年山外滑坡堆积形成,颜色成分复杂,表观颜色以黄褐—灰黄色为主,结构松散,块石为强—中风化花岗岩,碎块石含量为20%～40%,块径10～70cm,局部块径可达几米。层厚6.5～16m。工程地质性质差。

(3)砂质黏土(Q^m)。分布于斜坡坡脚平原,为海积成因。灰色,含砂量较高,软塑—可塑,局部呈砂土状,无塑性,松散,湿。钻孔Z7揭露厚度2m。工程地质性质差。

(4)淤泥—淤泥质黏土(Q^m)。分布于斜坡坡脚平原,为海积成因。灰色,可塑—软塑,脱水后坚硬,局部为砂土,含黏粒,松散,湿。分布于山体斜坡坡脚平原,钻孔Z7揭露厚度5.4m。工程地质性质差。

(5)粉质黏土含碎石(Q^{d-dl})。分布于丘陵山体斜坡表部,为残坡积成因。黄褐色,松散—稍密,湿—饱和,碎石含量10%～30%不等,粒径一般在20～50mm之间,次棱角—次圆状,在山顶区局部缺失,平缓地带较厚,一般厚度0.5～2.5m。斜坡负地形、冲沟沟道内粉质黏土碎石含量在30%～50%之间,粒径一般在20～100mm之间。工程地质性质差。

(6)全风化花岗岩($\zeta\gamma$)。主要分布于斜坡及坡脚,风化较完全,原岩结构可辨,呈粗砂—细砂状,含少量黏粒,随着埋深增大,密实度逐渐增大,中密—密实,肉红色,含白色和黄色,石英、长石总含量达80%以上。白色为主要黏土矿物,含量10%~20%,局部含量较高,可达30%~40%。风化层局部夹有线状风化产物,主要为黏土矿物,为灰色和黄色。全风化层差异风化程度较大,风化层中含强—中风化碎块石,碎块石直径0.3m至十几米不等。厚度大于65m,未见底。工程地质性质较差。

(7)强风化花岗岩($\zeta\gamma$)。在山顶以及陡崖处出露。肉红色,中粒—粗粒花岗结构,岩体节理裂隙发育,呈镶嵌碎裂状结构,浅表部以张节理为主,深部以剪节理为主。工程地质性质较一般。

(8)中风化花岗岩($\zeta\gamma$)。在山顶以及陡崖处出露。肉红色,中粒—粗粒花岗结构,节理稍发育,块状构造,钾长石含量65%、石英含量30%、斜长石与黑云母含量3%~5%,绿帘石等少量。天然重度26~28kN/m^3,完整岩石单轴抗压强度17~20MPa。工程地质性质较好。

四、成因机制分析

1. 较高陡的地形

由现场调查,结合原始地形图可以看出,滑前斜坡呈内凹沟谷地形。地形坡度与滑坡东侧基岩斜坡地形大致相同。斜坡顶底高程为125~150m和5~6m,最大高差达145m,地形坡度为35°~40°。如此高陡的地形为斜坡的变形破坏提供了有利的临空条件和高势能释放条件。

2. 花岗岩全风化土体

滑坡发生处斜坡受断裂构造和花岗岩岩体差异风化影响,形成了巨厚的花岗岩全风化土体。土体的岩性主要为粗颗粒状砂土,干燥状态下具有一定程度的胶结(泥质胶结),但遇水后可崩解成松砂,力学强度和自稳能力会大大降低。根据力学试验结果,调查区全风化花岗岩土试样饱和度在91%~92%时的平均内摩擦角为20.7°,平均黏聚力为22.5kPa,综合摩擦角为22°(小于35°~40°的斜坡坡角)。由此可见,斜坡土体在遇水的情况下不稳定。

3. 地表水汇集和下渗

从原始地形上看,滑坡发生处的斜坡有一条较长的冲沟,冲沟总长1.15km,汇水面积为2 627.8m^2。野外调查发现冲沟中上部沟底平日无水,只在中下部(50m高程附近)以泉(流量约为0.02L/s)的形式流出。此现象说明坡体的地下水位较低,坡体的透水能力较好。据访问,滑坡发生前该冲沟一遇大的降雨,山洪水就会携夹大量的泥砂堆积于山前的原河道中,甚至将河道淤塞,可见坡体地下水的潜蚀作用较强。

因此,大量地表水的下渗使土体的潜蚀和软化作用加剧,降低了斜坡的稳定性。根据1990年平阳县的降雨资料,当年6—9月台风甚多,6—9月的降雨量分别为309.5mm、110.8mm、423.1mm、549.8mm,累计降雨量达到1 393.2mm,月平均降雨量为348.3,其中9月的降雨量高达549.8mm,为该月多年平均降雨量230.7mm的2.38倍。由此可见,1990年台风带来的强降雨使坡体地下水增加是诱发滑坡的主要原因。

4. 人类工程活动强烈

滑坡发生前的斜坡也是当地居民采砂、采石活动的场所之一。该区斜坡共有4个砂石开采点,累计开采面达4025m^2。开采活动一直持至滑坡发生前,可见人类工程活动对该区斜坡的地质环境影响较为强烈,从而恶化了斜坡的稳定条件。

五、防治方案

1. 治理设计思路

经分析认为,造成变形体浅表层破坏的主要原因:①变形体岩性以全风化花岗岩为主,坡体性质不均匀,差异风化程度高,呈"夹心饼干"结构,全风化砂性土与块石互层,块石含量高。在地表径流冲刷和地下水渗流作用下,坡表岩土体中细颗粒易被冲刷淘蚀,造成坡体"镂空",致使浅层小规模滑坡发生。②区内在台风期有短历时降雨量大且集中的特点,加剧了水对坡体稳定性的不利影响。

造成变形体西侧"尖嘴"处破坏的主要原因:除了上述岩土体特殊性质和区域强降雨条件外,该处地形条件是造成"尖嘴"处破坏的另一重要因素。一方面该处为有利于地表汇水的扇形地形,在强降雨期地表径流流量激增,对坡脚的冲刷强烈易造成坡脚掏空,从而对前缘整体稳定性造成影响;另一方面该处地形较陡,为滑坡的发生提供了有利的条件。

因此,对变形体"尖嘴"处进行削坡加固处理,将削坡弃渣堆放于变形体坡脚,一方面增强变形体整体稳定性,另一方面可作为浅表层小滑塌堆积缓冲区,对HP1处坡脚、坡顶公路进行加固防护。

2. 分项工程措施

综上所述,主要采取局部削坡+清坡+锚杆格构+挡土墙+坡脚回填+加筋土挡墙+排水工程+护坡工程+监测系统的综合治理措施对山外滑坡进行防治(图5-26)。

1)局部削坡+清坡

对变形体西侧"尖嘴"处进行削坡处理,削坡坡率均为1:1,共7级,每级边坡高度10m,坡脚马道平台宽2m,从下至上一级边坡坡脚高程为65m,七级边坡为一坡到顶。

由于公路上方滑坡HP1地形较为复杂,为给锚杆格构施工创造条件,需清坡、整平坡面。清坡范围为公路上方HP1锚杆格构加固范围,清坡原则以清除表层松散岩土体、平整坡面为主。按原有地形进行整平,禁止大范围开挖,平整程度以能够保证格构梁自稳、不出现格构梁悬空为准。

2)锚杆格构

锚杆格构护坡范围主要为削坡范围以及HP1的范围。锚杆为全黏结性锚杆,杆长9m,主筋为直径28mm,锚固段长度为4m,孔径130mm,入射角20°(俯角),锚杆之间设置格构

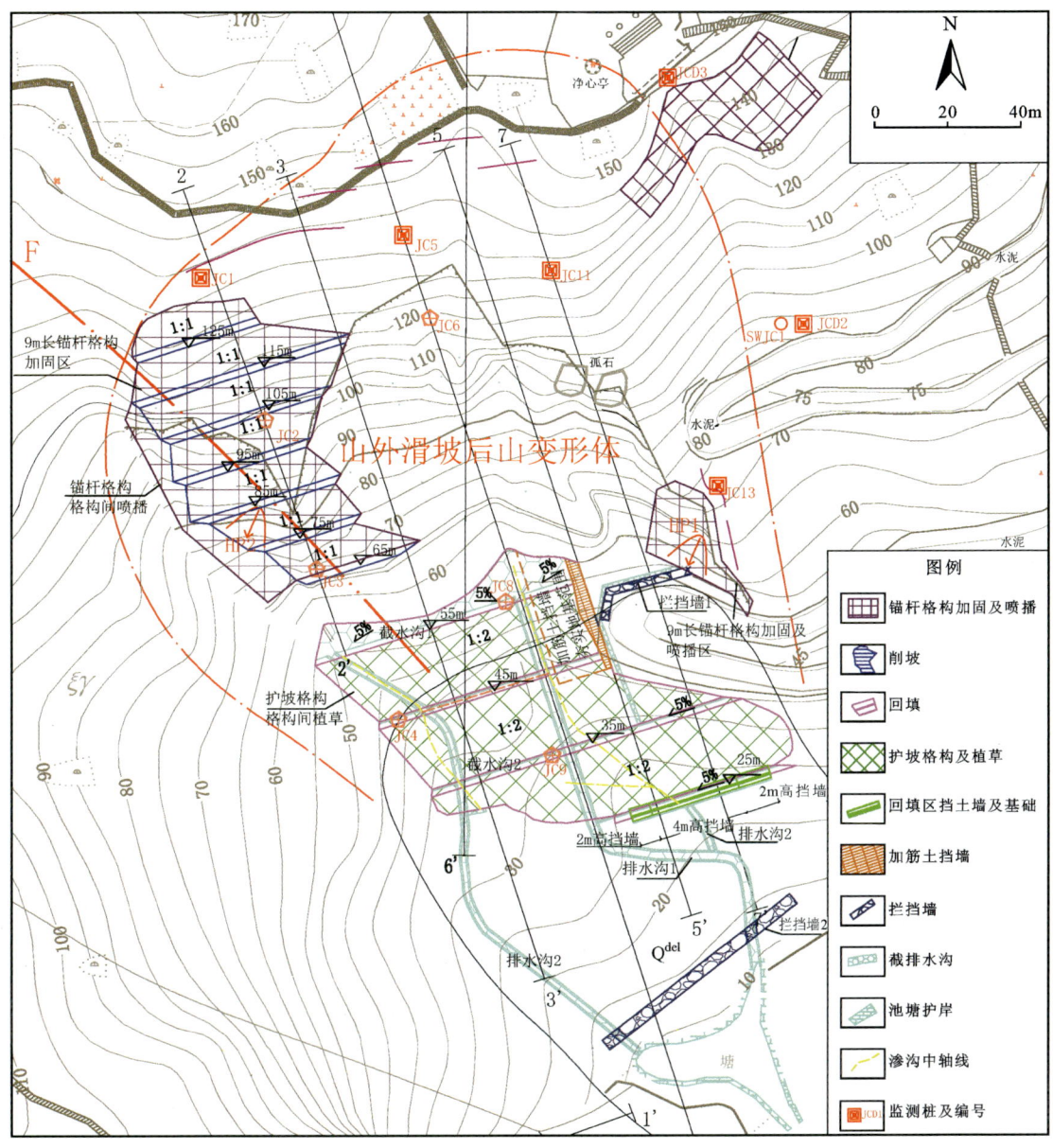

图 5-26 山外滑坡防治工程平面布置图

梁,矩形布置。

3) 挡土墙

回填边坡坡脚挡土墙为悬臂式挡土墙,中部高 4m,两侧高 2m,为钢混结构。

4) 坡脚回填

坡脚回填反压坐落于滑坡堆积体上,共 3 级,回填坡率均为 1:2,回填每级坡高 10m。回填前先对坡面进行修整,坡度缓于 1:5 时,仅需清除地表草皮及腐殖土;坡度陡于 1:5

时,除清除地表草皮及腐殖土外还应将坡表修建成台坎状,台阶宽度不小于2m。坡表进行修整后,应碾压密实,压实度应大于90%。

5) 加筋土挡墙

在填方边坡与公路相接段修建加筋土挡墙。加筋土挡墙为包裹式,由植生袋、筋带和填土等部分组成。

6) 排水工程

排水工程主要为地下排水渗沟、地表截排水沟以及坡脚池塘改建,其中地下排水渗沟主要设置于回填土内,截排水布置于回填区,池塘改建主要布置于坡脚池塘处。地下排水渗沟沿原有沟道布置,基底埋置在现原始坡面下1.0m以上的稳定土体中,顶部距设计填筑地面高程2m,上部用黏性土回填压实,沟顶部的表面用水泥砂浆勾缝处理,以防止地面水流入。基底应铺砌防渗层,基底台坎高度不小于1.0m。

7) 护坡工程

护坡工程分为两个部分,一部分为回填区护坡,另一部分为锚杆格构区护坡。回填土护坡采用钢混格构梁菱形布置,纵横梁间距为3.0m×3.0m(水平间距×垂直排距),截面宽×高为30cm×40cm。格构铺设于坡表,格构梁完全嵌入坡面,格构间植草绿化。锚杆格构区护坡主要采用喷播绿化。

8) 监测系统

监测系统主要分为施工安全监测系统和防治效果监测系统,同时建立以群测为主的长期监测点。

施工期间地表绝对位移监测频率每天不少于一次,在汛期、雨季、预报期应加密监测,宜数小时一次。在前缘挡墙基槽开挖过程中,应进行实时监测,宜数小时一次,同时安排指定人员对边坡后缘进行实时巡查观测,发现异常及时进行预警预报。

施工竣工后地表绝对位移监测频率正常情况下每30d监测一次,在雨季每15d监测一次,旱季每月监测一次;在汛期、雨季、预报期应加密监测,宜每天一次或数小时一次直至连续跟踪监测。

六、结论与启示

1. 结论

(1) 山外滑坡是由地形地貌、岩土工程地质特性和降雨等因素的综合作用形成的。滑坡区域高陡的地形和陡坡区与缓坡区的差异为滑坡的发生提供了有利条件;岩土工程地质特性,如花岗岩全风化土体的存在以及土体力学特性相对软弱,对滑坡的稳定性产生了重要影响;降雨是滑坡的重要诱发因素,特别是暴雨期间的强降雨,加剧了土体的风化和破坏,导致滑坡发生。

(2) 山外滑坡规模大,危害大。滑坡发生后,后缘斜坡变形体随着时间推移进一步发展形成了新的滑坡隐患,应引起高度重视。

层,单层厚度一般1~3m。主要分布于悬(陡)崖的中下部及景青公路开挖边坡的中上部。

(4)灰色、青灰色凝灰岩。灰色、浅灰色、青灰色流纹质含角砾(岩屑)晶屑玻屑熔结凝灰岩及角砾凝灰岩,层厚约50m,块状结构,流纹构造。主要分布于悬(陡)崖的上部、场地东部斜坡的基岩裸露处及滑坡区底部的稳定岩体。

2)第四系松散层(Qh)

该层主要分布于勘查区中—缓坡区,总体岩性为一套由残坡积(Qh^{el-dl})、崩坡积(Qh^{col})、滑坡堆积(Qh^{del})、冲洪积(Qh^{al-pl})及人工堆积(Qh^{ml})组成的松散岩土体。

(1)残坡积(Qh^{el-dl})。岩性为灰色、灰褐色土夹碎块石、碎块石夹土,稍湿,部分可塑,松散—稍密结构,层厚一般0.5~2.0m。主要分布于基岩斜坡的表浅部。

(2)崩坡积(Qh^{col})。岩性为一套大小不同深灰色碎块石堆积,松散结构,层厚2~15m。主要分布于悬崖下方的坡体中及东侧峡口处。

(3)滑坡堆积(Qh^{del})。岩性为一套灰黄色、灰紫色、紫红色碎石夹土和土夹碎块石,层厚10~50m,结构较为松散、凌乱。主要分布于场地中央的缓坡区。

(4)冲洪积(Qh^{al-pl})。岩性为灰黄色粉质黏土、砂土、砂、卵砾石、漂石组成,层厚2~10m,松散。分布于东侧小溪的西岸。

(5)人工堆积(Qh^{ml})。岩性为灰白色、灰紫色碎块石组成,松散,层厚1~5m。主要分布于南侧景青公路下方斜坡的表部,由公路建设开挖堆积形成。

3. 气象水文

勘查区属亚热带季风气候区,气候温暖湿润,雨量充沛。多年平均气温为19.7℃,极端最高气温为44℃(1953年7月),极端最低气温为−5.3℃(1973年12月)。多年平均降雨量为1 739.5mm,按降雨特性可分为4月16日至7月15日梅汛期、7月16日至10月15日台汛期(常出现大暴雨,形成较大的洪水)、10月16日至次年4月15日非汛期(干旱少雨)。年平均大到暴雨日数为20d。

勘查区位于瓯江支流小溪的中下游,小溪滩坑水库坝址以上流域面积3330km²,滩坑坝址多年平均流量120m³/s,多年平均年径流量37.8亿m³。小溪径流年内分配不均匀,全年以6月来水量最大,占全年水量的19.7%。

有条常年性溪流自西向东穿越勘查区,并在勘查区东侧汇入小溪,该溪流勘查区东侧峡口以上的汇水面积约1.30km²,沟口旱季流量0.2~0.3m³/s,汛期1~2m³/s,暴雨时可达10m³/s以上。该溪沟在高程约90m处分为南北两条溪沟,南沟汇水面积约0.60km²,主沟长约1000m,相对高差400m;北沟汇水面积约0.70km²,主沟长约1600m,相对高差500m。

三、滑坡发育特征

1. 形态特征

泉山滑坡的发育特征较典型,四周被相对陡峻的山体包围,平面形态呈不规则扁平状扇形,滑坡总体呈北东东向展布,平面最大长度为1000m,宽度为200～550m,平面面积约0.291km²,平均厚度约21m,总体积约610×10⁴m³,为一个大型滑坡(图5-28)。

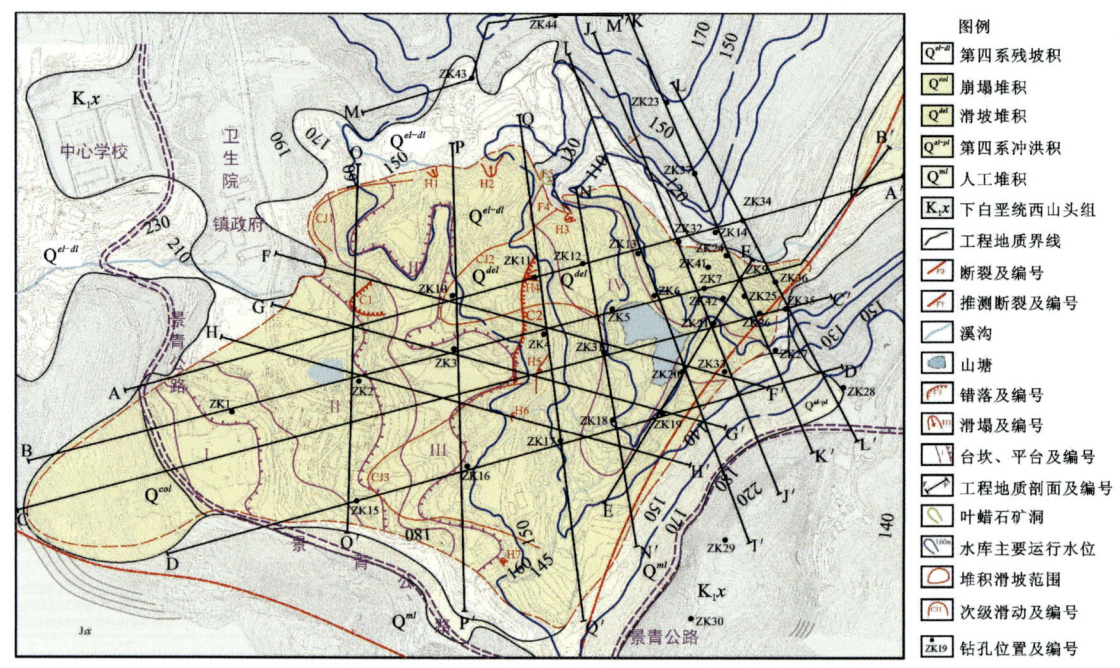

图 5-28　泉山滑坡工程地质平面图

滑坡区地形为西高东低的台阶状缓坡,平均坡度为12°,前后缘高程分别为77m和290m,前后缘相对高差达213m。滑坡区内的地形台阶从上到下可分为5个台坎(用一、二、三、四、五编号)、4个平台(用Ⅰ、Ⅱ、Ⅲ、Ⅳ编号)(图5-29),除滑坡边界台坎、平台的地貌特征不甚明显外,整个滑坡体内部台坎、平台的分布特征较为明显,特别是滑坡主轴线上的分布更加明显。

2. 变形破坏特征

基于详细的现场调查和工程勘查,认为泉山滑坡具有空间结构复杂的特征和时间上的多期性特征,并且受周围地形影响,其运动特征具有多变性,是一个从空间到时间的一系列滑坡、崩塌相互作用的结果。泉山滑坡的多期活动特点主要体现在以下方面:

(1)滑坡区发育有明显的多级台坎与平台,平台上未发现河流侵蚀作用留下的痕迹,说明这些台坎与平台为滑坡分级解体和滑动所形成的。从平台的总体展布形态上分析,滑坡主倾方向为90°,与滑坡最初的滑动方向110°不同,反映出滑坡滑动的多期性。

(2)滑坡中下部Ⅲ、Ⅳ级平台地形不完整,存在地形缺口,其中CJ2、CJ3次级滑动体中的残留平台高程(分别为165m和167m)与Ⅲ级平台主体高程171m有一个明显的高差(分别为6m和4m),说明上述地形缺口为滑坡后期次级滑动所致。

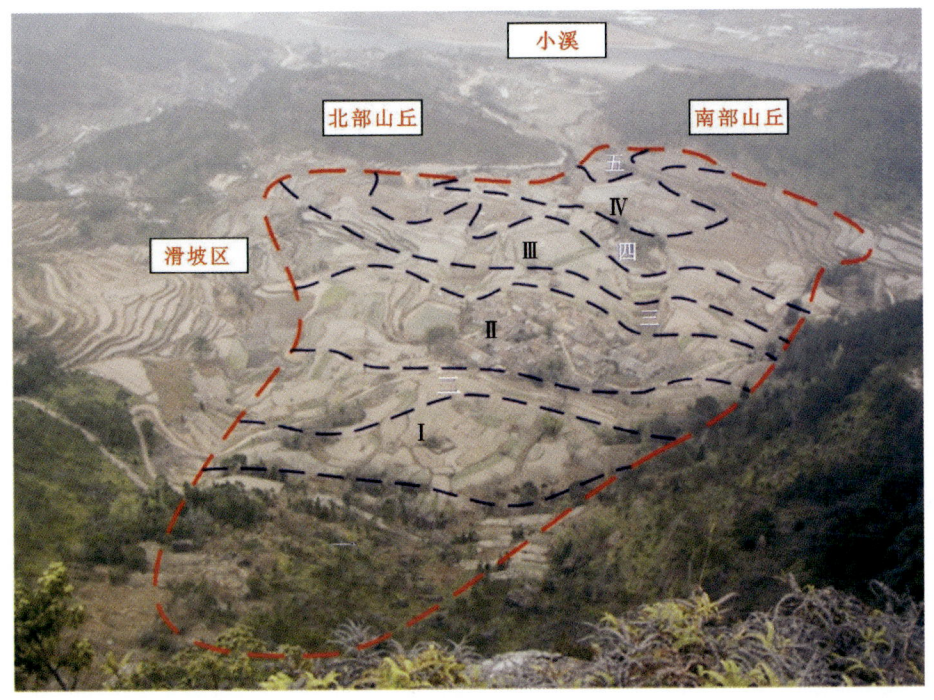

图 5-29　泉山滑坡区全貌图

(3) 根据钻孔资料,多个钻孔中所揭露的滑动面(带)上发现有擦痕,其中部分钻孔揭露的滑面上发育有两组擦痕,两组擦痕的方向呈 65°夹角,说明滑坡至少有两期滑动。

滑坡区内滑塌现象主要分布于北侧溪沟及中部公路开挖边坡处,规模均较小,主要由溪沟侵蚀和公路开挖引起。2003—2004 年由于北山镇复建工程需要建设上山公路,公路建设时,一些开挖边坡就产生滑塌,建成后,台风暴雨时也常发生一些小滑塌。

滑坡区的错落均发育于相对较陡的台坎中,规模较大,其中 C_2 错落体已达到一个中型滑坡的规模,且现场调查发现 C_1、C_2 错落坎与周界有明显的下错,该两处错落均发生于近几十年内,其诱发的直接原因分别与降雨和人工水塘开挖有关。

此外,滑坡区内存有较多的田埂成带垮塌、错位等变形破坏迹象,据村民介绍,台风暴雨期间,滑坡区内梯田的田埂常发生一些小滑塌。

3. 滑坡体特征

1) 滑体特征

据地质调查及钻探揭露,滑坡体主要物质组成为第四系坡积层和全风化火山碎屑岩(图 5-30)。滑坡区主要岩性结构特征如下。

(1) 粉质黏土夹碎石。厚 0.40~17.60m,可塑—硬塑,颜色杂乱,总体以灰黄色、灰褐色、黄褐色为主。岩性以粉质黏土为主,稍湿—湿,部分饱和,可塑—硬塑,部分地段出露粉土、黏土等。土中的碎石含量 10%~50%,粒径 1~20cm,原岩成分主要为青灰色、紫红色凝

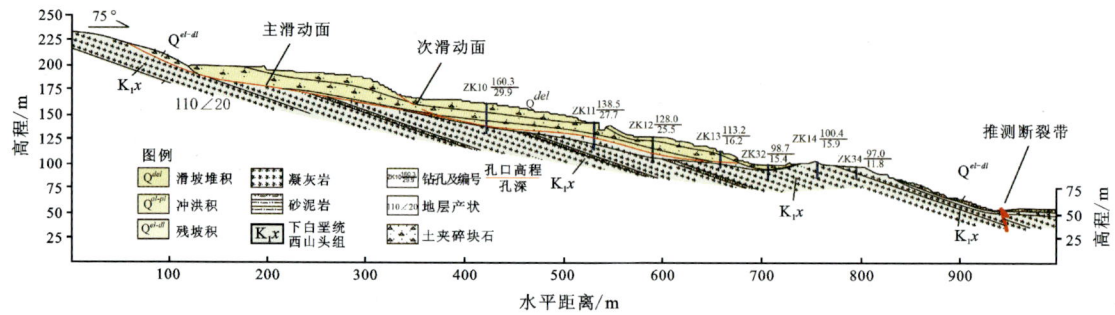

图 5-30　泉山滑坡 A-A′ 工程地质剖面图

灰岩,大部分呈强—中风化状态,部分呈黄色、紫红色全风化土状。该层表部一般分布有 0.20~0.50m 的耕植土,灰褐色、深灰色,土体结构疏松。

(2)碎块石夹粉质黏土。厚 0~30.20m,中部、南部缺失,松散—稍密,颜色杂乱,总体以浅灰黄色、灰白色、灰紫色为主。碎块石原岩岩性以凝灰岩、凝灰质砂岩、砂岩为主,含量大于 50%,块(粒)径一般 10~100cm,最大可达 200cm 以上,多呈中风化状态,部分呈强风化状态。碎块石之间一般夹有 10%~40% 的粉质黏土、粉土、黏土等,湿—饱和,可塑。

(3)黏土夹碎石。厚 0.35~16.10m,软塑—可塑,颜色较为单一,后部以紫红色为主,滑坡前缘及周边过渡为灰紫色、灰黄色、灰白色。岩性以黏土、粉质黏土为主,湿—饱和,可塑,部分饱和土呈软塑状土中碎石含量 10%~40%,粒径 1~15cm,原岩成分主要为青灰色、紫红色凝灰岩与砂岩,大部分呈强—中风化状态。

(4)强风化基岩。厚 0.40~9.10m,节理发育,岩体破碎,颜色较为杂乱,总体以紫红色、灰紫色、浅灰色、灰绿色为主。岩性以强风化凝灰岩为主,部分为粉砂岩,岩石风化强烈,节理裂隙发育,节理面有铁锰质渲染,岩石强度较低,锤击易碎,部分遇水崩解。取出岩芯呈碎裂、碎块状,少量呈短柱状。

(5)中风化基岩。厚 2.10~18.80m(揭露厚度),节理较发育,岩体较破碎,颜色以青灰色、灰绿色紫红色为主。以中风化凝灰岩为主,岩石风化一般—较强烈,节理裂隙较发育,节理面一般有铁锰质渲染,岩石一般较为坚硬,岩体较为破碎。取出岩芯以短柱状、碎块状为主,质量较好的岩体呈长柱状。岩石质量指标 RQD 值一般较低,大部分小于 75%,少量甚至小于 10%。

4. 滑动面特征

据钻孔岩芯及叶蜡石矿洞周边人工开挖边坡揭露,在滑带土的底面上发现有摩擦镜面与擦痕现象,大部分摩擦镜面和擦痕发现于滑带土与基岩滑床的接触面上,一小部分发现于滑带土内(图 5-31)。

滑动面的埋深最深可达 50.45m,在四级台坎以上的埋深一般 20~45m,四级台坎以下埋深一般 5~15m。横向上滑动面的深度表现为西深东浅、四周浅中部深,滑动面的主纵剖

图 5-31 泉山滑坡滑动面上的擦痕

面形状为后陡—中直—中下反翘—下陡—前缓的波浪状。经分析,反翘滑面的顶点可能为古滑坡最初滑动的剪出口,其分布高程为 125~130m,高出现今溪沟 20~30m。

3) 滑带土特征

根据钻孔及地表工程揭露,整个滑坡体分布范围内稳定基岩上均覆盖有一层紫红色、灰紫色的高黏性土层,大部分呈饱和、可塑状,物理力学指标较低。该层的碎石含量及大小与粉质黏土夹碎石、碎块石夹粉质黏土层相比均有不同程度的降低。从滑坡前缘叶蜡石矿洞附近揭露的剖面分析,滑带土上下部分为高黏性土,中间夹有 30%~40% 的粗砂颗粒和 10%~20% 的碎块石,且多有一定程度的磨圆现象(图 5-32、图 5-33)。

图 5-32 泉山滑坡滑带土及磨圆的碎石

图 5-33 泉山滑坡滑带土发育情况

4) 滑床特征

根据现场调查及钻孔揭露,滑床由强风化和中风化基岩组成,基岩岩性主要为青灰色、灰绿、紫红色凝灰岩,部分为粉砂岩,中风化基岩所有钻孔均有揭露,强风化基岩滑坡体周边的钻孔部分缺失,地层产状110°∠20°~25°。基岩的风化较强烈,节理裂隙较发育,岩芯较破碎,以短柱状、碎块状为主,部分碎裂状,岩石质量指标 RQD 在一般在 10%~75% 之间,部分强风化层甚至小于10,岩石质量总体较差(图 5-34)。

图 5-34　泉山滑坡钻孔揭露滑床基岩(ZK41孔底岩芯)

四、成因机制分析

1. 坡体为易滑结构

滑坡区的基岩斜坡为顺层斜坡,地层产状 110°~120°∠20°~25°,与滑坡第一次整体滑动的主滑方向110°基本一致,与第二次整体滑动主滑方向75°的视倾角达到15°~18°,该区基岩斜坡属斜向缓倾斜坡。研究表明,此类斜坡中往往会发生规模较大的滑坡。

2. 岩性相对软弱

滑坡区出露地层岩性为下白垩统西山头组凝灰岩与砂岩、泥岩互层,其中砂岩、泥岩易风化。从滑坡的发育特征可以看出,滑动面主要产生于砂岩、泥岩中,其层理面较发育,且常常含有泥质的软弱面,岩体的抗风化能力较弱。斜坡岩体中的软弱层面在遇水的情况下强度会大大降低,由于此套地层单层厚度较薄,岩性相对较软弱,斜坡岩体在重力的长期作用下会产生滑移-弯曲型蠕变变形,直至最终破坏。

3. 溪沟侵蚀切割

滑坡区分布南、北两条溪沟,溪沟长期对坡体的冲刷、切割,使以中—薄层状沉积岩、凝灰岩为主的岩体(岩体相对软弱)构成斜坡浅表部的主体,并为斜坡的变形与破坏提供了必要的临空条件。滑坡第一次滑动后溪沟被堵塞,随着溪沟的再次切割,滑坡体又多次发生了分级解体与滑动。滑坡的多期次活动与溪沟的反复切割有着密切的关系。

4. 降雨诱发作用

滑坡区属亚热带季风气候区,受西太平洋低气压影响,每年6—10月为台风暴雨季节,常出现暴雨、大暴雨,甚至特大暴雨。强降雨使地表水大量浸入坡体内造成较高的孔隙水压力和动水压力,加大了坡体下滑力。地表水体浸入,降低了岩土体的抗滑摩阻力,由于滑坡区下伏基岩为相对隔水层,水体浸入坡体后于基岩面受阻,软化、泥化基岩面上的土体,降低了岩土的抗剪强度,有利于滑坡滑动。

5. 人类工程活动

滑坡区内梯田的修建改变了坡体的自然地貌,水田的耕种改变了坡体的地下水状态。梯田修建和农业耕种降低了滑坡区表层松散土体的力学强度指标,使田埂发生变形破坏。公路的修建较大规模地改变了坡体的地貌特征,形成开挖高陡边坡,使表部的滑体临空,产生滑塌等变形破坏。

滑坡区前缘的水塘为20世纪60年代修建的,修建时对坡体进行了较大规模的开挖,其开挖段位于滑坡区的抗滑段,降低了滑坡的抗滑力,从而在古滑坡的内部诱发了一个体积达 $15.6 \times 10^4 m^3$ 的部分坡体失稳(C2)。

五、防治方案

1. 防治设计思路

综合考虑滑坡区独特的地形与地质条件以及当地的社会经济发展状况,采用沟口堵填的方法,堵住周围基岩山体中的地形缺口,利用稳定的基岩山体和工程构筑物作为支挡力源,进行滑坡前缘区坡脚填方反压,以阻止滑坡失稳,确保滑坡区场地的整体稳定。

多年的监测显示,通过治理,滑坡体已处于稳定状态,达到了预期的效果。

2. 分项工程措施

治理方案的主要工程措施为峡口区堵填填方+北部山丘缺口堵填与浆砌块石挡墙+滑坡前缘坡脚反压填方+地表截排水+监测工程。

(1)峡口区堵填填方。峡口区堵填填方位于峡口区东部,考虑到滩坑水库从2008年3月底到4月初,第一期蓄水的正常水位高程为110m,汛期高水位高程为137m,堵填填方分两个阶段进行施工。第一阶段为地表至115m高程阶段填方;第二阶段为115~125m高程阶段填方。

(2)北部山丘缺口堵填与浆砌块石挡墙。北部山丘缺口位于滑坡北部山丘的两个地形缺口处,高程分别为150m和154m。为堵住这两个地形缺口,设计在山丘缺口1处采用重力式挡墙＋钢筋混凝土基础,山丘缺口2处采用放坡填筑。其中,山丘缺口1共设计3个挡墙(编号1♯、2♯和3♯),挡墙全长105.2m,墙顶宽0.5～1m;山丘缺口2按1∶2.5坡率放坡,填筑全长(东西向)95.2m,护坡采用0.5m厚的干砌片石。

(3)滑坡前缘区坡脚反压填方。滑坡前缘区坡脚反压填方位于峡口区西部162m高程线以东的沟谷地带,为加快施工进度,合理安排施工顺序,滑坡前缘区坡脚反压填方分3个阶段进行施工:第一阶段峡口区西部地表至115m高程填方;第二阶段峡口区西部115～125m高程阶段填方;第三阶段125～162m高程滑坡前缘填方。分台阶压实填筑,填筑边坡分3个平台、4个阶坎,平面呈圆拱型,圆拱最小曲率半径为195m,阶坎边坡坡率为1∶2.5～1∶3。

(4)峡口区填方边坡护坡。峡口区填方边坡护坡分峡口区东部和峡口区西部两个部分。东部填方边坡护坡考虑到滩坑水库第一期蓄水时间,分两个阶段施工。第一阶段峡口区东部地表至115m高程阶段护坡采用0.5m厚的干砌片石;第二阶段峡口区东部115～125m高程阶段护坡采用0.5m厚的干砌片石。西部填方边坡护坡位于峡口区西部162m高程线以东的沟谷地带,125～162m采用0.5m厚的干砌片石圆拱型护坡。另外,在圆拱型边坡护坡上设置3道台阶。

(5)地表截排水。地表截排水工程分为滑坡后缘北溪沟上游截水和峡口区溪沟排水。滑坡后缘北溪沟上游截排水沟采用浆砌石明渠,总长331m;峡口区溪沟排水采用1.5m的预制钢筑混凝管,全长167.5m,管口上游加25@100的钢筋格栅和栅后3m宽的碎块石反滤带。

(6)监测工程。为掌握滑坡施工期间和运行期的稳定状态进行了监测设计,建立了系统化、立体化的监测网络,监测项目包括深部位移监测、地表绝对位移监测、巡视检查、地下水位监测、地表水位监测、雨量监测等。

六、结论与启示

1. 结论

(1)泉山滑坡属大型古滑坡,由地形地貌、岩土工程地质特性和降雨等综合因素导致。滑坡区域的地形地貌特征,包括连绵的山脉、陡峭的山势和河谷的"V"字形,为滑坡发生提供了有利条件。岩土工程地质特性包括全风化土体和岩体的弱风化特性,对滑坡稳定性产生了重要影响。频繁降雨的气象条件加剧了土体的饱和程度,导致滑坡的发生。

(2)综合考虑滑坡区独特的地形与地质条件以及当地的社会经济发展状况,采用峡口区堵填填方、山丘缺口堵填与浆砌块石挡墙、滑坡前缘坡脚反压填方、地表截排水等一系列工程措施进行滑坡治理。多年的监测显示,治理后滑坡体已处于稳定状态,达到了预期效果。

2. 启示

(1)对于此类大型地质灾害,需进行全面的勘查评价,包括地形地貌、岩土工程地质特性和降雨等因素的调查,以便更好地了解灾害的成因和机制。

(2)在治理滑坡时,需根据具体情况制定合理的治理方案,包括削坡、回填、支挡工程、截排水工程和绿化生态防护等措施,并进行监测和评估,以确保治理效果。

(3)应加强对地质灾害的预防和防治工作,包括对地质环境的认识和评估,加强监测和预警系统的建设以及制定合理的防治方案,确保人民生命财产的安全。

(4)应切实加强山区建房选址评估,对拟建、迁建的场地应进行前期可行性论证并详细调查,查明不良地质作用和对拟建、迁建场地的影响,结合危险性、危害性、社会性及经济性等进行适宜性综合评价。

第四节　永嘉县黄田街道千石崩塌

一、基本情况

永嘉县黄田街道千石崩塌位于千石村水库北侧,水库北侧斜坡山高坡陡,顶部呈陡崖状,基岩裸露,节理裂隙发育,分布大量的危岩体,于2015年12月10日9时左右,斜坡顶部发生一处崩塌,崩塌体总方量约$250m^3$,自顶部滚落于坡脚道路上,崩塌体沿运动轨迹分布,并造成坡脚路面以及防护栏严重损坏,所幸未造成人员伤亡和车辆损毁(图5-35)。

图5-35　千石崩塌周围地形地貌

二、孕灾地质条件

1. 地形地貌

崩塌及其周边地貌属丘陵区,斜坡呈东西走向,区内最高高程 135m,坡脚高程 12.5m,相对高差 122.5m,斜坡坡面倾向约 160°,地形坡度较陡,下部缓坡坡度 30°~35°,高程 75~110m 以上地形坡度可达 65°以上,可见大面积基岩裸露形成陡崖。斜坡植被覆盖率较高,植被以杂草、乔木为主。

2. 地层岩性

(1)第四纪地层。主要为崩坡积层(Qh^{col-dl})(图 5-36)和残坡积层(Qh^{d-dl})。其中崩坡积层主要分布于陡崖下方斜坡坡表,岩性为碎石土,黄褐色、灰褐色,碎石粒径 0.2~100cm,含量 40%~65%,厚度 0.2~2m。斜坡上零星分布有残坡积层(Qh^{d-dl}),岩性为含碎石粉质黏土,黄褐色、灰褐色,碎石粒径 0.2~5.0cm,含量 15%~30%,厚度小于 0.5m,大面积缺失。

图 5-36 千石崩塌崩坡积层

(2)前第四纪地层。斜坡范围内出露为下白垩统朝川组(K_1cc),岩性为灰色重结晶流纹质玻屑晶屑凝灰岩,具变余玻屑晶屑凝灰结构,块状构造。晶屑成分主要由钾长石、斜长石、石英等矿物组成,含量分别为 17%、8%、8%,粒径 0.5~2mm;玻屑(已重结晶成长英质)含量 67%。岩石具弱绢云母化和黄铁矿化。

(3)岩脉。勘查区出露北东向岩脉,岩性主要为霏细斑岩($\nu\pi$),岩体呈肉红色,斑状结构,斑晶为正长石、石英或斜长石。

三、崩塌基本特征

1. 变形破坏过程

永嘉县黄田街道千石村千石水库北侧山体于 2015 年 12 月 10 日发生崩塌(图 5-37),主要为斜坡上部危岩体受顺坡向结构面控制并在其他结构面共同切割下坠落,崩塌物质堆积于斜坡下部表层及坡脚地带,造成斜坡下部道路路面凹陷、防护栏损坏(图 5-38),小部分块石冲下斜坡坠入下方水库(图 5-39),崩塌体总方量约 250m³。此外,斜坡下部可见大直径块石,直径 5~8m,次圆状-次棱角状,推测该区域历史上曾发生过多次崩塌。

图 5-37 千石崩塌区全景

图 5-38 千石崩塌区受损路面及护栏

图 5-39 千石崩塌区斜坡下部水库

2. 斜坡工程地质特征

崩塌区位于斜坡北侧坡脚，总宽度约42m，为直线型，分布在高程85～110m，与斜坡下部道路相对高差60～85m。（图5-40、图5-41）。斜坡陡崖下方分布崩坡积层，岩性为碎石土，碎石含量40%～65%，粒径0.2～100cm，层厚0.2～2m；陡崖上方分布残坡积层，岩性为含碎石粉质黏土，碎石含量一般15%～30%，粒径0.2～5cm，层厚0.2～1m。下伏基岩主要为霏细斑岩，岩体以中风化为主，岩体节理裂隙发育，节理裂隙一般平直微张，延伸长度一般十几米至几十米，间距1.0～3.0m，且顺坡向节理发育，受节理裂隙影响，岩体呈块状结构，斜坡上部覆盖层缺失，发育陡崖（图5-42），岩体陡直、裸露，因外侧岩体脱落形成危岩体或基岩凹腔（图5-43），为该斜坡危岩体主要分布区。

下部斜坡岩体完整性较好，节理裂隙平直闭合，第四系覆盖，植被较发育。斜坡下部修建有道路，区内其余斜坡现状遭受少量人类工程活动影响，主要有坟墓修建、旅游步道修建形成的少量开挖，斜坡坡面植被发育，多为杂草、乔木。

斜坡岩土体主要分为覆盖层与基岩分界面、岩体结构面两类。

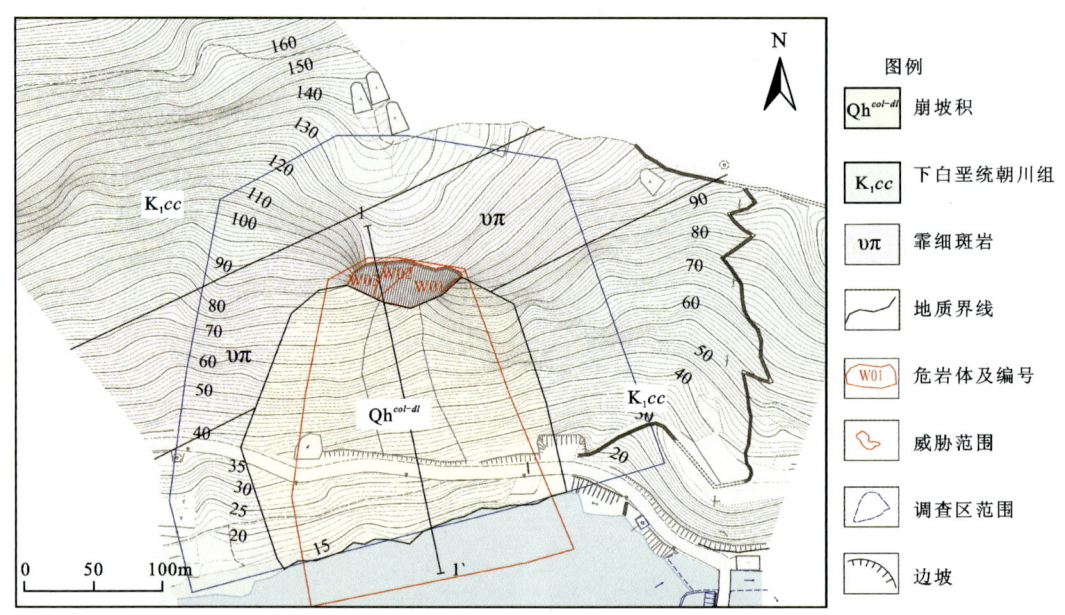

图5-40 千石崩塌所在斜坡工程地质平面图

（1）覆盖层与基岩分界面。覆盖层与基岩分界面在自然斜坡分布，基本与斜坡坡面平行，主要为残坡积土体与中风化岩体的分界面、崩坡积层与中风化岩体的分界面，埋深一般小于2m，较为平直。

（2）岩体结构面。岩体结构面主要为构造节理，区内岩体因受后期构造作用及风化作用影响，节理裂隙较发育，密度一般每米1～3条，节理面以平直、光滑为主，闭合—张开。调查区主要发育4组节理，斜坡岩体的节理较有规则。

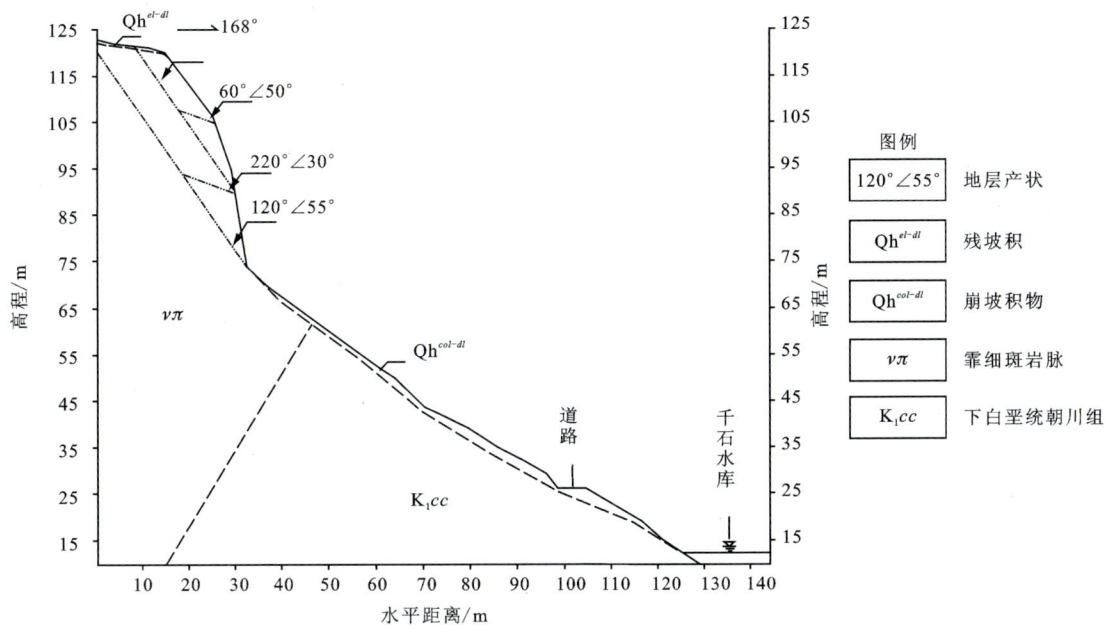

图 5-41 千石崩塌 1-1′剖面图

图 5-42 斜坡出露岩体

图 5-43 斜坡岩体形成凹腔

四、成因机制分析

陡坡段为岩脉，东西走向，呈强—中风化，节理裂隙较为发育，其中发育一组顺坡向结构面，产状 160°～180°∠65°～80°，延伸长度达 40m，贯通性较好，顶部张开最大可达 1m，局部已填充泥质。此外，还有 3 组结构面对岩体进行切割，使得边坡顶部的整个危岩体呈块状-碎裂结构。在雨水长期冲刷、浸润、软化的作用下，结构面力学性质逐渐降低，加之前缘地形坡度陡，形成临空面。初期危岩体底部发生滑移式崩塌，底部形成悬空，逐渐演变为滑移式和坠落式相结合的崩塌灾害。

五、治理措施

1. 治理方案

高陡岩质斜坡治理通常采用的措施有分台阶削方卸载、锚杆加固、坡面防护[包括钢筋混凝土格构梁、挂网喷射混凝土及主（被）柔性防护网]、坡脚设置隔离安全区及排水、支撑等。危岩体所在斜坡高度大、坡度陡，存在破坏形式以滑移式崩塌为主，因此对危岩体崩塌治理提供两种方案：①方案一，主要采用清坡＋主动防护网＋锚索；②方案二，采用清除危岩体＋清坡＋被动柔性防护网。二者比较，方案一工期长，造价较高，施工难度较大，且危岩体位于斜坡顶部，高差大，后缘结构面张开，而坡脚道路和水库现已被损坏，有足够的安全空间。因此选择方案二，直接清理危岩体，并清理下方坡面上残留的小方量危岩体，防止坡面遗留的小块石崩落或松散层滑塌，并在平台设置被动防护网，具体方案如下（图5-44）。

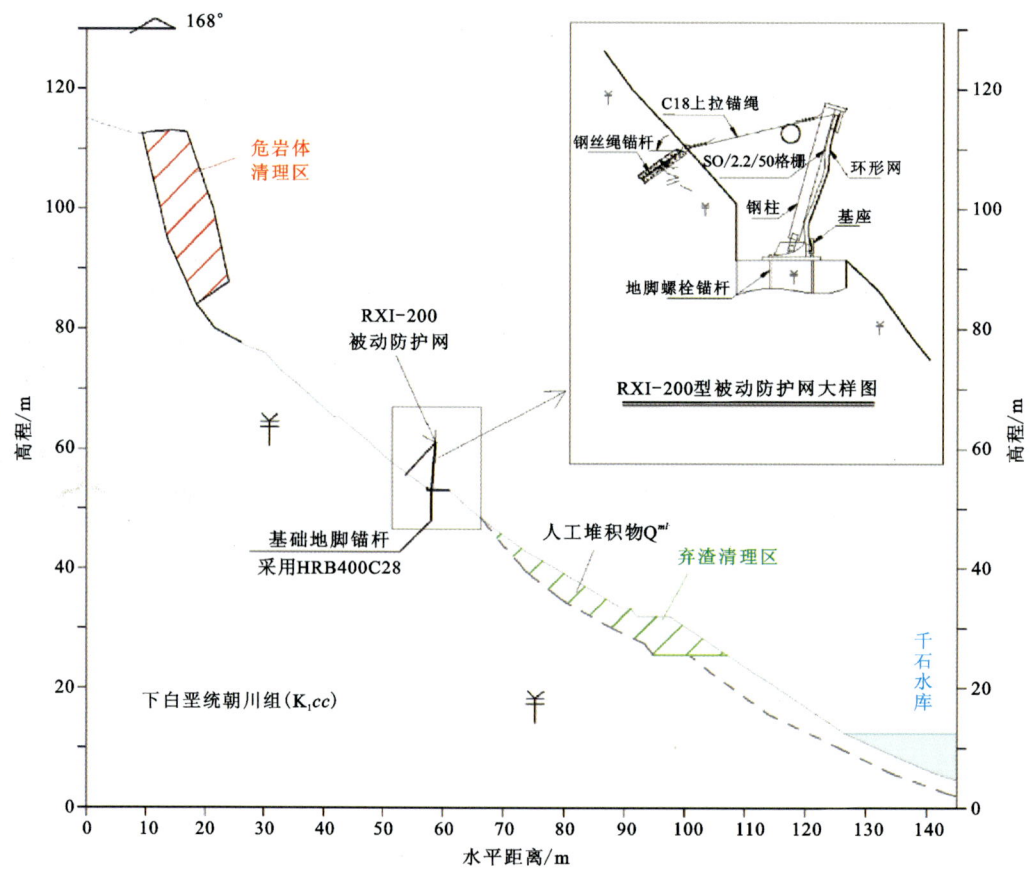

图 5-44　千石崩塌典型治理剖面图

(1) 清除危岩体。顶部的危岩体沿着后缘的结构面清理,建议采用钻孔+预裂剂静态爆破方式,爆破工程需请有资质的专业单位编制爆破方案。危岩体在清理时,可结合实际情况,清理结构面外围的危岩体,应遵循信息法施工的原则,勤监测、勤巡视,及时反馈信息,根据变化的情况指导施工。

(2) 清坡。清理斜坡表层人工弃渣碎块石(浮石),清理应从上至下进行,最后结合公路的修缮将原始公路上的弃渣清理,禁止大面积开挖。

(3) 布设 RXI-200 型被动柔性防护网。布置在崩塌下方斜坡中部,分布在高程 42.5~62.1m 处,钢柱基础设置在中风化完整基岩上,钢柱间距设置为 10.0m。基础采用 HRB400 直径 28 型地脚锚杆,地脚锚杆需进入中风化岩 2.5m,被动网底部有空隙的采用锚杆使其与斜坡之间不留空隙。

2. 注意事项

因坡脚为公路,常有人员、车辆过往,为确保安全,防止意外发生,应做好以下几点:

(1) 施工期间应在斜坡坡顶、坡脚设置警示牌,禁止无关人员进入施工场地及威胁范围,且在施工期间尤其是清理危岩体时,须封道施工。

(2) 在施工过程中,严禁对斜坡进行大规模开挖,须按图按设计自上而下施工。

(3) 应加强施工地质工作,遵循信息施工、动态设计及动态管理原则。由于调查手段及调查数量的局限性,地质资料与实际地质情况可能有一定出入,应加强观测,对于潜在不利地质体、需专业技术人员现场指导施工,合理安排工序等。

六、结论和启示

1. 结论

(1) 该崩塌的主要成因是斜坡上部岩体结构破碎和节理裂隙发育,导致岩体不稳定性增加。

(2) 暴雨是诱发该崩塌的重要因素,雨水入渗使得岩土体抗剪强度降低,孔隙水压力升高,进一步降低了边坡稳定性。

(3) 沿斜坡坡脚修建道路导致了崩塌的发生,直接对过往行人和车辆造成威胁。

2. 启示

(1) 对于类似的高陡斜坡,顶部大面积基岩裸露,节理发育,危岩体发育,且坡脚已分布大量崩塌的区域,应采用工程类比法,将类似的区域划定为地质灾害风险区,进行地质灾害管控。

(2) 山区低等级道路在建设前须进行地质灾害危险性评估,做好地质灾害的源头管控工作。

(3) 对于类似的治理工程,坡脚具有良好的操作空间,可采用清除危岩体的方法清理斜坡顶部稳定性差且方量较大的危岩体,再对斜坡面采用锚杆、喷混凝土以及主动网等防治措施。

第五节　永嘉县瓯北街道屿塘山滑坡

一、基本情况

2018年8—9月期间，永嘉县普降暴雨，永嘉县瓯北街道屿塘山公路（原104国道）及公路下方边坡于9月初出现裂缝，9月中旬持续降雨导致裂缝持续扩大，公路挡墙开裂、变形，形成滑坡隐患（图5-45）。该滑坡长约130m，宽约110m，平均厚约20m，前缘滑向约64°，后缘滑向约141°，体积约$30×10^4 m^3$。该滑坡采用分级放坡、抗滑桩、高压旋喷桩、挡墙、坡面工程、截排水沟、复绿、监测等治理措施，最大程度上保护、改善了自然环境。

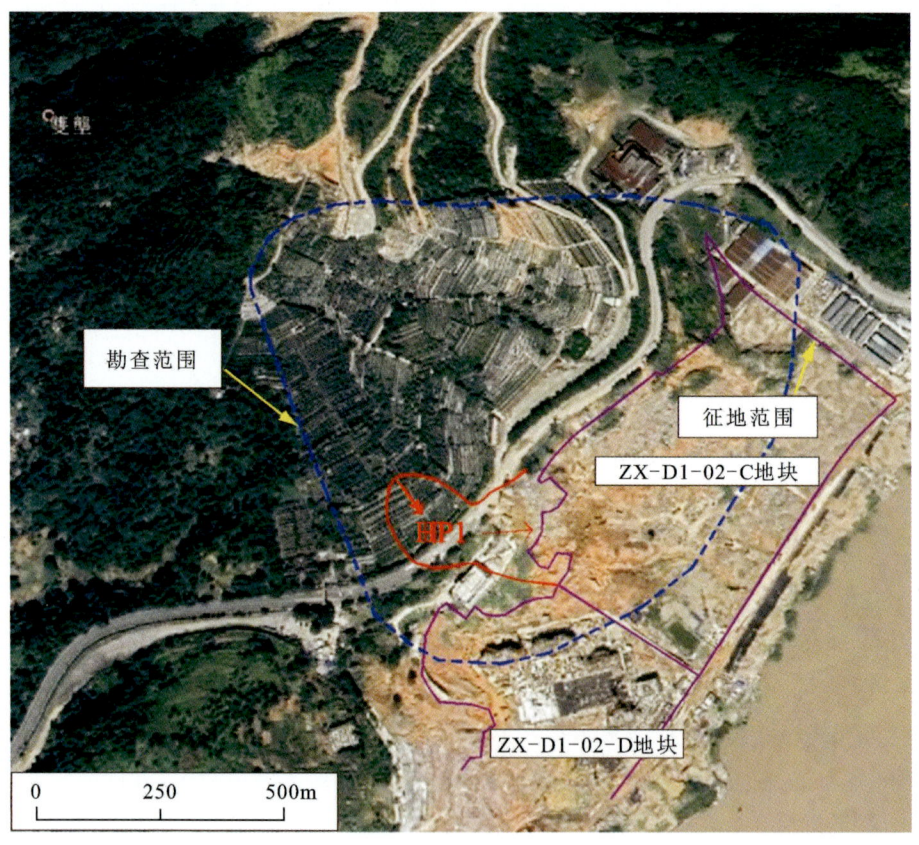

图5-45　屿塘山滑坡发生位置遥感影像图

二、孕灾地质条件

1. 地形地貌

勘查区地貌类型属于浙东南侵蚀剥蚀丘陵区,地形起伏小,场区所在斜坡整体西北高、东南低,斜坡坡向127°。勘查区位于斜坡东南侧中部及坡脚地带,后山斜坡最高点高程约170m,坡脚高程5m,相对高差约165m。山体自然斜坡较陡,坡度以15°~25°为主,平均坡度18°,斜坡微地貌呈台坎状,公路以下台坎一般高4~8m,坡度45°~60°,台坎宽4~30m。公路以上台坎一般高1.5~2.0m,坡度近直立,台坎一般宽2.5~3.0m,斜坡植被较发育,主要以低矮灌木和人工种植柏树为主。斜坡上人类工程活动主要为坡脚开挖、填筑以修建民房、公路、陵园等。

2. 地层岩性

(1)前第四纪地层。勘查区出露的前第四纪地层为下白垩统朝川组(K_1cc),岩性主要为凝灰岩,灰色、浅灰色、灰白色、青灰色等凝灰结构,块状构造,火山灰胶结。岩石矿物成分以石英、长石为主,含少量暗色矿物。岩体在该区域内受构造影响蚀变严重,原岩难以辨认,多呈黄铁矿化、明矾石化、高岭石化。

(2)第四纪地层。勘查区内第四系主要为滑坡堆积层(Qh^{del})、残坡积层(Qh^{d-dl})与人工弃渣层(Qh^{ml})、全新统上组冲海积层(Qh^{3al-m})。滑坡堆积层主要由人工弃渣、含碎石粉质黏土、全风化蚀变岩组成,颜色较杂,以灰黄色为主,夹含青灰色、灰黑色,碎石含量10%~30%,厚度5~30m不等,分布于HP1、HP2区域。残坡积层主要为含碎石粉质黏土,灰黄色,稍湿,可塑—硬塑,碎石含量5%~15%,粒径2~20cm不等,厚度一般1.0~1.5m,地形较缓处和近坡脚处分布厚度较大。人工弃渣层主要由素填土、杂填土、碎石土、建筑垃圾、生活垃圾组成,以灰黄色、灰黑色为主,稍湿,松散,碎石含量10%~40%,粒径以5~20cm为主,个别可达50cm,厚1.0~20m不等。全新统上组冲海积层主要为粉质黏土,灰黄色,稍密,湿—很湿,厚度一般大于2.0m。

(3)侵入岩。包括花岗闪长玢岩、花岗斑岩、安山玢岩,其中花岗闪长玢岩呈青灰色、灰白色,斑状结构,块状构造,矿物以石英、长石为主,暗色矿物稍多,一般以普通角闪石为主,在场区西南侧一带小面积出露。花岗斑岩呈杂色,斑状结构,块状构造,主要矿物组成为钾长石、石英,场区内ZK28、ZK36、ZK41处有揭露,埋深约20m。安山玢岩呈青灰色,块状构造,岩石斑晶以斜长石和暗色矿物为主,基质为隐晶质-玻璃质,在场区内底部大面积出露,埋深一般在30m以下。

3. 气象水文

据永嘉县马山水库雨量站数据,自2018年8月15日至9月1日,永嘉县瓯北街道一带过程降雨总量达211.5mm,9月1日至9月20日,过程降雨总量达125.5mm。该区域连续强降雨且集中。

勘查区内无冲沟分布,发育有负地形,坡脚前缘100m处为楠溪江,该处为楠溪江下游,楠溪江宽250～600m,水流缓慢,平均年径流量约28.5×10⁸m³。根据石柱水文站实测结果,楠溪江最大流量发生在1965年8月20日,为9430m³/s,最小流量发生在1967年10月7日,仅1.03m³/s,属山溪性河流。

三、滑坡发育特征

1. 形态及地形特征

1) 滑坡整体形态及地形特征

本滑坡平面呈"L"形,前缘为AB段人工开挖边坡,宽约130m,北侧以桃源陵园大门口为界,南侧以教堂为界,西侧以ZK3为界,东侧以ZK17为边界,滑向约64°,滑体至后缘公路处时,滑体滑向发生改变,滑向约141°(图5-46)。滑体后缘以ZK10为界,高程约79m。整个滑坡隐患方量约30×10⁴m³。

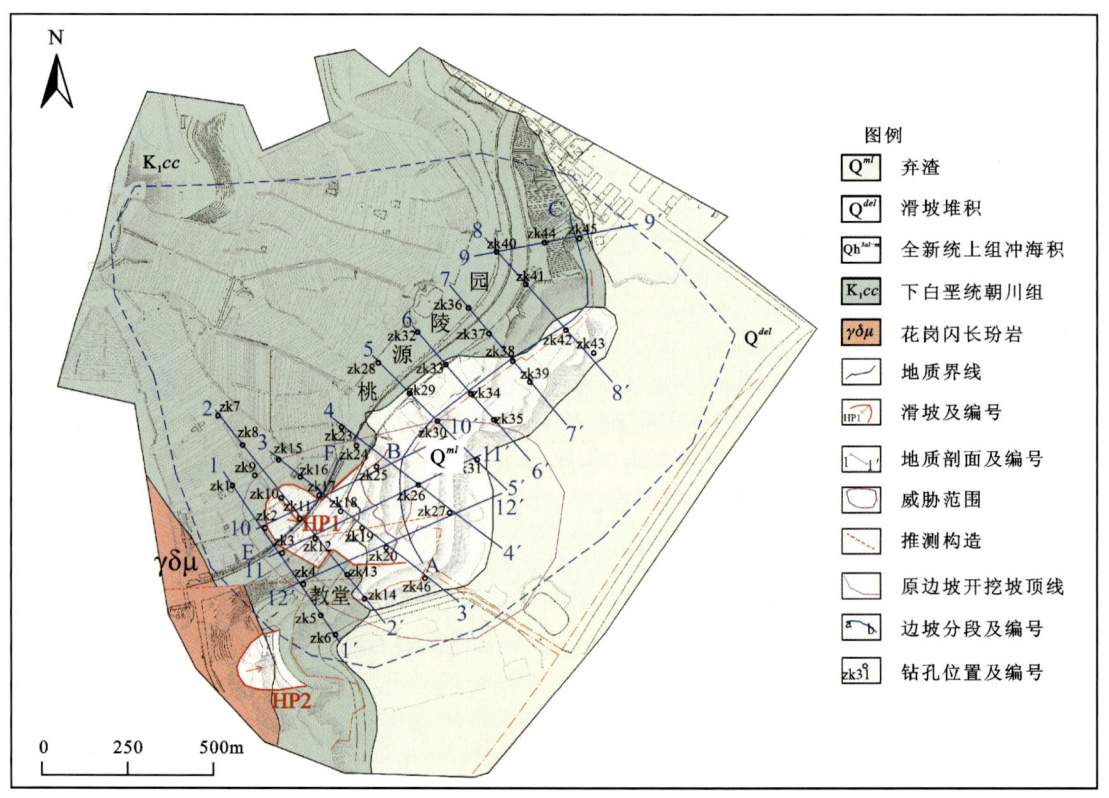

图5-46 屿塘山滑坡工程地质平面图

勘查区位于低山丘陵区,斜坡坡脚高程约5m,西北侧斜坡顶部最高高程约170m,相对高差约165m。斜坡地形整体较陡,坡度15°～25°,平均坡度约18°,坡向127°,微地貌呈台坎状。坡脚开挖形成高陡边坡 AC,根据朝向大致可以将边坡分成 AB 和 BC 两段。其中,AB 段共 6 级,每级高 4～8m,台坎宽 4～30m,朝向约 90°;BC 段边坡位于 AB 段边坡东侧,为后期清水埠城中村改造 ZX-D1-02-C 地块。该段边坡高 5～20m,坡度 50°～60°,朝向约 143°。斜坡中间为公路(原 104 国道),公路横穿整个 AC 段边坡后缘斜坡,公路边坡高 4～6m,坡度 70°～80°。公路上方为陵墓台坎,每级高 1.5～2.0m,近直立。本次滑坡范围前缘为 HP1 坡脚(AB 段),后缘为桃源陵园高程约 79m 处(图 5-47～图 5-50)。

图 5-47 屿塘山滑坡概貌

图 5-48 屿塘山滑坡 AB 段边坡概貌

图 5-49 屿塘山 BC 段边斜坡概貌

图 5-50 屿塘山 AB 段后缘斜坡概貌

2) 滑坡局部形态及地形特征

(1) 主滑段边坡填筑前地形特征。主滑段边坡位于本次滑坡 HP1 前缘坡脚,回填之前 AB 段开挖形成高 15～40m、长约 130m 的边坡,边坡呈弧形,一坡到顶,坡度 50°～60°,局部较陡,达 70°以上。地形开挖凹凸不平,坡脚开挖有大量集水坑,并在周边堆置了大量弃渣(图 5-51)。

(2) 主滑段边坡填筑后地形特征。回填之后边坡呈台阶状,共分 6 级(图 5-45～图 5-54),第一级台阶高 5～7m,长约 65m,坡度 50°～60°,马道宽 10～15m,为加筋土挡墙;第二级台阶高 6～8m,呈弧形,长约 135m,马道宽 8～10m,坡度 50°～60°,为人工填土堆积;第三级台阶高4~6m,呈弧形,长约145m,马道较宽,为填筑作业周转平台宽10~30m,坡度50°~60°,为填筑体;第四级台阶高4~7m,呈弧形,长约160m,马道宽4~10m,坡度50°~60°,局部较陡坡度达70°,主要为填筑体,其中西侧部分为自然开挖边坡;第五级台阶高5~12m,自西向东逐渐增高,长约87m,马道宽6~8m,坡度50°~60°,为填筑边坡;第六级台阶高3~4m,长约55m,坡度50°~60,为填筑边坡。该边坡后缘为公路平台,地形较平缓,坡度5°~10°,高程51~53m,坡脚高程5~12m,相对高差约40m。

图5-51 回填之前AB段边坡概貌

图5-52 回填之后AB段边坡概貌

图5-53 第1~3级边坡

图5-54 第4~6级边坡

(3)主滑段后缘斜坡地形特征。主滑段后缘斜坡主要包括公路与桃源陵园斜坡(图5-50、图5-51),公路边坡长约110m,呈弧形,高5~7m,坡度60°~70°,采用浆砌块石支护。坡脚为原104国道,地形平坦。坡顶为桃源陵园通行平台,平台宽约3m,外侧布置有花池,内侧设置排水沟,后缘斜坡地形较陡峭,坡度25°~30°,平均坡度约26°,微地貌呈台阶状,台阶一般高1.5~2.0m,宽2.5~3.0m,其中第一级台阶较高,高2.0~4.0m,坡度50°~60°,大部分采用浆砌块石支护,部分为自然边坡,地面基本采用青石铺砌,种植柏树等。

图 5-55　主滑段后缘斜坡边坡

图 5-56　主滑段后缘斜坡边坡坡顶平台

2. 变形破坏特征

1) 主滑段滑坡前缘变形破坏特征

2018 年 9 月初,该区域受强降雨持续影响,主滑段边坡后缘公路处首次出现裂缝,9 月中旬裂缝进一步扩大,主要集中于公路上,共发育 4 组较大裂缝。第 1 组裂缝位于公路挡墙下方,长约 34m,与公路大致平行,走向约 38°,裂缝张开宽 2~7cm,可见深 5~15cm,附近发育较多细小裂缝,走向不尽相同(图 5-57、图 5-58);第 2 组裂位于第 1 组裂缝西南侧 37m 处,缝长 16.2m,走向约 175°,与坡顶线大致平行,裂缝张开宽 2~4cm,可见深 5~10cm,周边零星分布细小裂缝;第 3 组裂缝位于第 2 组裂缝西侧 5m 处,长约 14.9m,走向约 162°,裂缝张开宽 2~4cm,可见深 3~8cm;第 4 组裂缝位于第 3 组西侧 8m 处,长约 15.2m,走向约 158°,裂缝张开宽 2~3.5cm,可见深 3~5cm(图 5-59)。这几组裂缝整体下错 3~5cm,受坡脚下错影响,公路挡墙、后缘第一级台阶也出现较多细小裂缝,裂缝未贯通。

图 5-57　第 1 组裂缝(2018 年 9 月 20 日)

图 5-58　第 1 组裂缝(2018 年 9 月 26 日)

2018年9月下旬,在降雨等不利条件影响下,公路处裂缝平均每天以1~2cm持续扩大,公路前缘斜坡整体下错明显,公路隆起变形严重(图5-59、图5-60)、围栏拉裂脱节(图5-61)。此外,教堂前缘(北侧)隆起(图5-62),东侧墙角出现裂缝,东侧水泥浇筑平台新出现两组裂缝(图5-63、图5-64),并同时持续扩宽。为准确、实时掌握该区域滑坡变形速率,在该点安装了实时监测仪,通过人监测和实时监测仪数据综合表明,该点速率最大达2cm/d,滑坡前缘整体滑向约64°。

图5-59 第4组裂缝

图5-60 公路隆起

图5-61 公路围栏拉裂脱节

图5-62 教堂前缘(北侧)隆起

2018年10月初,回填反压逐渐成型,滑坡速率也降至0.3cm/d,至10月24日,整个滑坡应急救援措施回填反压完毕,滑坡变形逐渐得到控制。

(2)主滑段后缘斜坡变形破坏特征。2018年9月初,当滑坡前缘开始出现拉裂缝时,后缘边坡、斜坡并未见明显开裂迹象;9月中旬,受连续强降雨影响,公路上裂缝持续加深、扩大,公路挡墙开始出现拉裂缝,拉裂缝主要以竖向为主,横向裂缝发育较少,竖向裂缝一般从坡顶开裂,延伸至挡墙中部,延伸一般长2~3m,裂缝张开1~3cm,5~10m/条。随着坡脚公路变形位移持续增大,坡脚墙体部分开裂并剥落,墙体内水管外露,坡顶后缘第一级台阶墙体出现裂缝,同时后缘斜坡高程约79m处发育一条长约30m的裂缝,裂缝呈弧形,沿铺砌块石间连接缝发展延伸,裂缝宽1~4cm,可见深一般2~5cm,下错1~3cm。整个裂缝以2-2′

剖面为对称轴,向两侧延伸并向下发展,裂缝延伸基本至公路挡墙上方,与公路挡墙开裂相吻合;整个滑坡后缘周界较明显。滑体中部也出现较多裂缝,裂缝一般长1～2m,张开1～2cm,可见深1～2cm,多在陡坎或台阶处发育(图5-65～图5-70)。

图5-63 教堂东侧第5组裂缝

图5-64 教堂东侧第6组拉裂缝

图5-65 公路挡墙裂缝

图5-66 后缘斜坡地坪裂缝

图5-67 后缘斜坡裂缝局部

图5-68 后缘斜坡墙体开裂

图 5-69 后缘斜坡花坛裂缝

图 5-70 台阶处裂缝

3. 滑体工程地质特征

勘查区滑体从成因类型和风化程度等可分 3 个工程地质层(图 5-71),由上到下介绍如下(图 5-72~图 5-75)。

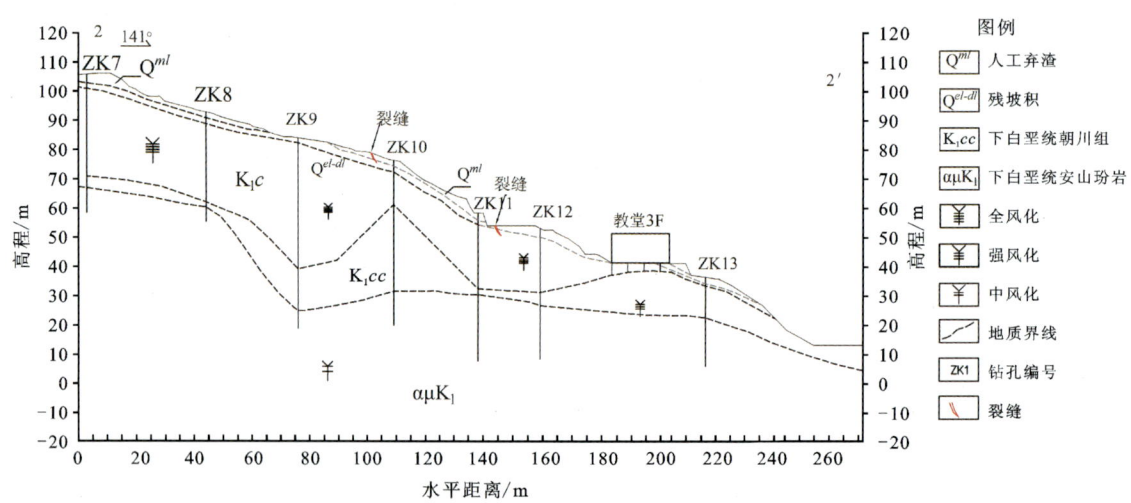
图 5-71 屿塘山滑坡 2-2′工程地质剖面图

(1)人工堆积层(Qh^{ml})。主要为碎石土或含碎石粉质黏土,颜色较杂,以灰黄色、黄褐色为主,灰黑色、青灰色充填其中,稍湿—湿,松散,包含较多素填土、杂填土、碎石土、建筑垃圾、生活垃圾等,碎石含量30%~40%,块石粒径5~30cm不等,主要堆积于坡脚与桃源陵园斜坡上。

(2)全新统上组冲海积(Qh^{3al-m})。表层主要为含碎石粉质黏土,以灰黑色为主,湿—很湿,稍密,可塑—软塑,砾石含量一般5%~10%,粒径以2~7cm为主,磨圆度较好,厚度一般大于2m,高程一般在5m以下。

图 5-72 全风化基岩

图 5-73 全风化基岩岩性分界面

图 5-74 构造角砾岩 ZK12 揭露

图 5-75 中风化安山玢岩 ZK43 揭露

(3) 残坡积层（Qh^{d-dl}）。主要为含碎石粉质黏土，灰黄色，稍湿，硬塑状，碎块石含量一般占 5%～15%，粒径以 2～5cm 为主，岩性较杂，多见安山玢岩、花岗斑岩角砾，呈次棱角状，层厚一般 1.0～1.5m，广泛分布于场区周边及斜坡浅表部，其中斜坡平缓地带和坡脚处分布较厚。

(4) 全风化蚀变岩（K_1cc）。原岩已风化成粉质黏土状，颜色较杂，以灰黄色、青灰色为主，稍湿—湿，密实，可塑—硬塑，局部包含未风化完全块石，块石一般呈强风化，粒径一般 0.3～3.0m，局部可达 6.0m，厚度一般 15～50m，最厚达 75m。根据钻孔 ZK27 揭露，全风化层广泛分布于整个场区中上部，一般埋深较浅，风化层厚度分布不均，在滑坡发生区域以及沿构造带区域分布相对较厚。

(5) 中风化蚀变岩（$K_1\alpha\mu$）。以安山玢岩为主，青灰色，块状构造，岩石斑晶以斜长石和暗色矿物为主，岩石较坚硬，岩体节理裂隙发育，岩芯呈碎块或短柱状，柱长一般 5～15cm，局部岩体破碎，岩芯呈碎裂状，在场区底部广泛分布该地层，埋深较深，一般埋深在 30m 以下，局部埋深至 88m，钻孔 ZK27 揭露埋深至 88m 处。

4. 滑动面特征

斜坡松散层(包括第四系与全风化层)分布很厚,一般 25~52m。该层岩土力学性质较差,由于坡脚抗滑段被开挖失去支撑力,坡体原内部应力分布改变,斜坡土体在重力作用下发生滑动。在滑动发生后,坡脚并未产生明显隆起现象,说明剪出口应是在坡脚或者坡脚以上部位。钻探结果及边坡开挖揭露表明,坡脚以上岩性主要为全风化层与第四系,所以滑坡的滑体主要为松散层(第四系、全风化层)。

因坡体内风化孤石块体较大且分布较多,并未形成贯通面,以蠕滑为主,因此滑坡前缘潜在滑动面应在坡脚处,滑面和滑床均在全风化层中。后缘受地质构造以及差异风化影响,由于全风化层厚度小,基岩埋深浅,滑体在向下滑动过程中受阻而转向,滑面为全风化层与强风化层分界面,相应的滑床为强风化基岩。在本次滑坡中,滑床呈西高东低、两侧高、中间低的槽形状(图 5-76)。

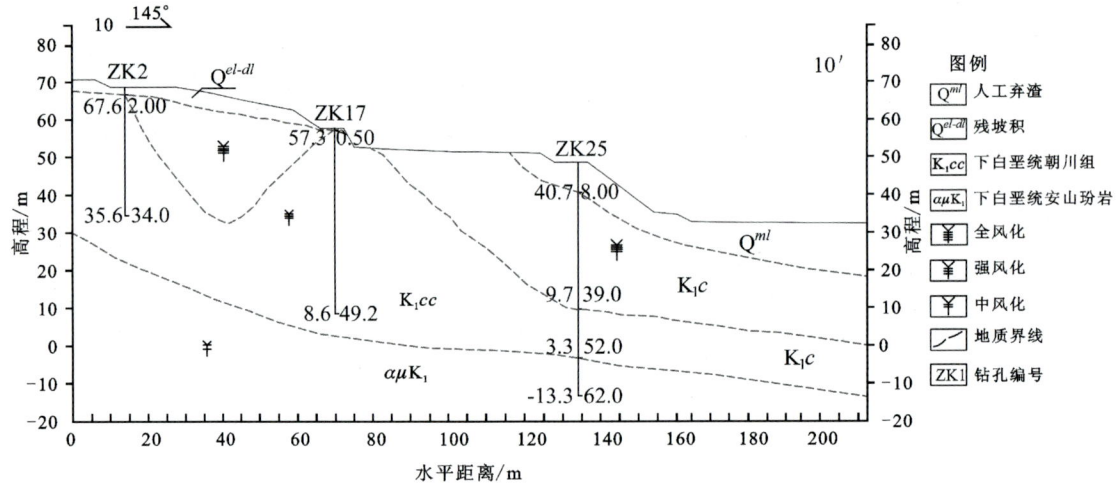

图 5-76 屿塘山滑坡 10-10′工程地质剖面图

四、成因机制分析

资料显示,勘查区及附近区域属于地质灾害高易发区,历史上滑坡频发,西侧曾在 1988 年发生过滑坡。本次滑坡的形成原因主要有以下几个方面。

1. 地层岩性

整个滑坡范围内浅表层岩土体主要由残坡积层、全风化基岩层组成,残坡积层与全风化基岩层厚度大,土质松散,遇水易软化,力学性质差。此外,风化界线在 ZK10 与公路处向下陡降,说明风化层厚度突然增加,坡体在风化层厚度突变的地方发生滑坡或开裂,易沿软弱面或风化界面发生失稳。本次滑坡前缘主要沿全风化层内软弱结构面发生蠕滑,滑坡后缘及两翼主要沿全风化和强风化分界面发生滑动。

2. 地质构造

受区域地质构造影响,勘查区内发育两条小构造,在断裂及岩浆侵入作用下,岩石风化差异大,岩体风化差异大,且分布不均,最主要形成了沿滑坡中心线风化层厚、两翼风化层较薄的槽型地带,有利于滑坡的发生。此外,ZK17处与教堂前缘基岩埋深较浅,滑坡在此两处受阻,导致滑向由141°转向至64°。

3. 地形条件

后缘斜坡地形陡峭,呈台坎状,平均坡度约26°,地形较陡斜坡自身稳定性差,更容易在牵引作用下下滑。

4. 雨水作用

边坡开挖后,滑坡前缘坡面未采取任何排水措施。此外,桃源陵园斜坡排水系统堵塞,排水不畅,降雨入渗使得坡体内部土体浸润,岩土体抗剪强度降低,孔隙水压力升高,斜坡稳定性降低。

5. 人类工程活动

建房开挖形成高陡边坡,改变了坡体内部原有应力平衡,边坡前缘临空失去支撑,后缘斜坡土体在重力作用下,容易在应力集中区剪出形成滑坡,并导致后缘拉裂,牵引后缘下滑,形成更大规模的滑坡。此外,人类工程活动对桃源陵园斜坡改造大,斜坡上堆载大量块石,增加了斜坡自重,降低了斜坡自身稳定性。人类工程活动是形成本次灾害的重要因素。

综上所述,勘查区斜坡地形陡峭,边坡高陡,第四系残坡积层和全风化基岩层厚度大,土质松散,岩土体工程地质性质差,在人类工程活动、地质构造、降雨等因素影响下形成本次滑坡,其中人类工程活动是形成滑坡的直接因素,降雨是诱发因素。

五、治理措施

屿塘山滑坡治理工程主要分为原滑坡区与场地其他边界治理区两部分(图5-77)。滑坡区根据滑坡的特征可以分为原104国道上部滑坡区(陵园区)及原104国道下部滑坡区。

原104国道上部滑坡区(陵园区)下部挡墙变形现状明显,如不采取措施,上部斜坡将进一步下滑,因此需要针对该区域进行专项治理,主要包括抗滑桩+挖方+锚杆格构+主动防护网+排水工程等一系列措施。

原104国道下部滑坡区因土体反压现状处于基本稳定,但是对11—11′剖面填筑前的稳定性计算结果显示,其在暴雨工况下处于不稳定状态。因场地土体性质差,采用锚固效果不明显,采用单一的桩支挡则因悬臂过高起不到良好的效果,因此该段边坡治理需要采取综合措施。最终采用削坡加双排抗滑桩分级减压的防护措施:对滑坡体中部设置一排抗滑桩,场地红线处设置另一排抗滑桩,两者之间临空面采取削坡处理,为防止坡面发生浅表层滑坡,采用锚杆+格构加固对整个坡面进行防护。

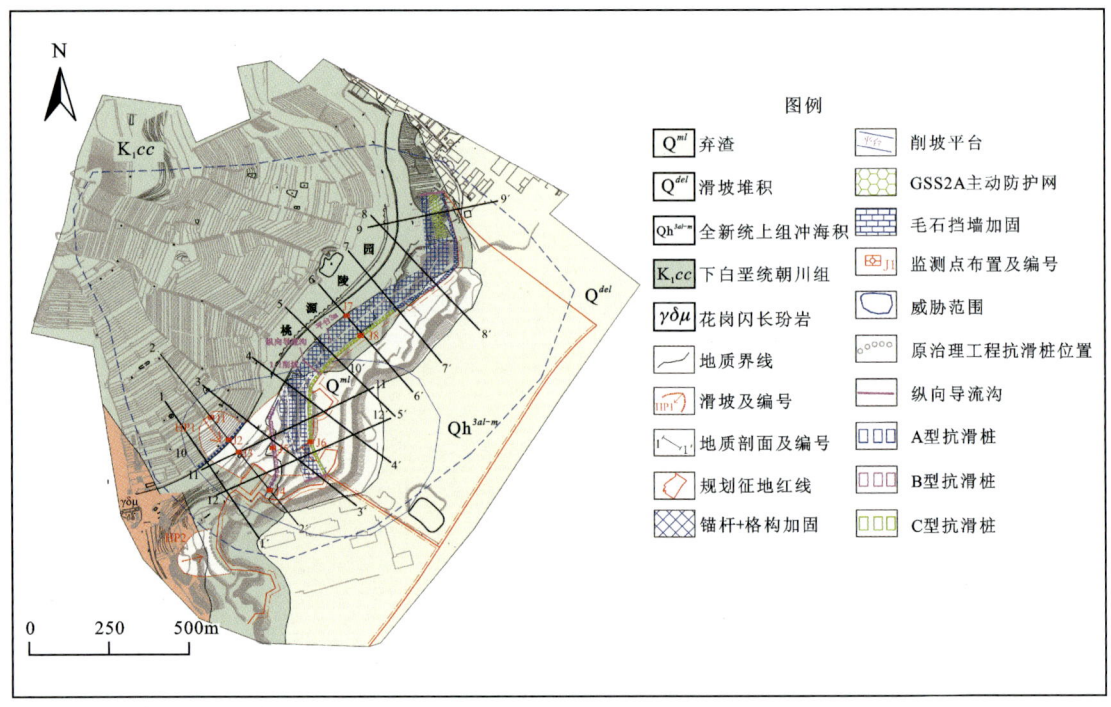

图 5-77 屿塘山滑坡治理工程平面布置图

滑坡区北东侧(BC段边坡)边坡现状稳定,但因地块 ZX-D1-02-C 后期规划,场地需要进一步平整,现有地形红线处将形成高 5~35m 的垂直临空面,红线北侧与道路之间区域空间不大,如直接削坡,坡率最大可达到 1:0.45,坡体难以自稳。同时,根据现场勘查结果,BC 段西侧岩土工程地质特征与滑坡区相同,全风化层厚度大,加上场地平整后形成高达 20~30m 的临空面,因此该分段区域采取与滑坡区相同的防治措施,即采用抗滑桩支挡,顶部进行分级削坡,为防止坡面发生浅表层滑坡,采用锚杆+格构对整个坡面进行防护。BC 段东侧坡段开挖揭露多为强风化岩体,该段可在一定削坡的基础上进行主动网加固,为统一协调美观,底部设置一道挡墙。

六、结论与启示

1. 结论

(1)屿塘山滑坡的发生是地形陡峭、岩土体工程地质性质差及人类工程活动等因素的综合作用结果。

(2)斜坡上部岩体结构破碎,节理裂隙发育,导致岩体不稳定性增加,是滑坡发生的内在因素。

(3)暴雨是诱发该滑坡的重要因素,雨水入渗使得岩土体抗剪强度降低,孔隙水压力升高,进一步降低斜坡稳定性。

（4）人类工程活动是导致该滑坡的直接因素,开挖和堆载大量块石改变了斜坡原有的应力平衡,使得斜坡失去支撑。

2. 启示

（1）应重视地质灾害防治中的重新评估工作。屿塘山拆迁建设工程项目启动前,已进行过地质灾害危险性评估,但没有考虑拆迁工程的影响,随后启动的拆迁工程破坏了坡体原有排水系统;同时,坡脚处的开挖导致地质环境条件发生很大的变化,此时原来的地质灾害危险性评估结果已不适用。因此,应严格按照《地质灾害危险性评估规范》(GB/T 40112—2021)规定的工作要求,在评估结束后两年工程建设仍未进行或评估区地质环境条件发生重大变化时,重新进行评估工作。

（2）健全工程建设场地的管理机制。立法明确工程建设场地在出让前后的主体责任,避免责任单位对工程建设场地失管,严禁无关人员和机械设施进入未开发利用场地,确保场地地质环境条件不受破坏。

（3）强化信息法勘查、动态设计和信息化施工。在施工过程中,根据监测和施工揭露等,验证已有调查成果,不断调整优化设计和下一步施工方案,确保治理工程的合理有效性。

（4）加强自动化专业监测在成规模滑坡中的应用。本次工程治理系统性地对自然斜坡布置了自动化专业监测设备,有效跟踪了山体位移情况,为不断完善工程治理方案提供了科学数据。

（5）重视周边自然山体对工程场地的影响。工程勘查时,除场地本身外,应充分考虑周边自然山体对场地的影响,必要时需做好对周边自然山体的勘查工作,以确保周边自然山体的稳定性。

第六章

非降雨诱发地质灾害典型案例

浙东南多为低山丘陵区,素有"七山一水二分田"之称,社会经济发展迅速,造成土地利用紧张,人类工程活动较强烈。非降雨因素诱发的地质灾害在该区域较为常见,如人类工程活动诱发地质灾害和地震诱发地质灾害。前者主要以切坡建房、交通与水利等基础工程建设、土地垦造等诱发因素为主,多发生在人口较为密集的城区或者乡镇(街道),由于承灾体众多,潜在的威胁较大,地质灾害风险等级较高。因此,对此类型的地质灾害进行分析具有十分重要的意义。

本章选取浙东南典型的非降雨诱发地质灾害案例进行分析,介绍其发育特征,根据其所处的地质环境条件揭示成因机制,并提出相应的防治措施,总结规律,以期提高工作能力。

第一节 平阳县晓坑乡石城泥石流

一、基本情况

2008年2月7日,平阳县晓坑乡石城村高城水电站引水隧洞压力钢管接口堵头附近发生涌水泄漏,大量高压水流引发所在山体东西两侧断层破碎带物质发生滑坡,并携带沟岸堆积的碎渣沿山体上南侧冲沟和西北侧冲沟冲出形成沟谷泥石流灾害,导致山脚石城村17间民房倒塌,19间民房受淹,11间民房不同程度受损,受灾人数15户56人,所幸未造成人员伤亡(图6-1)。

灾害发生后对南侧沟道和西北侧沟道泥石流及时采取了应急处置措施,并对高压钢管进行了抢修,防止灾害进一步发生,紧接着为消除泥石流隐患,对该点进行了工程治理。工程措施固源加拦挡和排导相结合,生物措施以封山育林为主,达到了防治的最佳效果,同时最大程度上保护了周围的生态环境。

图 6-1　石城村泥石流遥感影像图

二、孕灾地质条件

1. 地形地貌

该区域三面环山,北侧、东侧和西侧为山地,南侧为河谷阶地,山坡上沟谷发育,沟谷切割深度在 450m/km 以上,总体立体形态呈凹形(图 6-2)。地形地貌为中低山山地,最高高程 862.3m,山脚高程 146~165m,最大相对高差达 712.3m,山高坡陡,山坡平均坡度 35°。植被发育,主要有松树、杉树和竹林等,覆盖率大于 80%。山体中上部多见悬崖峭壁林立,基岩裸露。

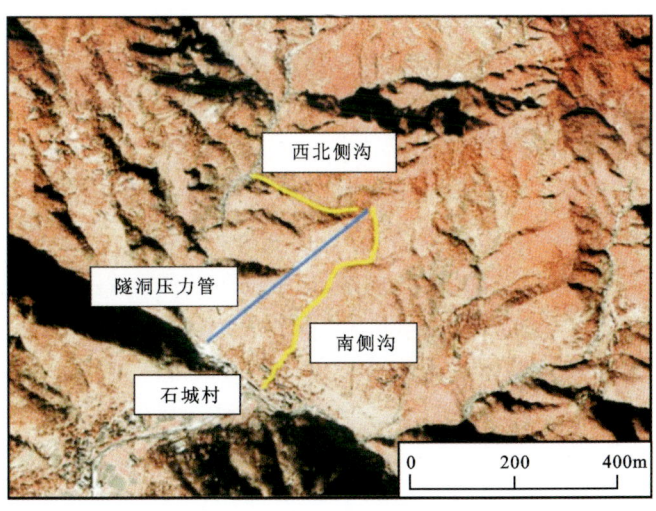

图 6-2　石城村泥石流冲沟及引水隧洞遥感影像(2000 年)

山体斜坡上发育多条冲沟,最主要的是南侧和西北侧两条冲沟,这也是泥石流发生的沟谷所在地(图6-3、图6-4)。其中南侧冲沟整体呈弯曲状,中下部较顺直,汇水面积0.134km²,沟道全长821.7m,高差439m,平均纵比降480.0‰,沟宽2~8m,沟深1.5~3.5m;西北侧冲沟沟道总体较顺直,汇水面积0.0635km²,沟道全长509.3m,高差345m,平均纵比降657.6‰,沟宽2.5~5.0m,沟深1.5~3.5m。

图6-3 石城村泥石流南侧冲沟全貌

图6-4 石城村泥石流西北侧冲沟全貌

2. 地层岩性

勘查区出露地层主要为下白垩统朝川组(K_1cc),燕山晚期的侵入岩和第四系冲洪积(Qh^{al-pl})、残坡积(Qh^{el-dl})、泥石流堆积体(Qh^{sef})。

(1)下白垩统朝川组。位于双尖山破火山边缘地带,出露的前第四纪地层岩性较单一,主要为下白垩统朝川组地层,岩性为灰色、灰紫色流纹质晶屑玻屑熔结凝灰岩,属火山碎屑岩,凝灰结构,块状构造,晶屑以石英、长石为主,少量黑云母,个别见角闪石。

(2)燕山晚期的侵入岩。主要分布于南侧沟沟口中,岩脉沿北东走向56°~78°侵入下白垩统朝川组,断裂面产状168°∠75°,岩脉宽25~30cm,延伸长大于10m。岩脉岩性为暗绿色、褐色辉绿岩,岩石具有辉绿结构,块状构造,组成矿物主要为斜长石、辉石、绿泥石及少量磁铁矿。

(3)冲洪积。分布于山麓沟口及河床地段,岩性为砂卵石、砂及少量黏土,砂卵石次棱角状—次圆状,原岩成分为凝灰岩,该层厚度不详。

(4)残坡积。分布于山体浅表部,岩性为黄色、黄褐色粉质黏土夹碎石,结构松散—稍密状,干燥—稍湿,以可塑—硬塑为主;土中碎石含量30%~45%,粒径在2~8cm之间,棱角状、次棱角状,胶结度较差。残坡积土一般厚0.5~2.5m,山脚地段局部出露厚5.0~7.0m。

(5)泥石流堆积体。主要分布在冲沟沟口和沟道内,沟口堆积体呈扇形,岩性以岩渣、弃渣、块石为主,局部含砂及少量粉质黏土,岩渣大小混杂,粒径一般在2～12cm之间,局部20～40cm,次棱角状,堆积体厚1.0～2.5m。沟道内主要堆积块石,块石粒径一般15～60cm,局部为0.8～2.0m,次棱角状,磨圆度差,堆积体结构松散,厚度一般小于1.2m。

3. 气象水文

该泥石流所在的平阳县属亚热带季风气候区,气候温暖湿润,雨量充沛,四季分明。多年平均气温为17.8℃,年平均降雨量1632mm,全年的降雨量主要集中在春、夏两季(3—9月),春雨期(3—4月)降雨量287.0mm,占全年降雨量的17%;梅雨期(5—6月)平均降雨量420.0mm,占全年降雨量的25%;台风期(7—9月)平均降雨量630.0mm,占全年降雨量的38%;秋冬少雨期(10月至来年2月)总降雨量只有290.0～360.0mm。平阳县年平均大到暴雨(降雨量≥10mm)日数为51d,大于50mm(暴雨)的天数约为5d,最大日降雨量达334.7mm,最长连续降雨天数为23d。2008年冬季受50年一遇的气象影响,气温寒冷,平阳县气温也比往年下降很多,勘查区内最低温度达-0.7℃,渗入坡体内的水流结冰,并逐渐加厚,一定程度上造成山体裂隙的冻胀开裂。

区内冲沟较发育,沟谷多呈"V"字形,切割较深,沟底宽多在2～7m之间,平均纵比降较大,其主要发育的南侧冲沟和西北侧冲沟,流域面积分别为0.134km²和0.0635km²,汇入坡底的石城溪。沟谷的表面形态呈漏斗状,极有利于降雨的汇集,调查时南侧冲沟流量为1.5～2.5L/s,西北侧冲沟基本无水流,冲沟水文特征具有历时短、来势汹猛、陡涨陡落、流量及水位变化幅度大的特点。石城溪宽10～25m,平时河床基本裸露,台风暴雨期,河水位最深约1.5m。

4. 地质构造

区内褶皱构造不发育,主要为断裂构造。走向310°的城门-庵前山北西向断裂从区附近通过,断裂面产状220°∠75°,延伸长约4.25km,断面在走向和倾向上均呈舒缓波状,可见一挤压破碎带,带内挤压强烈,见有断层泥、构造角砾岩。另外,区内还发育有3条小断裂。区内受北东、北西向断裂的影响,构造节理较发育,尤其是断裂带附近,形成断裂派生节理密集带。区内断裂的地质构造作用,造成断裂带岩体结构较破碎,力学性质较差,构成隧洞中的软弱带。

5. 人类工程活动

区内人类工程活动主要是水电站的修建。新建的水电站枢纽工程为一座高水头引水式小型发电站,其中引水主隧洞长1198m,引水支隧洞长613m。

三、泥石流发育特征

1. 沟谷发育特征

南侧沟位于石城村北面山丘,沟口离高城水电站以东257m处。冲沟地形上呈较典型的"V"字形切割,总体走向为北东37°,沟道总体较顺直,在冲沟上游段高程400～460m沟道折弯,沟道坡度较陡峻,高差 18~25m 的陡崖共有 3 处,两侧谷坡坡度在 30°以上。冲沟汇水面积约 0.134km², 沟道全长 821.7m, 高差 439m, 平均纵比降为 480.0‰, 沟宽多在 2.0~4.5m, 局部宽 5.0~8.0m, 沟深一般 1.5~3.5m, 沟谷相对切割深度为 534.3m/km, 圆度系数为 0.20, 平时冲沟有水流, 流量 1.5~2.5L/s。

西北沟位于石城村北面山丘,沟口离高城水电站以北 518m 处。冲沟总体走向为北东东 85°, 沟道总体顺直, 坡度陡峻, 上中下游纵比降均在 560‰以上。沟上游段为泥石流冲刷形成的负地形, 两侧谷坡坡度在 35°以上, 植被覆盖率＞60%。冲沟汇水面积约 0.0635km², 沟道全长 509.3m, 高差 345m, 平均纵比降为 657.6‰, 沟宽多在 2.5~5.0m, 沟深一般 1.5~3.5m, 沟谷相对切割深度为 677.8m/km, 调查时冲沟无水流。

研究区冲沟地貌立体模型如图 6-5 所示。

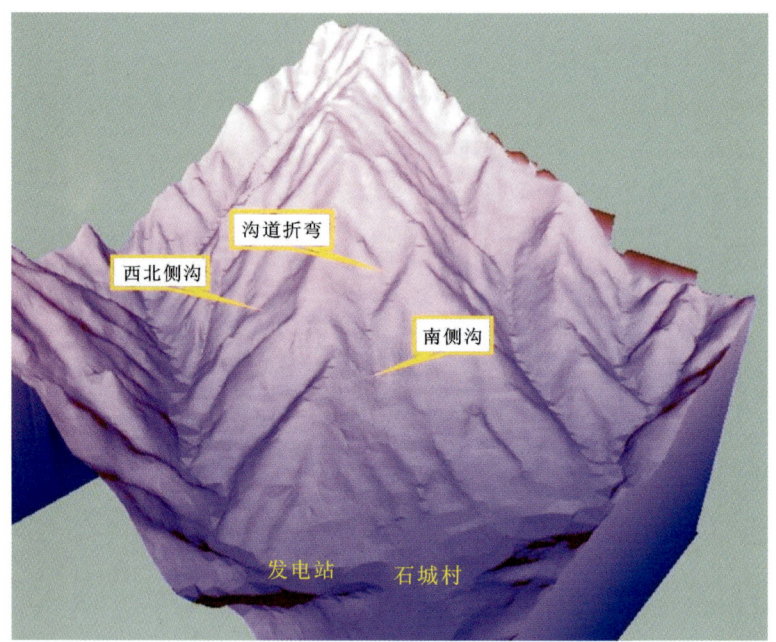

图 6-5 研究区冲沟地貌立体模型图

2. 泥石流冲淤积特征

1) 泥石流对坡面的侵蚀

南侧沟沟源地段斜坡坡度大于 35°, 受高压水流冲击, 沟源长 46m 的斜坡浅表部引发滑坡, 方量约 400m³。沟道内基岩被冲击、滑移撞击成破碎状, 单个块体粒径介于 20~30cm。高压水流(水量约 3m³/s)携带滑坡体冲刷堆积在沟源地段沟岸的弃渣、岩渣而引发坡面泥石流, 进一步增强了沟谷泥石流的动力条件。在西北侧沟高程 500~585m 段山坡原本冲沟形态不明显, 仅为稍低凹的负地形, 坡面泥石流发生后冲蚀坡面上部分土石, 并冲毁植被, 该处坡面泥石流长约 110m, 宽 2.0~3.0m, 冲刷的土层厚度 1.0m, 目前已形成较明显的冲沟(图 6-6~图 6-10)。

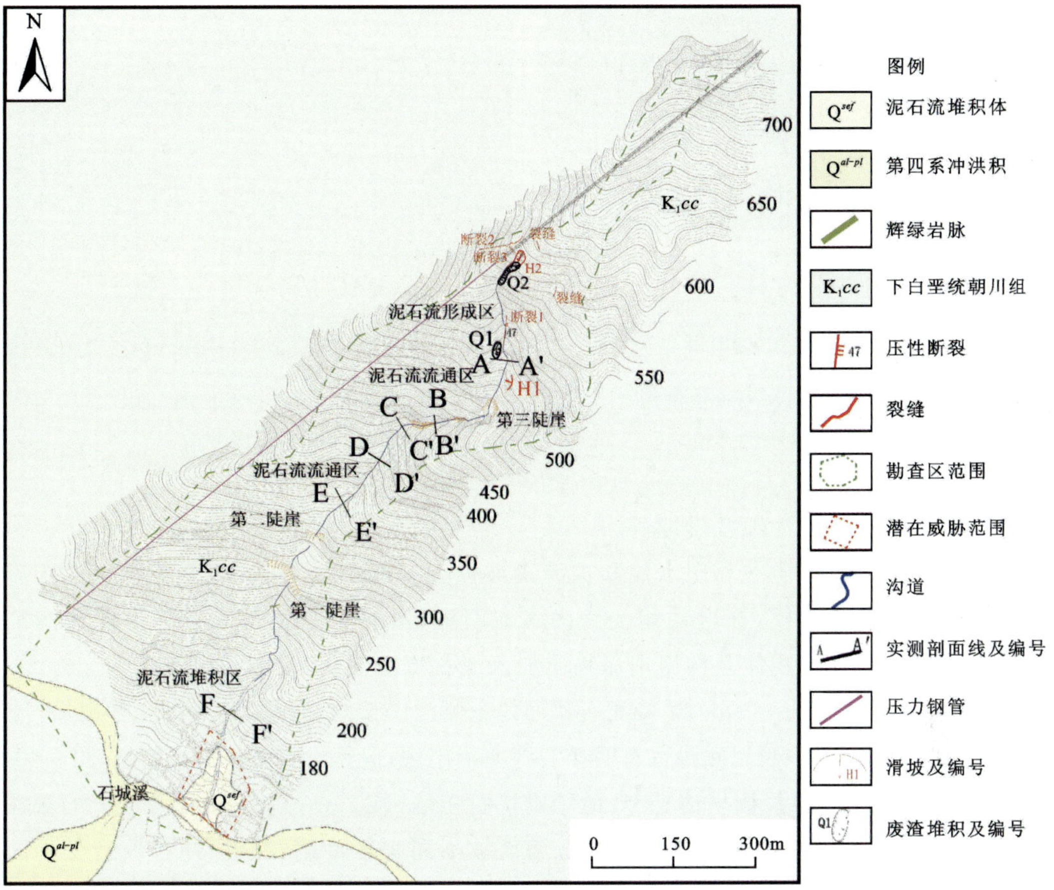

图 6-6 石城村泥石流工程地质平面图

图 6-7 石城村泥石流南侧
沟源地段引发滑坡

图 6-8 石城村泥石流南侧
沟源地段堆积弃渣、岩渣

图6-9 石城村泥石流南侧沟上游沟岸堆积的弃渣　　图6-10 石城村泥石流冲蚀形成冲沟

2) 泥石流对沟谷的冲蚀及侵蚀

沟道内松散固体物质在高压水流和沟源滑坡强大动能的冲击下,沟上游引发的弃渣坡面泥石流进一步壮大规模,被启动演变为沟谷泥石流,沿途大量铲刮沟并强烈冲蚀淘刮沟岸,使沟岸坍塌,沟道堆积体及沟岸坍塌物质加入泥石流中,壮大泥石流规模。

南侧沟上游高程484～490m处,受泥石流冲蚀东侧沟岸长约15m发生松散土体滑塌(H1),方量约95m³(图6-11)。西北侧沟也有明显裂缝变形出现,但是没有较大规模垮塌(图6-12)。南侧沟高程499m处,原拦挡岩渣、弃渣的干砌块石挡墙(长19m,高5～6m,厚60cm)被泥石流冲垮掉,沟岸零星分布的梯田坎护坡块石墙均被不同程度冲刷、冲毁,使谷坡遭受不同程

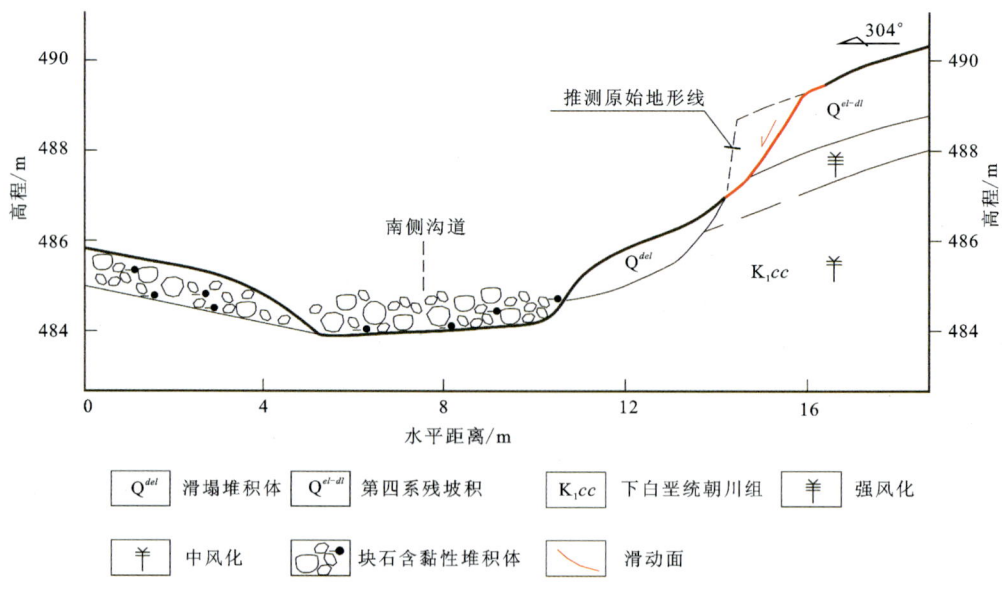

图6-11 石城村南侧沟上游泥石流冲蚀沟岸引发滑塌(H1)剖面图

度的冲蚀。随着沟道宽窄的变化，冲蚀作用也有明显的变化，中游沟谷多呈"V"字形，沟底宽2.0～3.5m，沟道内过境泥石流堆积较少，多数地段的沟床基岩裸露，沟底及其两侧的松散物质被冲走，属冲刷性沟段。特别在西北侧沟中下游（高程380m以下）沟道内基本无泥石流堆积体，沟道大片基岩裸露。在南侧沟下游段，沟岸直径8～10cm的毛竹和树木受泥石流冲刷、撞击均有不同程度的损毁，或拦腰折断或树木底部被冲破成疤痕，据现场测量，泥石流泥位深度为1.9～3.1m，树木被撞击形成的疤痕距树根地面1.0～1.7m。另外，泥石流在运动过程中，由于巨石、块石之间相互碰撞、铲刮，在沟床或沟岸基岩表面留下许多擦痕和撞击痕迹（图6-13～图6-22）。

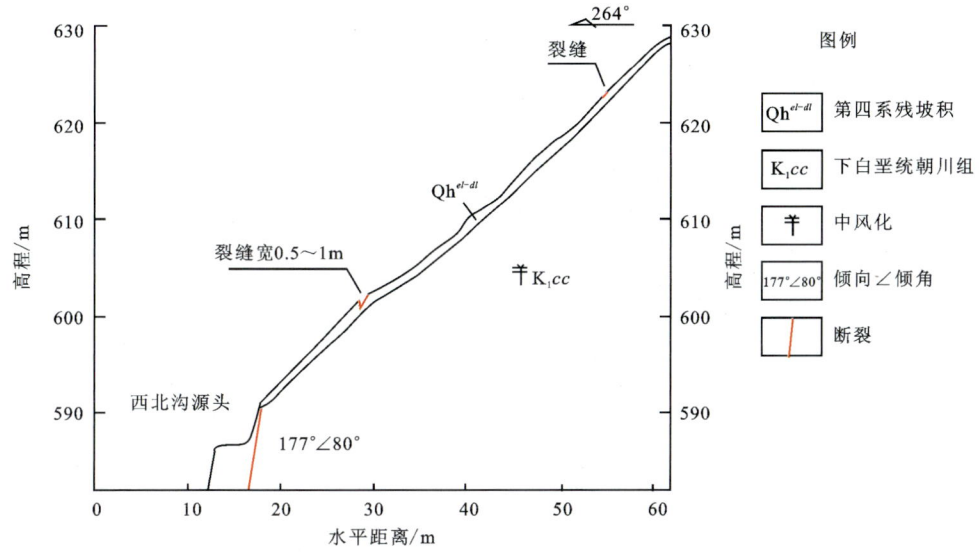

图6-12 石城村西北侧沟源头斜坡工程地质剖面图

图6-13 石城村泥石流冲蚀沟岸（一）

图6-14 石城村泥石流冲蚀沟岸（二）

图6-15 石城村泥石流冲蚀沟岸(三)

图6-16 石城村泥石流冲蚀沟岸(四)

图6-17 石城村泥石流冲蚀淘刮沟岸

图6-18 石城村泥石流冲蚀引发沟岸崩塌

图6-19 石城村泥石流冲击折断毛竹

图6-20 石城村泥石流撞击大树形成的疤痕

图 6-44 华升学校后山崩塌发生位置遥感影像图

5m,最大相对高差约 100m。20 世纪 60 年代以来,当地村民采石、取土对山体进行开挖,形成开口朝向东南的"U"形宕口。现华升学校西侧斜坡最高点高程约 84m,与坡脚学校相对高差约 79m,地形坡度较陡,坡度 32°~38°。发生滚石处微地貌呈负地形。

斜坡原始植被茂密,乔木、草本、灌木混合,植被覆盖率可达 90% 以上。据访问,2012 年山体起火,大多树木被烧成枯木。

2. 地层岩性

区内前第四纪地层为下白垩统西山头组一段(K_1x^1),岩性为浅灰—灰白色流纹质晶玻屑凝灰岩,凝灰结构。岩石中晶屑含量 15% 左右,成分以长石(钾长石、斜长石)为主,石英次之。碎屑成分主要由玻屑组成,部分已脱玻重结晶。岩石具绢云母化蚀变,主要表现为高岭土化以及褐铁矿渲染,出露于山体的大部分地区。由于岩性及构造作用,岩石风化强烈,山体破碎,山坡上孤石大范围出露。

第四系主要为残坡积层(Qh^{d-dl}),岩性为含碎块石粉质黏土,碎块石含量 10%~20%,原岩成分为流纹质晶屑玻屑凝灰岩,分选性较差,大小混杂,呈棱角、次棱角状。残坡积层广泛分布于山体浅表部,层厚 0.5~3m。

三、崩塌基本特征

从现场看,沿途树木均有明显被滚落孤石撞击的痕迹,个别滚石受树木阻挡停积(图 6-45、图 6-46)。

图6-45 华升学校不稳定斜坡远景
（灾害发生前）

图6-46 华升学校不稳定斜坡远景
（灾害发生后）

四、成因机制分析

经分析，滑坡形成原因主要有以下几个方面：

(1) 特殊岩土体。斜坡出露下白垩统西山头组流纹质晶玻屑凝灰岩，岩石蚀变、高岭土化强烈，山体上孤石大范围出露，岩石块体之间常风化成高岭土状，结合力低，工程地质性质较差，为崩塌、滑坡发生提供了物质条件。

(2) 高陡地形。后山斜坡地形陡峭，坡度较陡，坡度32°～38°，滚石原始位置与坡脚相对高差75m，崩塌、滑坡发生提供了势能条件（图6-47）。

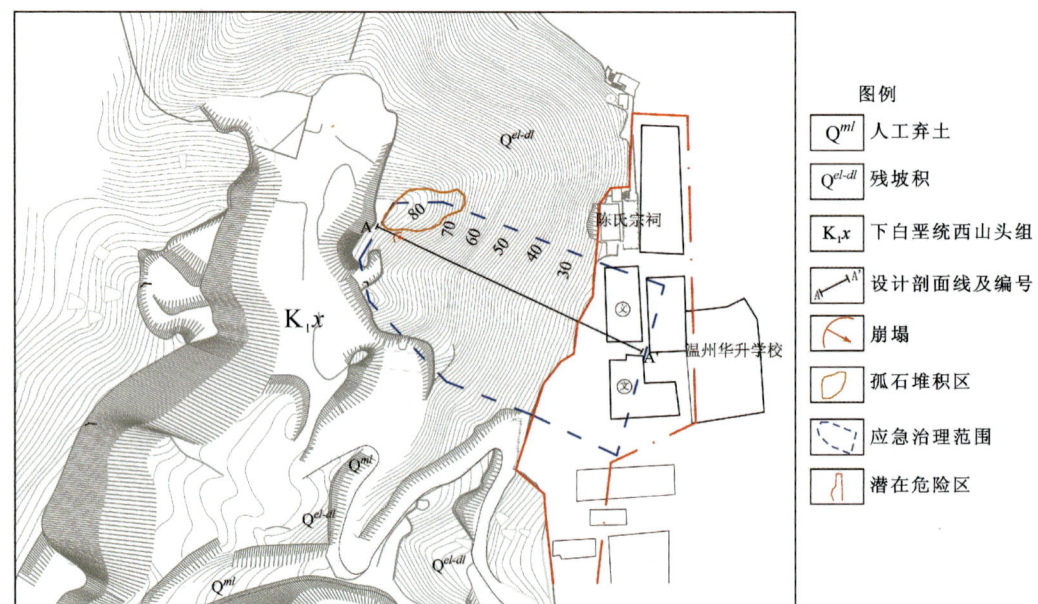

图6-47 华升学校后山崩塌区工程地质平面图

(3) 山林大火影响。据访问，2012年此处斜坡曾发生过大火，原先茂密的植被大多被烧毁。山林大火一方面使斜坡岩土体裸露，岩土体易被雨水冲刷，自稳能力变差，另一方面毁坏的树木抗撞击能力急剧下降，阻挡上方滚石的能力降低。

(4) 建筑物距坡脚2~3m，没有缓冲距离。

(5) 废弃矿山生态环境治理过程中，在对分水岭西侧边坡进行修整时致使坡顶个别块石向东侧坠落，碰击斜坡上原有的不稳定孤石使其失稳，孤石沿东侧山坡滚落，跃过学校围墙，造成意外伤亡。

综上所述，特殊的岩性构造、陡峻的地形、山林大火致使树林的防护及拦挡作用降低，施工间接影响致使斜坡不稳定孤石失稳，造成人员伤亡。

五、防治措施

斜坡地形坡度32°~38°，坡表滚石、浮石发育，稳定性差，存在再次崩滑的可能。根据区内地质灾害隐患潜在变形破坏模式，防治思路如下：①对宜清除的孤（滚）石进行清除。区内斜坡孤石主要集中在斜坡中上部，现状稳定性差，容易发生崩滑，对这些孤（滚）石进行清除，消除次生灾害。②对不宜清除孤石（危岩）进行拦挡。由于斜坡孤石分布不均匀，多数坐落在浅层土体上，浅表土体的失稳可能会引发孤石发生崩滑，但这些孤石多数不宜清除，且清除后会牵引后方浅层岩土体进一步发生失稳。本次工作被保护对象位置是确定的，位于坡脚地带，故对这些不宜清除的孤石采取被动拦挡措施。

(1) 清除滚石。对区内斜坡上滚石进行清除，包括斜坡上滚石、孤岩上趴伏的危岩。清除的滚石不得堆积于斜坡上，需外运或搬运至安全地段。

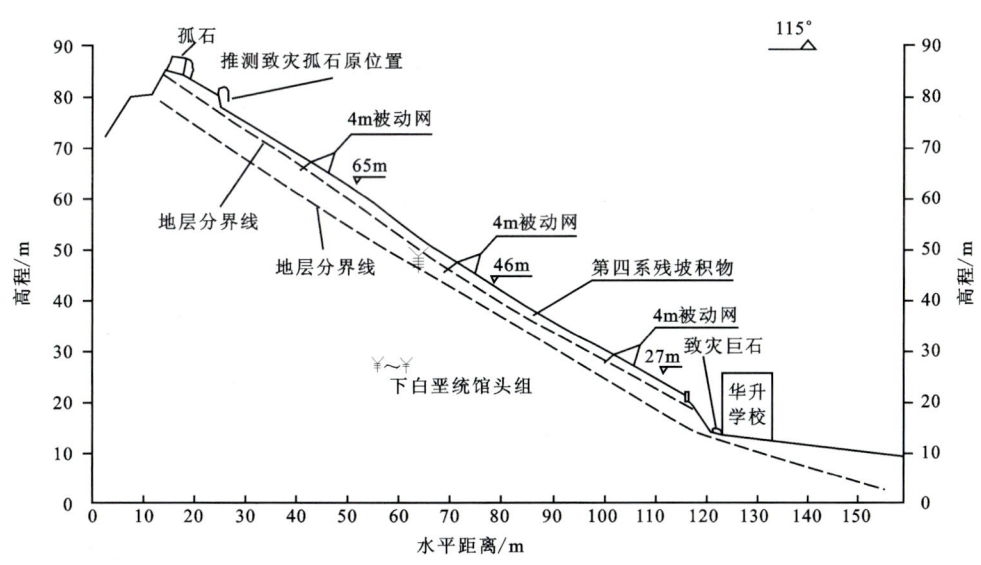

图6-48 华升学校后山崩塌防治工程剖面布置图

(2)设置三道被动防护网。在学校正后方斜坡高程 27m、高程 46m 和高程 65m 处分别布置一道 SNS 被动防护网,其中高程 27m 处布置防护网长 70m,高程 45m 处布置防护网长 100m,高程 65m 处布置防护网长 80m。防护网高均为 4m,总长 250m,总面积 1000m^2。

六、结论与启示

1. 结论

(1)华升学校后山崩塌的发生原因是斜坡上部的孤石滚落导致下方土体失稳。斜坡上的孤石与母岩脱离,受重力作用滚落下来,最终停积在学校后山的空地上。目前斜坡表面仍有滚石分布,稳定性较差,容易引发地质灾害。

(2)本次灾害的主要诱发因素是该区域特殊的岩土体条件和陡峭的地形,使得斜坡容易发生滑坡和崩塌,而斜坡上的孤石滚落则加剧了土体失稳。

2. 启示

(1)加强安全防护工作。在进行工程建设前,应进行充分的地质环境调查,尤其是在施工范围周边的区域及外围可能受到影响的区域,应提前做好安全防护工作。

(2)强化施工过程的监管工作。应对施工区域及周边进行巡查观测,发现安全隐患,立即停止施工,进行整改。

(3)加强公众教育。加强对地质灾害的宣传和教育,提高公众的防灾意识。特别是对于人群聚集的学校区域,有意识地培养学生和教职工应对灾害的能力,制定灾害应急预案,确保学校的安全具有十分重要的意义。如此案例中,对于斜坡上的滚石,应告知学生和教职工避免靠近和触碰。

第五节 文成—泰顺地震诱发地质灾害

一、基本情况

自 2014 年 9 月 12 日至 2014 年 10 月 31 日,浙江省文成县与泰顺县交界处共发生地震 819 次,属有感地震,震级均小于 M4.5 级,是以小的震群活动为主的地震群(图 6-58)。小于 M4.5 级的有感地震虽然没有强烈的破坏性,但增加了地质灾害风险的可能性,且在与台风暴雨、长时间降雨等外力叠加的情况下,会进一步加剧或引发地质灾害。本次地震共诱发灾害 11 处(文成县 3 处,泰顺县 8 处),其中崩塌地质灾害 5 处,滑坡地质灾害 6 处。地震引发地质灾害 6 处,加剧地质灾害 1 处,地震和降雨引发地质灾害 3 处,加剧地质灾害 1 处。发现的地震地质灾害 11 处中,3 处属于在册地质灾害,8 处属于新发生的地质灾害。

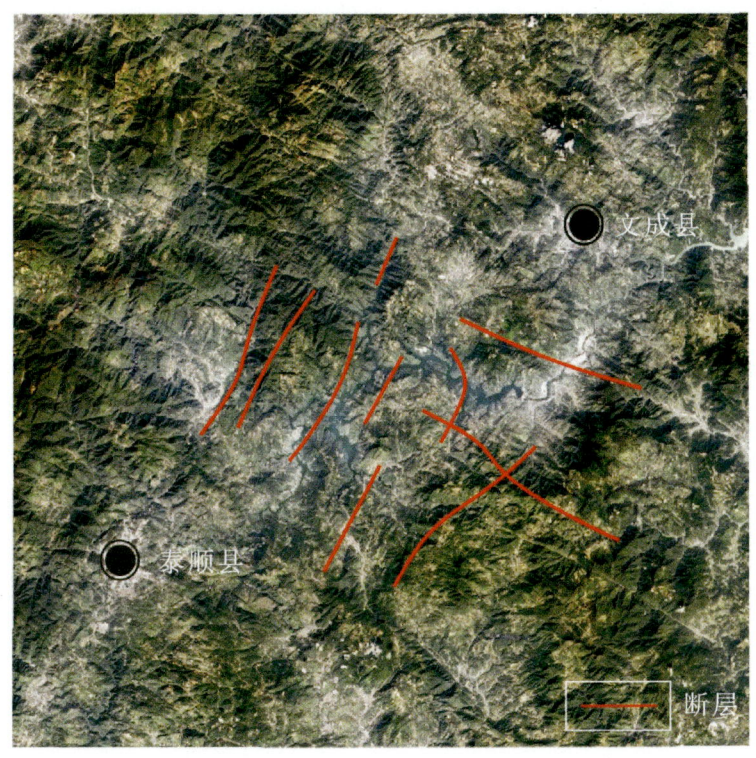

图 6-58 文成-顺泰地震诱发地质灾害位置遥感影像图

二、孕灾地质条件

1. 区域地形地貌

勘查区地处洞宫山与雁荡山之间,山峦连绵,涧谷深切,区内崇山峻岭连绵不绝,最高峰为与景宁县交界处的白云尖,高程 1 611.1m,最低点为飞云江出水口,高程 15m,地势自北西向南东倾斜。根据成因将区内地貌类型分为中山、低山、丘陵、山间盆地和河谷平原 5 类。

(1)中山。绝对高程 1000～3500m,相对高差 300～500m,山体坡度一般在 20°以上,局部陡峭处可达 50°以上,沟谷切割较深,切割深度一般 500～900m,最高山峰白云尖高程 1 611.1m。该区地形切割深,山地流水作用强烈,其中火山碎屑岩区山高坡陡,软质岩及侵入岩区山顶略为平缓。分布于西北部、东北部及南部与邻县(市)接壤地带,主要分布在司前、百丈、黄坦、南田等地。

(2)低山。丘陵高程 200m 以上,低山高程一般 500～1000m,相对高差 200～300m,山地流水作用较中低山区轻,构造侵蚀、风化剥蚀作用较强烈。地势起伏大,地形陡峭,坡度一般 25°以上,常见悬崖峭壁地貌景观。分布于各盆地周边,区域分布以飞云江北部及上游为主。

(3)丘陵。绝对高程小于 500m,相对高差小于 200m,地形坡度一般 15°～25°,分布较少。该区地形总体较缓、地势低,风化作用强,松散层较厚,水力剥蚀和工程活动诱发地质灾害等重力侵蚀作用强烈。主要分布彭溪、珊溪、巨屿、大峃、樟台、黄坦、玉壶等。

(4)山间盆地。一般由构造作用加长期风化剥蚀夷平而成,盆地内一般地势较平坦,有第四系残坡积、洪积物覆盖,大部分被开垦为耕地或用于建房。主要有罗阳盆地、泗溪盆地、雅阳盆地、大峃盆地、南田盆地及黄坦盆地。

(5)河谷平原。地势平坦,绝对高程大多在100m以下,坡度小于10°,大垟口最低高程15m,为全县最低点,主要分布在飞云江及支流河谷、沟口,如珊溪、巨屿、龙川、大峃、樟台、玉壶、黄坦等沟谷平地。

2. 地层岩性

(1)前第四纪地层。勘查区内广泛分布中生界火山岩,白垩纪文成、山门两个火山洼地大部分位于区内。

(2)第四纪地层。分布于山间盆地、大溪流的两侧及较平缓山坡地带,主要为残坡积、洪积、冲积、坡洪积或河漫滩堆积,由灰黄色黏土、亚黏土、粉砂、泥质黏土和砂、砾组成,厚度较薄。

(3)岩浆岩。区内中生代燕山晚期岩浆活动十分强烈,侵入岩分4个期次侵入于陆相火山碎屑-沉积岩系中,岩性有酸性、中酸性、中性、基性岩等,且以前二者为主。①潜火山岩。分布相对稀少,岩体面积小,按产出地层时代可划分为晚侏罗世潜火山岩和早白垩世潜火山岩。岩体岩性有流纹岩、流纹斑岩、霏细斑岩、安山玢岩、英安玢岩、辉绿岩等,以中酸性岩为主。②侵入岩。较发育,主要出露于西北部和东南部,岩性有酸性、中酸性、中性,多呈岩株、岩枝产出,为燕山晚期4次侵入活动的产物。侵入岩有钾长花岗岩、花岗斑岩、二长花岗岩、霏细斑岩、石英钾长斑岩、花岗闪长岩、石英闪长岩、闪长岩等;基性岩少,主要为辉绿岩。侵入岩侵入时代都属燕山晚期第3阶段。

3. 地质构造与地震活动

大地构造位置属华南褶皱系浙东南褶皱带,位于温州-临海拗陷、泰顺-温州断拗之间。受北西向松阳-平阳、北东向泰顺-黄岩基底大断裂活动影响,地表北西向、北东向断裂及侵入岩带发育,构成了区域构造格架,此外还发育少量的南北向、东西向断裂。勘查区内褶皱构造不明显,脆性断裂构造发育。主要有以下几组:

(1)北东向断裂构造带。泰顺-黄岩大断裂的组成部分,几乎贯穿勘查区内,宽约20km,走向40°~65°,一般倾向北西,倾角40°~80°,带内岩石破碎,常有酸性、中—基性岩脉群充填其中。断裂性质一般属压(扭)性。

(2)北西向断裂。属平阳-松阳北西向断裂构造带的南西缘,走向290°~320°,倾向北东、南西不定,倾角60°~80°,常有酸性、中—基性岩脉充填贯入,为张性、张扭性断裂,活动时间晚,延伸较稳定,长度4~10km不等,最长可达20km以上。

上述断裂对本区构造运动的发生、发展有较大的影响和控制作用。从地热特征、近现代地震活动及分布分析认为,这几条大断裂在挽近地质时期内均有活动迹象。区域新构造以垂直升降运动为主,且较频繁。

据《浙江省地震目录统计》记载,温州市范围曾发生过有感地震10次,其中4.75级地震1次(1813.10.17,震中烈度Ⅵ度),3.0～3.9级地震3次,小于3.0级地震6次。《泰顺县志》记载,泰顺历史上共发生过3次有感地震:①1514年八月初一,"日食,星现,鸡栖,过一时辰复光,不久地震";②1820年5月,"地震又雨雹";③1853年3月"地屡震,近闽界尤甚"。以上均为外围有感地震,未造成影响。《文成县志》记载,文成近代无破坏性地震发生,现代地震活动微弱。近年来文成县的地震活动较为频繁,最大级为2006年2月9日发生的4.6级有感地震,未造成人员伤亡。

总体来说区域震级小,强度弱,频率低,属于相对稳定地带。据《中国地震动参数区划图》(GB 18306—2001),地震动峰值加速度小于0.05g。地震基本烈度为Ⅵ度,属于区域相对稳定地区。

4. 气象水文

1)气象

勘查区属中亚热带海洋型季风气候,四季分明,气候温和,雨量充沛,春夏水热同步,秋冬光热互补,高山云雾弥漫,低山丘陵湿润。年平均气温为17.0℃,极端最高温40.8℃,极端最低温-10.5℃。勘查区年平均降雨量约1900mm,最多达2536mm,最少1282mm。降雨在时间上分布不均,暴雨大部分集中在4—9月,以春雨、梅雨和台风雨为主,降雨量占全年雨量的80%左右,其中连续最大的4个月雨量占全年雨量的50%～60%;雨季多暴雨和持续降雨,年平均暴雨、大暴雨次数为3.5～7.4次,时最大降雨量在33.9mm以上,日最大降雨量可达323mm,台风雨过程雨量可达300～500mm;持续降雨日数一般3～15d,最长持续降雨日数达22d,易引发降雨型地质灾害。11月至来年2月为旱季,降雨量很少。降雨空间分布不均匀,随着高程的增加而增加,一般是山区降雨量大于河谷区,迎风面大于背风面。

2)水文

区内大小溪流上百条,特点如下:①地表水动态变化受大气降水影响明显,各河流洪峰出现时段与当地汛期(雨季)基本一致,水位随季节变化大。②区内河流多属山区型,河流主河段比降小,各汇水区支流比降大,切割深度大;③各山区流域雨季易形成局部洪灾;④河流婉蜒曲折,河谷多呈"V"形,河床狭窄而峻陡,河道比降大,源短流急,洪水暴涨暴落。⑤非雨季时河水含泥砂量较小,水较清澈。勘查区内水系纵横交错,呈多树枝状,分属飞云江、瓯江、交溪、沙埕港、鳌江五水系。

5. 人类工程活动

改革开放以来,勘查区内的文成、泰顺两县经济快速发展,人类工程活动强烈,主要表现如下:

(1)切坡建房。勘查区地处山区,村民住宅基本依山而建,对山体进行开挖,形成高陡边坡,有的未能及时进行有效防护,使地质环境平衡遭到破坏,引发地质灾害(隐患),是造成勘查区地质灾害多发的主要人为因素。

（2）切坡修路。道路基础设施的建设在促进社会经济发展的同时，也在不同程度上破坏了自然生态平衡和地质环境条件，引发地质灾害（隐患），切坡修路的弃渣随意堆放在公路边（斜）坡上，成为泥石流地质灾害的潜在物源。特别是康庄工程和通村公路，其线路一般沿沟谷布置，康庄工程形成的弃土弃石通常直接堆积在沟谷及斜坡之上，易造成水土流失、滑坡，部分为泥石流的形成提供物源。

（3）矿业开发。矿山开采对地质环境的影响主要表现为破坏植被、水土流失、污染和矿山地质灾害等。同时，部分废弃矿山存在宕面高陡、山体开裂等不稳定现象。

（4）水利工程。区内水力资源丰富，建有温州市最大的珊溪水库枢纽工程，位于浙江省温州市飞云江干流中游河段，工程于1997年9月23日正式开工，2001年12月31日完工，同时还建设有大量的小水电。水库的建设可能诱发或加剧滑坡等潜在地质灾害，同时也有可能诱发地震等灾害。

此外，其他建设，如农业、工业等建设，也给地质环境带来一定影响。

三、地震地质灾害基本情况

1. 地质灾害种类

灾种上，在无台风、暴雨、长时间降雨等外力条件下，也无地下水发育的情况下，区内地震地质灾害以崩塌为主，且集中发育在震中。在台风、暴雨、长时间降雨等外力条件下，或地下水发育的情况下，地震地质灾害以滑坡为主。本次地震震级小于M4.5，属强有感地震，破坏性小，区内泥石流沟基本属于低易发泥石流冲沟，故无泥石流地质灾害。同时，因震级小而未发生液化、震陷等地震地质灾害。

2. 地质灾害规模

区内地震地质灾害规模小，发育广。其中，崩塌体积一般小于$200m^3$，属小型崩塌；滑坡体积最大为$6000m^3$，均属于小规模。地震引发的崩塌、滑坡地质灾害在区内公路随处可见，在靠近震中则更为发育。

3. 地质灾害空间分布

地震地质灾害的发生概率与震距具有一定相关性，即地震地质灾害的发生与震中距呈反比例关系，说明地震地质灾害的发生概率与地震强度具有一定相关性。地震地质灾害的规模、数量等发育情况，自震中向周边呈逐步减少趋势（图6-50、图6-51）。在震中文成黄坦镇黄泥坳至云湖公路边及泰顺包垟境内的岜院线和通村公路边，常见公路边坡发育大量的小规模崩塌地质灾害，而其他区域的公路边坡基本没有发生崩塌现象。文成-泰顺地震地质灾害主要发育在文成县黄坦镇、泰顺县百丈镇、司前镇，且基本位于震中部位。调查的11处地质灾害中，有6处处于震中。泰顺县发生的地震地质灾害较文成县多，原因如下：①泰顺县位于发震断层的下盘，震中大部分位于泰顺县百丈镇；②地震影响范围内，泰顺县工建设活动较文成县跃,破坏地质环境条件较文成县强烈;③泰顺地形地貌及地层岩性有利于地质灾害的发生也是一个重要的因素。

4. 地质灾害时间分布

地震具有突发性,崩塌与地震具有同时性,崩塌几乎与地震同时发生,当老百姓听见地震响亮声后,立刻可以听见山体崩塌的声音。滑坡地质灾害则具有一定的滞后性,基本上发生在震后。

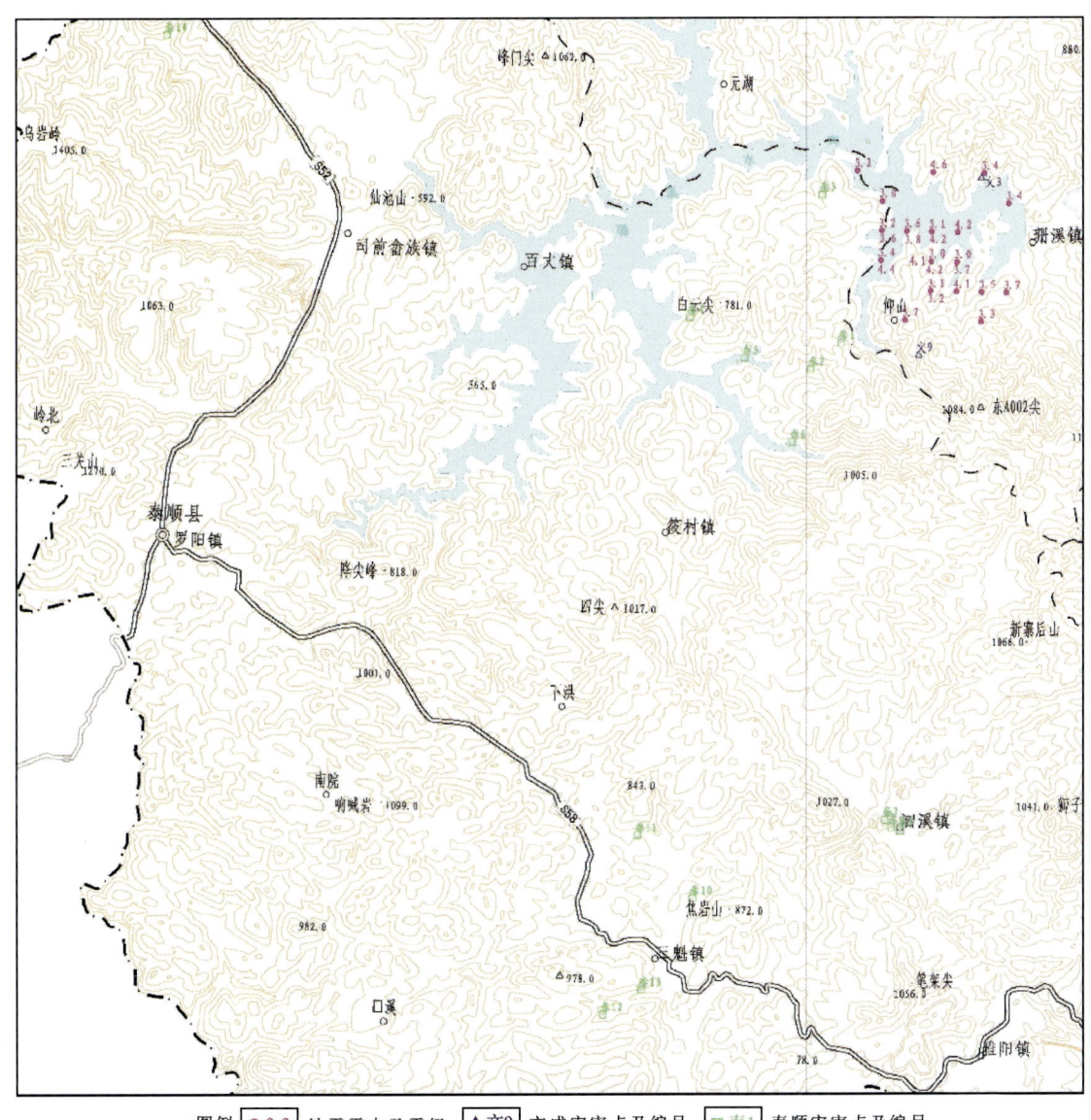

图6-59 泰顺地震及其诱发地质灾害分布图

图 6-60　文成地震及其诱发地质灾害分布图

四、成因机制分析

(1) 文成-泰顺地处浙东南沿海,属中亚热带海洋型季风气候区。岩性以火山碎屑岩含沉积夹层或沉凝灰质火山碎屑岩为主,岩石中节理裂隙发育,岩石抗风化能力较差,易形成较厚的松散残坡积,为地震地质灾害的发生提供了有利的物质基础。

(2) 区内峡谷深切,地形坡度较陡,为地震地质灾害的发生提供了有利的地形条件。农村建房、修路时,通过挖填进行场地平整,形成高陡挖填方边坡,岩土体松散破碎,且没有采取科学合理的措施对边坡进行加固,边坡稳定性差,为崩塌、滑坡地质灾害的发生提供了良好的临空面和活动区间,未经分层碾压夯实的回填土则为地震塌陷提供物质基础。

(3) 高频率的地震是导致地震地质灾害发生的主要原因。短时间内,2000 多次的地震,虽然震级小,但可使岩土体发生疲劳破坏。另外,M3.0~M4.0级,特别是M4.0级以上地震对岩土体具有一定的破坏作用。在地震作用下,地震产生的加速度使岩土体进一步变得松散,最终导致松散岩土体沿地震惯性产生运动,脱离基岩母体,形成滑坡、崩塌地质灾害。地震、台风、降雨的共同作用也是地质灾害形成的主要诱发因素。

(4)地震与降雨叠加时,地震地质灾害呈现明显增强现象,发育范围呈扩大现象,这在滑坡地质灾害中尤为明显。发现的11处地震地质灾害中,共有4处是地震与降雨共同作用的结果,且其距离远离震中。震级在M4.0级以上时,地震对地质灾害的加剧也较为明显,泰顺县百丈镇包垟卓南坑村滑坡就是一个很好典型例子。

五、治理措施

排查工作对存在地质灾害隐患的地震地质灾害点提出了防治对策措施和建议。建议对7处地质灾害隐患进行工程治理,对1处地质灾害点进行观测,对2处地质灾害点进行搬迁避让。此外,在工作中对发现的2处临时安置点及时采取了搬迁避让整改措施。

六、结论与启示

1. 结论

文成-泰顺地震诱发地质灾害主要包括崩塌和滑坡。地震震动导致岩土体变得松散,稳定性下降。地震与降雨叠加时,地质灾害的发生概率增加,且降雨会进一步加剧地质灾害的规模和危险性。

2. 启示

(1)文成-泰顺地震属有感地震,虽破坏性小,但地震地质灾害防治工作不容忽视,应该充分做好宣传和科普工作,提高群众防灾抗灾意识。

(2)地震地质灾害的发生情况与地震强度、震中距具有一定的关联性,随地震震级增大而呈加剧趋势,应加强地震监测与预报,尽可能远离震区。

(3)浙东南地区地震地质灾害具有规模小,威胁大,突发性及隐蔽性等特点,其预防具有一定难度,应采取积极避让措施。

(4)地震发生后,岩土体变松散,在冰冻、台风、暴雨及长时间降雨等恶劣环境条件下,后期次生地质灾害呈加剧趋势发展,震后需观测、等待一段时间后,确保灾情稳定后,方可返回。

(5)在建设水库时,要充分做好断裂活动性调查和地震监测,并编制地震地质灾害规划,做好地震地质灾害防治工作。

第七章

结论与展望

浙东南地区多分布低山丘陵地貌，岩性以火山岩为主，地质环境条件较为脆弱，气候条件上有显著的梅雨季连续阴雨和夏季强台风登陆，加之频繁的人类工程活动，使得该地区成为了全省乃至全国地质灾害发育最为集中且危害极大的区域之一。本专著利用多学科综合分析方法探究了浙东南地区地质灾害发育的总体特征与时空分布规律，揭示了崩塌、滑坡、泥石流三大类地质灾害的宏观破坏特征与孕灾条件，明确了浙东南地质灾害的主要诱发因素类型；选取了台风暴雨、连续降雨和非降雨三大因素诱发地质灾害，从基本情况、成因机制、稳定性分析、治理措施、结论启示等角度对各类突发性地质灾害的典型案例进行了全方位系统介绍，以期突破浙东南地区突发性地质灾害成因机制复杂及难预警、难防治的理论与技术瓶颈，展示浙东南地质灾害防治工作的过往成果并总结经验教训，提升我国地质灾害应急响应与安全管理水平。

考虑到全球气候变化的大背景，未来极端气象条件的频次和幅度会发生显著变化，因此浙东南地区面临的地质灾害风险仍会处于高位，加紧落实地灾风险"点面双控"和"点区联控"体系建设，加大地质灾害风险隐患点排查力度，加快地灾风险防范区划分，不断完善"人防＋技防"的地质灾害调查、评价以及监测技术手段，推进地质灾害风险智控，将会是新时代降低地质灾害风险的必经之路。

主要参考文献

鲍其云,麻土华,李长江,等,2016.浙江62个丘陵山区县引发滑坡的降雨强度:历时阈值[J].科技通报,32(5):48-55+95.

陈光平,2011.台风引发温州市斜坡地质灾害的发育分布及影响因素研究[D].成都:成都理工大学.

陈立华,羊汉平,廖丽萍,等,2023.容县2010年6月滑坡灾害降雨阈值研究[J].自然灾害学报,32(1):228-235.

陈光平,赵其华,黄河清,2011.文家沟巨型岩质滑坡高速远程运移特征分析[J].工程地质学报,19(3):404-408.

陈宁生,田树峰,张勇,等,2021.泥石流灾害的物源控制与高性能减灾[J].地学前缘,28(4):337-348.

崔鹏,杨坤,陈杰,2003.前期降雨对泥石流形成的贡献:以蒋家沟泥石流形成为例[J].中国水土保持科学,1(1):11-15.

崔星,袁丽侠,陆彦俊,2010.台风诱发滑坡灾害的机理[J].自然灾害学报,19(2):80-84.

陈温清,2019.温州市高强度降雨引发的陡斜坡地质灾害特征与规律研究[D].温州:温州大学.

邓睿,黄敬峰,2011."莫拉克"台风引起的滑坡泥石流灾害HJ-1图像遥感监测研究[J].国土资源遥感(1):106-109.

杜怡韩,潘少君,符文熹,等,2022.持续强降雨对有限土体土压力的影响规律[J].科学技术与工程,22(7):2806-2813.

冯杭建,2016.浙西淳安降雨型滑坡发育规律及危险性评价研究[D].武汉:中国地质大学(武汉).

冯杭建,周爱国,唐小明,等,2016.浙江省泥石流灾害发育分布规律及区域预报[J].地球科学,41(12):2088-2099.

苟颉龙,楼谦谦,杨小兰,等,2018.浙江省江山市地质灾害成因分析与防治对策研究[J].科技通报,34(10):253-258.

郭山峰,何伟民,2020.浙江省永嘉县地质灾害发育特征及形成条件研究[J].矿产与地质,34(1):173-178.

韩俊,2012.温州地区台风滑坡形成机理物理模拟研究[D].成都:成都理工大学.

贾世涛,崔鹏,陈晓清,等,2011.拦沙坝调节泥石流拦挡与输移性能的试验研究[J].岩石力学与工程学报,30(11):2338-2345.

贺可强,白建业,王思敬,2005.降雨诱发型堆积层滑坡的位移动力学特征分析[J].岩土力学(5):705-709.

何思明,王东坡,吴永,等,2014.崩塌滚石灾害的力学机理与防治技术[J].自然杂志,36(5):336-345.

何元才,沈万里,杜欢欢,2016.浙江省诸暨市地质灾害与临界降雨量关系探讨[J].地质灾害与环境保护,27(3):70-74.

侯小强,刘杰瑞,王新飞,等,2023.陡倾滑面滑坡锯齿形抗滑桩力学性能研究[J].计算力学学报,40(5):854-860.

胡荣荣,金立权,陈国军,2013.浙江省岱山县地质灾害发育特征及其控制因素[J].地质灾害与环境保护,24(2):26-29.

胡荣荣,王保欣,吴梦璐,等,2015.浙江省天台县地质灾害发育特征及防治措施建议[J].地质灾害与环境保护,26(4):63-66.

胡鹏,王念秦,宋贵昌,等,2024.山区切坡活动引发地质灾害风险评估及其防控措施[J].灾害学,39(1):164-171.

黄森,崔素丽,辛鹏,等,2021.天水市"7·25"群发性浅层滑坡降雨阈值及空间分布研究[J].自然灾害学报,30(3):181-190.

简文星,许强,童龙云,2013.三峡库区黄土坡滑坡降雨入渗模型研究[J].岩土力学,34(12):3527-3533.

孔维伟,赵其华,韩俊,等,2013.台风滑坡变形破坏机制模型试验研究[J].工程地质学报,21(2):297-303.

雷鸣,2021.降雨对滑坡稳定性影响研究及预警预报[D].西安:西安工业大学.

李光明,徐世光,王彦军,等,2016.强降雨作用下填土滑坡的失稳机理及加固处理措施研究[J].中国水利水电科学研究院学报,14(2):103-109.

李潇濛,2018.登陆台风降水诱发地质灾害的分析与预报研究[D].成都:成都信息工程大学.

李思德,李远耀,殷坤龙,等,2022.基于物理模型试验的杆塔基础滑坡防护措施效果研究[J].地质科技通报,41(2):209-218.

林宝亭,陈明璐,胡恒,2009.2009年台风"莫拉菲"诱发暴雨机制初探[J].气象研究与应用,30(S2):85-86.

林若昂,简文彬,聂闻,2022.基于台风路径追踪的滑坡概率分析[J].中国地质灾害与防治学报,33(4):18-27.

刘传正,陈春利,2020.中国地质灾害防治成效与问题对策[J].工程地质学报,28(2):375-383.

刘海知,徐辉,包红军,等,2021.区域降雨诱发滑坡阈值特征分析[J].自然灾害学报,30(4):181-190.

刘汉林,龙胜清,2014.陡坡地形拉裂式崩塌防治措施探讨[J].中国安全生产科学技术,10(S1):282-287.

刘明军,王邦贤,2017.浙江省泰顺县地质灾害成因及分布特征浅析[J].地下水,39(1):148-150.

刘艳辉,唐灿,李铁锋,等,2009.地质灾害与降雨雨型的关系研究[J].工程地质学报,17(5):656-661.

刘艳辉,唐灿,吴剑波,等,2011.地质灾害与不同尺度降雨时空分布关系[J].中国地质灾害与防治学报,22(3):74-83.

刘艳辉,温铭生,苏永超,等,2016.台风暴雨型地质灾害时空特征及预警效果分析[J].水文地质工程地质,43(5):119-126.

鹿世瑾,王岩,文明章,2010.福建雨季暴雨及台风暴雨诱发地质灾害的研究[J].福建地质,29(S1):77-86.

卢琰萍,徐兴华,吴雪琴,等,2021.降雨引发玄武岩台地型滑坡的灾变机制及综合防治[J].安全与环境工程,28(4):170-179.

马晓峰,朱浩濛,张义顺,等,2021.省级地质灾害风险评价技术方法研究:以浙江省为例[J].浙江国土资源(S1):57-65.

马煜,余斌,何元勋,等,2023.降雨激发浅层滑坡发育特征与阈值研究:以江西省全南县大吉山"2019.6.10"灾害为例[J].地质与勘探,59(5):1065-1073.

裴振伟,年廷凯,吴昊,等,2021.滑坡地质灾害应急处置技术研究进展[J].防灾减灾工程学报,41(6):1382-1394.

沈佳,董岩松,简文彬,等,2020.台风暴雨型土质滑坡演化过程研究[J].工程地质学报,28(6):1290-1299.

石振明,吴彬,郑鸿超,等,2022.泥石流防治措施与冲击力研究进展[J].地球科学,47(12):4339-4349.

孙强,张泰丽,伍剑波,等,2022.植被对台风暴雨型滑坡发育的促进作用[J].中国地质调查,9(4):66-73.

唐礼义,2022.降雨影响下抗滑桩-加筋土挡墙组合结构稳定性分析[D].南昌:华东交通大学.

唐小明,游省易,尚岳全,2009.浙江省玄武岩台地地貌及地质灾害[J].浙江大学学报(理学版),36(2):231-236.

唐新华,2011.台风暴雨条件下地质灾害的成因研究[J].福建建筑(2):64-66.

唐扬,殷坤龙,汪洋,等,2017.斜坡降雨入渗的改进 Mein-Larson 模型[J].地球科学,42(4):634-640.

陶雪文,朱兴华,孔静雯,等,2022.浙江省地质灾害成灾特点与防灾减灾对策研究[J].中国安全生产科学技术,18(S1):11-17.

陶妍,角媛梅,丁银平,等,2023.降雨诱发型滑坡的降雨阈值及机理研究进展与展望[J].云南师范大学学报(自然科学版),43(4):71-78.

田青怀,林金辉,韦胜利,等,2015.滑坡综合治理措施与效果:以浙江省建德市叶家路滑坡为例[J].中国水土保持科学,13(2):118-121.

铁永波,徐伟,向炳霖,等,2022.西南地区地质灾害风险"点面双控"体系构建与思考[J].中国地质灾害与防治学报,33(3):106-113.

王高峰,李刚,孙向东,等,2023.甘肃南部山区城镇地质灾害风险双控模式初探[J].中国地质,1-21.

王铁生,吴雪琴,2013.浙江省金华市地质灾害现状与防治对策[J].上海国土资源,34(3):97-99+101.

王一鸣,2018.台风暴雨型泥石流灾害风险研究[D].武汉:中国地质大学(武汉).

王一鸣,殷坤龙,2018.台风暴雨型泥石流启动机制[J].地球科学,43(S2):263-270.

魏振磊,2017.小流域泥石流启动降雨阈值预测与虹吸分流防治方法[D].杭州:浙江大学.

魏正发,严慧珺,应忠敏,等,2022.西宁北山山前崩塌形成机理及防治[J].科学技术与工程,22(20):8597-8605.

吴义,胡志生,刘冬,等,2021.温州市突发性地质灾害发育特征及防治对策[J].地质论评,67(S1):5-6.

夏敏,任光明,马鑫磊,等,2014.库水位涨落条件下滑坡地下水渗流场动态特征[J].西南交通大学学报,49(3):399-405.

夏梦想,李远耀,吴吉民,等,2021.基于I-D统计模型的张家界市滑坡灾害降雨预警阈值研究[J].自然灾害学报,30(4):203-212.

向小龙,孙炜锋,谭成轩,等,2020.降雨型滑坡失稳概率计算方法[J].地质通报,39(7):1115-1120.

徐飞,焦玉国,唐丽伟,等,2023.泰安市山水林田湖草生态修复区生态脆弱性评价与生态修复对策研究[J].现代地质,37(4):892-902.

徐毅青,陈华,2016.台风暴雨区低频泥石流的分形特征[J].科技通报,32(4):55-58.

许强,朱星,李为乐,等,2022."天-空-地"协同滑坡监测技术进展[J].测绘学报,51(7):1416-1436.

闫金凯,黄俊宝,李海龙,等,2020.台风暴雨型浅层滑坡失稳机理研究[J].地质力学学报,26(4):481-491.

严秋荣,2016.堆积体边坡扰动带变形机理及抗滑桩支护新方法研究[D].重庆:重庆大学.

颜新春,罗友生,2010.德化台风降水分布特征及防范对策[J].水利科技(1):4-6.

杨麒麟,李柏,2017.滑坡区毛竹根系生长分布及其护坡效果研究[J].长江科学院院报,34(10):45-49.

杨宗佶,王礼勇,石莉莉,等,2020.降雨滑坡多指标监测预警方法研究[J].岩石力学与工程学报,39(2):272-285.

余志祥,张丽君,骆丽茹,等,2020.韧性挑篷防护网系统抗冲击性能研究[J].岩石力学与工程学报,39(12):2505-2516.

余丰华,姜云,2007. Google Earth 在浙江省地质灾害管理中的应用[J]. 地质灾害与环境保护(3):98-103.

袁康,2021. 台风暴雨诱发滑坡的分布规律及危险性评价[D]. 合肥:安徽理工大学.

曾欣欣,黄新晴,滕代高,2010."罗莎"台风造成浙江特大暴雨的过程分析[J]. 海洋学研究,28(1):62-71.

张磊,陈张建,黄丽,2020. 浙江省地质灾害防治管理平台设计与实现[J]. 中国地质灾害与防治学报,31(2):102-110.

张磊,陈张建,夏跃珍,等,2014. 浙江省突发性地质灾害应急空间辅助决策支持系统设计与实现[J]. 中国地质灾害与防治学报,25(3):135-140.

张泰丽,2016. 浙江省东部台风暴雨诱发滑坡变形特征和成因机制研究[D]. 武汉:中国地质大学(武汉).

张泰丽,孙强,黄金玉,等,2015. 黟县 Y027 公路溪下村段崩塌变形破坏机理分析[J]. 地质灾害与环境保护,26(4):40-43.

张泰丽,周爱国,孙强,等,2017. 台风暴雨条件下滑坡地下水渗流特征及成因机制[J]. 地球科学,42(12):2354-2362.

张泰丽,周爱国,施斌,等,2016. 台风暴雨条件下滑坡变形特征物理试验研究[J]. 水文地质工程地质,43(6):127-132.

张战胜,王海芹,王昆,等,2008. 浙江省温州山区滑坡地质灾害特征及治理对策分析:以梅溴坑村滑坡为例[J]. 中国地质灾害与防治学报,19(4):125-127.

张治国,毛敏东,朱正国,等,2023. 间歇性强降雨诱发滑坡对抗滑桩非线性力学响应分析[J]. 岩土力学,44(7):2073-2094.

赵彬如,陈恩泽,戴强,等,2022. 基于水文-气象阈值的区域降雨型滑坡预测研究[J]. 测绘学报,51(10):2216-2225.

赵丽娅,韩丽君,樊姝芳,等,2018. 台风暴雨型矿山泥石流的形成条件及起动模式[J]. 地质论评,64(4):947-955.

赵晓东,杲旭日,张泰丽,等,2018. 基于 GIS 的潜势度地质灾害预警预报模型研究:以浙江省温州市为例[J]. 地理与地理信息科学,34(5):1-6.

周创兵,李典庆,2009. 暴雨诱发滑坡致灾机理与减灾方法研究进展[J]. 地球科学进展,24(5):477-487.

周健,李业勋,张姣,等,2013. 坡面型泥石流治理过程中土体变形机制宏细观研究[J]. 岩石力学与工程学报,32(5):1001-1008.

周剑,汤明高,许强,等,2022. 重庆市滑坡降雨阈值预警模型[J]. 山地学报,40(6):847-858.

祝杨菲,梁勤欧,林德根,2019. 浙江省滑坡地质灾害风险地图制图综合研究[J]. 国土与自然资源研究(3):34-41.

CASTANON J L, BLANCO F E, CASTRO F D, et al., 2017. Energy dissipating devices in falling rock protection barriers[J]. Rock Mechanics and Rock Engineering,50(3):603－619.

CHEN X,MA T,LI C,et al.,2018. The catastrophic 13 November 2015 rock－debris slide in Lidong,south－western Zhejiang(China),a landslide triggered by a combination of antecedent rainfall and triggering rainfall[J]. Geomatics Natural Hazards and Risk,9(1):608－623.

CHEN L,YOUNG M,2006. Green－Ampt infiltration model for sloping surfaces[J]. Water Resources Research,42(7):887－896.

CHO S,LEE S,2002. Evaluation of surficial stability for homogeneous slopes considering rainfall characteristics[J]. Journal of Geotechnical and Geoenvironmental Engineering,128(9):756－763.

IVERSON R,2000. Landslide triggering by rain infiltration[J]. Water Resources Research,36(7):1897－1910.

LI C,MA T,ZHU X,et al.,2011. The power－law relationship between landslide occurrence and rainfall level[J]. Geomorphology,130(3):211－229.

LI W,CHEN J,WANG L,et al.,2019. Slump sheets as a record of regional tectonics and paleogeographic changes in South China[J]. Sedimentary geology(392):105525.

LIANG X,SEGONI S,YIN K,et al.,2022. Characteristics of landslides and debris flows triggered by extreme rainfall in Daoshi Town during the 2019 Typhoon Lekima,Zhejiang Province,China[J]. Landslides,19(7):1735－1749.

MA T,LI C,LU Z,et al.,2015. Rainfall intensity－duration thresholds for the initiation of landslides in Zhejiang Province,China[J]. Geomorphology(245):193－206.

OUYANG C,ZHAO W,AN H,et al.,2019. Early identification and dynamic processes of ridge－toprockslides:implications from the Su Village landslidein Suichang County,Zhejiang Province,China[J]. Landslides(16):799－813.

OUYANGC,ZHAO W,XU Q,et al.,2018. Failure mechanisms and characteristics of the 2016catastrophic rockslide at Su village,Lishui,China[J]. Landslides(15):1391－1400.

WANG D,LI Q,BI Y,et al.,2020. Effects of new baffles system under the impact of rock avalanches[J]. Engineering Geology(264):105261.

WANG F,PENG X,ZHU G,et al.,2022. The Hongchi landslide triggered by heavy rainfall from Super Typhoon In－Fa on 25 July 2021 in Hangzhou City,Zhejiang Province,China[J]. Bulletin of Engineering Geology and the Environment,81(10):411.

ZHUANG Y,XING A,SUN Q,et al.,2023. Failure and disaster－causing mechanism of a typhoon－induced large landslide in Yongjia,Zhejiang,China[J]. Landslides(20):2257－2269.

ZHOU C,CHEN P,YANG S,et al.,2022. The impact of Typhoon Lekima(2019) on

East China,a postevent survey in Wenzhou City and Taizhou City[J]. Frontiers in Earth Science,16(1):109-120.

内部资料

浙江省第十一地质大队,2004.乐清市龙西乡、仙溪镇灾害点应急调查及防治方案建议[R].温州:浙江省第十一地质大队.

浙江省第十一地质大队,2016.泰顺县泗溪镇西溪村下湾坡面泥石流群应急调查及应急排险[R].温州:浙江省第十一地质大队.

浙江省第十一地质大队,2018.泰顺县凤垟乡西溪村下湾坡面泥石流群隐患勘查暨治理工程设计[R].温州:浙江省第十一地质大队.

浙江省第十一地质大队,2016.泰顺县泗溪镇汪山头泥石流勘察设计[R].温州:浙江省第十一地质大队.

浙江省第十一地质大队,2019.永嘉县岩坦镇山早村滑坡应急调查报告[R].温州:浙江省第十一地质大队.

浙江省第十一地质大队,2019.永嘉县岩坦镇山早村地质环境及地质灾害风险专项调查评价报告[R].温州:浙江省第十一地质大队.

浙江省第三地质大队,2016.遂昌县北界镇苏村山体滑坡勘查报告[R].金华:浙江省第三地质大队.

浙江省第七地质大队,2016.丽水市莲都区雅溪镇里东村滑坡勘查报告[R].丽水:浙江省第七地质大队.

浙江省第七地质大队,2016.丽水市莲都区雅溪镇里东村滑坡治理工程物探勘查报告[R].丽水:浙江省第七地质大队.

浙江省第十一地质大队,2004.平阳县鳌江镇荆溪山南麓地质灾害勘查评价报告[R].温州:浙江省第十一地质大队.

浙江省第十一地质大队,2007.青田县北山镇泉山滑坡治理初步设计报告[R].温州:浙江省第十一地质大队.

浙江省第十一地质大队,2007.青田县北山镇泉山滑坡治理可行性研究报告[R].温州:浙江省第十一地质大队.

浙江省第十一地质大队,2007.泰顺县泗溪镇隘门—永安南路—泗水中路南侧山体边坡地质灾害勘查与治理工程设计[R].温州:浙江省第十一地质大队.

浙江省第十一地质大队,2003.浙江省泰顺县泗溪镇隘门滑坡防治工程设计[R].温州:浙江省第十一地质大队.

浙江省第十一地质大队,2016.永嘉县黄田街道千石村山体崩塌地质灾害调查暨应急治理设计[R].温州:浙江省第十一地质大队.

浙江省第十一地质大队,2019.永嘉县瓯北街道屿塘山滑坡地质灾害勘查[R].温州:浙江省第十一地质大队.

浙江省第十一地质大队,2019.永嘉县瓯北街道屿塘山滑坡地质灾害治理工程设计[R].温州:浙江省第十一地质大队.

浙江省第十一地质大队,2008.平阳县晓坑乡高城水电站后山冲沟泥石流勘查暨治理工程设计[R].温州:浙江省第十一地质大队.

浙江省第十一地质大队,2008.平阳县晓坑乡石城村水石流地质灾害应急调查报告[R].温州:浙江省第十一地质大队.

浙江省第十一地质大队,2015.泰顺县泗溪镇词坦坑—永安路屋后山体滑坡勘查暨治理工程设计[R].温州:浙江省第十一地质大队.

浙江省第十一地质大队,2014.温州市瓯海区南白象街道鹅湖村华升学校西侧不稳定性斜坡应急调查报告[R].温州:浙江省第十一地质大队.

浙江省第十一地质大队,2014.温州市瓯海区南白象街道鹅湖村华升学校西侧不稳定斜坡应急治理设计[R].温州:浙江省第十一地质大队.

浙江省第十一地质大队,2014.文成泰顺地震地质灾害应急排查报告[R].温州:浙江省第十一地质大队.